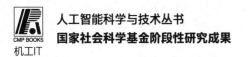

人工智能科学与技术丛书
国家社会科学基金阶段性研究成果

ARTIFICIAL INTELLIGENCE
ALGORITHMS AND CASES

人工智能算法案例大全

基于Python

李一邨◎著

机械工业出版社
CHINA MACHINE PRESS

本书的编程语言以 Python 为主，详细介绍了人工智能算法的主流类别，涉及常见的数据特征处理、回归模型、基于实例的算法、树方法、神经网络、自然语言处理、社会网络、遗传算法和推荐算法。本书针对每一大类算法都介绍了该门类下的经典算法，并运用常见算法库以代码实现为目的，以商业分析、金融投资、科研辅助和工程优化等案例为对象，逐步讲解每一种算法的实现方法及在案例分析中的运用，部分案例配备了教学视频，可扫码实时观看。同时，随书还提供了程序源代码、授课用 PPT 等海量附加学习资源。

本书适用的读者对象包括：商业分析师、高校科研工作者、互联网企业的算法工程师、大中专院校相关专业师生以及其他需要掌握人工智能算法知识的读者。

图书在版编目（CIP）数据

人工智能算法案例大全：基于 Python ／ 李一邨著 . —北京：机械工业出版社，2023.2（2023.7 重印）
（人工智能科学与技术丛书）
ISBN 978-7-111-72126-0

Ⅰ . ①人… Ⅱ . ①李… Ⅲ . ①人工智能-算法 Ⅳ . ①TP18

中国版本图书馆 CIP 数据核字（2022）第 225017 号

机械工业出版社（北京市百万庄大街 22 号 邮政编码 100037）
策划编辑：丁 伦 责任编辑：丁 伦
责任校对：李 杉 陈 越 责任印制：张 博
北京汇林印务有限公司印刷
2023 年 7 月第 1 版第 2 次印刷
185mm×260mm · 15.75 印张 · 390 千字
标准书号：ISBN 978-7-111-72126-0
定价：99.90 元

电话服务 网络服务
客服电话：010-88361066 机 工 官 网：www.cmpbook.com
010-88379833 机 工 官 博：weibo.com/cmp1952
010-68326294 金 书 网：www.golden-book.com
封底无防伪标均为盗版 机工教育服务网：www.cmpedu.com

前　言

本书内容

  人工智能算法是可以执行计算、数据处理和自动推理任务的一种规律发现或问题解决的工具及方法。本书的编程语言以 Python 为主，按照研究分析的一般逻辑，从特征分析开始，介绍几大经典的人工智能算法类别，分别是特征处理算法、回归算法、基于实例的算法、树方法、神经网络、自然语言处理、社会网络、遗传算法和推荐算法。

  第 1 章对人工智能算法是什么做了一个简介，从诞生开始，介绍了其一路成长的历史事件。同时，也介绍了各大人工智能流派。每一个流派都有自己的学术主张，这为接下来各章节介绍不同类别算法追溯了历史渊源。

  第 2 章讲解了常见的数据特征处理，并重点介绍了主成分分析，然后以高新技术企业行业技术周期数据为对象应用特征处理算法进行了一个案例分析。

  第 3 章从经典的线性回归模型出发，拓展到逻辑斯谛的回归模型，然后介绍了几种经典正则化方法，尤其对核岭回归、岭回归、LASSO 之间的区别和联系做了探讨，并辅以美国社区和犯罪数据集的分析案例。

  第 4 章讲解基于实例的算法，分别介绍了经典的分类算法 KNN 和聚类算法 K-Means。

  第 5 章主要讲解树方法，从简单的决策树开始，讲解基于并联的随机森林算法和基于串联的 XGBoost 算法。每一个算法都以相关的案例予以解释和实现。

  第 6 章是神经网络，先讲解基础的多层感知器，然后分别介绍深度神经网络（DNN）、卷积神经网络（CNN）和循环神经网络（RNN）三种主流神经网络结构。

  第 7 章是自然语言处理，首先介绍一些文本处理的常用技巧，然后对 Women's Clothing E-Commerce Reviews 数据集进行词向量模型的分类预测和情感分析，再介绍主题建模（Topic Modelling）技术，最后以大数据概念相关的财经新闻为对象应用内容分析法和主题建模进行主题分析和挖掘。

  第 8 章首先介绍了社会网络的基本概念、可视化方法，然后对在线社交网络数据集和贵格会的成员网络数据集进行案例分析。

  第 9 章介绍遗传算法，首先以旅行商问题（TSP）为例讲解了遗传算法的主要步骤，并将其运用到波士顿房价预测的特征筛选问题上，然后介绍 Geatpy 库的使用，并以此解决啤酒混合策略问题和房间布局优化问题。

  第 10 章介绍推荐算法，以电影评分数据集为例介绍协同过滤推荐算法，以巡航数据和小费决策问题为例介绍模糊控制系统算法。

本书主要为帮助有志于从事人工智能领域相关工作的读者建立一套相对完整的知识体系，并增强其编程实现能力和问题解决能力。全书写作风格偏向于应用型和实用型，是一本具有工具书价值的实用操作指南。

读者定位和阅读方法

本书针对人工智能算法的经典大类进行分类介绍。在介绍每个大类算法时，都会挑选该类别下的经典算法进行详细介绍，然后再以具体的实例分析和代码实现来对该算法的应用进行完整解析。通过阅读本书，读者可以对人工智能算法形成一个系统、全面、完整的认识，有助于将算法知识运用于实践，从而增强实际运用能力和分析能力。本书适用的读者对象包括：商业分析师、科研工作者、互联网企业的算法工程师、大中专院校相关专业师生以及其他需要掌握人工智能算法知识的读者。

致商业分析师

在当代大电商背景下，网上消费、购物、交易的海量数据是一个巨大的金矿，在这个金矿中，深度需求和潜在需求有待商业分析师去进行挖掘。通过对这些商业数据的分析，可以进行相似性广告的推荐、进阶性需求挖掘等商业行为。而这些行为都需要人工智能算法对海量数据进行挖掘，从而做出正确的商业行为指导，这意味着商业分析师如果拥有人工智能算法技能和知识将会有着更广阔的职业发展空间。

致科研工作者

新时代的科学研究已经不能仅停留在对研究问题的定性分析层次了，更多需要更为深入的定量分析，而人工智能算法可以成为许多科研工作者在进行数据分析时的工具。本书注重代码实现和案例分析，所以无论是否具备数理背景，只需要看懂函数的输入和输出是什么，那么直接代入研究数据，一键运行程序即可得到相应的输出结果，这将为广大没有编程经验的科研工作者提供较大的研究助力。

致互联网企业的算法工程师

互联网企业对数据分析的需求是十分巨大的，互联网上的海量数据蕴藏着巨大的商机：内容推荐、客户行为刻画、搜索排名优化、异常行为识别和社群关系分析等都需要用到各种各样的人工智能算法。本书介绍的都是一些经典算法，通用性和鲁棒性都得到了实践的检验，所以可以满足各种应用场景下不同数据和需求的研究。欢迎算法工程师们多多应用本书的算法代码，检验书中算法的实际功效。

致教师

本书系统地介绍了人工智能的常见算法，可以作为数学、数学建模、统计、金融、管理科学和市场营销等专业本科生或研究生的教材、教辅。书中的内容虽然系统，但也相对独立，教师可以根据课程的学时和专业方向，选择合适的内容进行课堂教学，其他内容则可以作为参考。授课时，建议先补充讲解一定的计算机和编程知识。在备课的过程中，如果您需要书中的一些电子资料作为课件或授课支撑材料，可以直接扫描封底本书专属二维码进入云盘下载使用。

致学生

作为大数据时代的学生，人工智能算法是一项基本的数据分析技能，尤其是对以后有志于做科研工作的学生来说更应掌握。数据分析将会像当下 Office 软件使用一样，成为未来工作中必不可少的一部分，所以无论未来是否从事科研相关的工作，学习人工智能算法都将有助于个人的职业生涯发展。

致专业人士

对于从事人工智能算法研究的专业人士，可以关注本书的知识体系，因为该体系是当前算法类书籍中相对完善的。此外，本书所展示的算法案例和项目案例很多来源于作者的一手资料，也是本书的特色，值得借鉴。

感谢机构名单

感谢以下机构，在本书的撰写中提供了诸多支持。

浙大城市学院

浙大城市学院商学院

浙大城市学院数字金融研究院

杭州市哲学社会科学重点研究基地"数字化转型与社会责任管理研究中心"

金融学浙大城市学院一流本科专业

配套资源

本书作者在人工智能领域从业多年，有着丰富的业界积累。对于有资源需求的读者，可以通过扫描封底二维码后输入本书专属验证码进入云盘下载相关程序源代码、教学视频和授课用 PPT 等人工智能算法的相关资源。同时，书中部分案例可扫描专属二维码观看教学视频。

勘误和支持

由于编写时间仓促，加之作者水平有限，书中不足之处在所难免。在此，诚恳地期待广大读者批评指正。如果您有什么建议，可以直接与出版社相关编辑及营销人员联系。在技术之路上如能与大家互勉共进，我们也将倍感荣幸。

目 录

第1章 无处不在的算法

本章作为全书的开篇，首先，从人工智能的历史开始讲起，包括其萌芽期、几个关键节点和人物，之后介绍当前学术界广泛认同的对人工智能流派的分类和代表性成果，总结当前人工智能发展的现状和瓶颈，最后一起展望了人工智能算法在未来世界（如元宇宙）中无处不在的作用。

本章介绍人工智能算法的历史发展过程和当前学术界对人工智能算法流派的主流分类。人工智能算法的历史最早可以追溯到弗兰克的"感知器"模型，之后经过了许许多多专家和学者的推进，形成了今天五大流派并存的局面。通过本章的学习，读者可以了解到人工智能这一概念的前世今生。

1.1 人工智能发展的历史

机器学习是一个与控制论和计算机科学相关的科学，近年来已经吸引了广泛关注。在过去几年由于计算机科学的发展，我们成功运用 GPU，带来了计算机在计算性能上显著的改进，并研发了一系列的特殊软硬件，帮助人们在大数据环境下完成机器学习的计算和优化。

机器学习在现代意义上的起源通常被认为与康奈尔大学的心理学家弗兰克有关。他基于罗森布拉特关于人类神经系统的工作，创造了一台识别字母的罗森布拉特字母表机器。弗兰克称之为"感知机"（Perceptron），使用了两种模拟方式和离散信号，包括一个阈值元素将模拟信号转换成离散信号。这意味着它成了现代人工神经网络（ann）的原型，它的学习模式与动物甚至人类十分接近。罗森布拉特首次展示"罗森布拉特感知器"的数学研究是在1959 年。然而，直到 1962 年，Novikoff 定理给出了在有限的步骤中感知器收敛的条件学习算法，这才使得"感知机"成为更出名的模型。

任何一门学科的发展都不是一帆风顺的。人工智能在历史上有过两次"冬天"。1969年，一本由 M.明斯基和 S.帕普特合著的书籍对建立可由感知机解决的问题的复杂性做了一些解释和批判。书中的观点指出了一些感知器模型的局限，比如感知器不能代表一些逻辑函数，比如"异或（XOR）"和"异或非（NXOR）"。这使得人们对人工智能神经网络这一模型给出了较低的评价，导致在这个领域的研究者减少，同时这本书也引发了美国人工智能研究经费的减少，这一情况直到 20 世纪 80 年代才有所改善。这导致那段时期人工智能领域的发展停滞，因而这段时期在后世被称为人工智能的第一个冬天。然而，历史的脚步并不会停下，更多的研究者在更加复杂的学习模型和算法上仍在继续努力。

在 20 世纪 70~80 年代，人工智能的进一步研究在陆续展开。比如以儿童的认知结构和学习能力为模型的多层神经网络就是一种。在 1980 年，Fukunihiko Fukushima 提出了一种多层卷积神经网络，称为 neo-cognitron Fukushima。而最具影响力的发展是 80 年代中期的几位科学家（如 Rumelhart 等人）通过发明反向传播的误差学习算法为神经网络模型带来了新的生机，虽然该算法最初的思想来自 20 世纪 60 年代，比如 Dreyfus、Widrow 和 Lehr、Werbos

等人的研究。与标准梯度下降相比，该算法同时更新有关预测误差的所有参数，反向传播首先由最后的输出层开始，逐层逆向传播到需要更新权重的网络层，然后使用链式法则进行更新与传播预测误差的参数。这些被大量宣传的反向误差传播和相关技术，对科学界产生了巨大的影响，并使得人们对未来的成功抱有希望。但好景不长，一些研究者（比如 Brady 等人）发现了反向误差传播算法的缺点：感知器模型可能会在类别线性不可分的情况下失败。这使得人们对机器学习的兴趣再次下降。这段时期有时被称为人工智能的第二个冬天。但是，研究人工智能作为一种工具的兴趣在 20 世纪 90 年代不断发展。Cortes 和 Vapnik 在1995 年的论文提出了一种新的算法，它对于一般的线性不可分情形做出了突破性的改进，这个算法的名字称为支持向量机（Support Vector Machine）。当下，这个神奇的算法已在广泛的实践和使用中被证明是有效的算法。该算法的理论对科学界产生了深远的影响。截至2019 年，Cortes 和 Vapnik 于 1995 年发表的论文在 Scopus 中已经获得了 22000 多次引用。

进入 21 世纪，人工智能进入了黄金发展期。21 世纪第一个十年可以称为人工智能在历史上的一个转折点，这得益于三个大趋势，这三个趋势共同作用带来对人工智能发展的协同效应。

第一个趋势是大数据。互联网的普及带来了海量的数据，数据量变得如此之大，以至于出于现实生活的需要，新的计算方法被引入了实际的场景中，而不是仅仅出于科学家的好奇心。

第二个趋势是并行计算的发展和内存生产成本的不断降低。这种趋势是在 2004 年开始的，当时谷歌（Google）公布了其 MapReduce 技术，它的开源对手 Hadoop 在 2006 年也紧随其后，这些技术使得巨大数据的处理和计算可以被分解为简单处理器之间的数据计算总和。同时，随着时间的推移，英伟达（NVIDIA）在 GPU 市场取得了突破，然后将 GPU 用于机器学习领域，这样的突破可以说是具有垄断性的。同时，内存的成本也显著降低，这使得处理器内存中的大量数据降低了存储成本。作为这些发展的结果，出现了许多新类型的数据库，包括 NoSQL 等。最后，在 2014 年，致力于分布式处理非结构化和弱结构化数据的Apache Spark 框架出现了，这更加方便了机器学习算法的计算实现。

第三个趋势是深度神经网络算法的发展。将感知器的理念继承和发展，经过多年对多层神经网络的研究，一种深度神经网络模型（Deep Neural Network）诞生了。虽然 Deep Neural Network 这个名词出现的历史或许十分复杂，但人们普遍认为该词可以追溯到 1986 年，在Rina Dechter Dechter 所提出的模型中。但无论历史真相如何，在过去十几年，Deep Neural Network 领域积累了大量的科研贡献。比如，英国人杰弗里·辛顿是在加拿大从事研究的科学家，自 2006 年以来，他和同事们开始发表许多关于 Deep Neural Network 的文章，包括著名的多学科领域的顶级期刊《自然》。这为他赢得了一辈子的学术声誉，在他周围形成了一个强大而有凝聚力的团体，这种自发团体式的组织在"无形"中工作了多年。其成员称自己为"深度学习""阴谋"，其中较为著名的是：Ian LeCun、Yehoshua Benjo 和 Geoffrey Hinton，他们也被称为 LBH。出名后 LBH 从"地下"转到了"地上"，得到了谷歌、Facebook和微软的投资和支持。Andrew Ng 曾在麻省理工和加州大学伯克利分校工作，现在是百度人工智能实验室的研究负责人，与 LBH 也有着广泛合作。他将深度学习与 GPU 相结合。最后是 Ian LeCun, Yehoshua Benjo and Geoffrey Hinton 在 2018 年获得了图灵奖，原因是他们已经在概念和工程上实现了将深度神经网络作为计算的关键组成部分。LBH 的领导人 Geoffrey

Hinton 截至 2019 年 11 月，在 Google Scholar 上拥有超过有 30 万条引文。现在已经有越来越多的书籍，都是关于机器学习领域的，比如 Vapnik 在 Google Scholar 上的作品有超过 83000 条引文。

纵观这几十年的历史，从控制论、统计学、模式识别等领域诞生的人工智能（如机器学习）的发展可以说十分迅速的。它也的确带来了许多令人意想不到的优势。而越来越多的社会舆论也在开始反思人工智能对于人类发展的利与弊。虽然人工智能的迅速发展可以在计算和控制等领域为人类带来许多便利，但是也会产生一些诸如"机器淘汰人"的伦理问题。如何建立一个"旨在有益于人类"的人工智能是我们需要思考的一个问题。人类的文明伴随着科技而发展，也随科技的发展而改变自身。人类与科技的关系不仅仅意味着人与宇宙的关系，也意味着人与他人的关系，以及人与自身的关系。如何在不断发展的人工智能时代中妥善处理这三种关系，对于这个问题的回答将是我们不断探索和前行的方向和动力。

1.2　人工智能算法的分类与流派

人工智能按照应用范围可分为专用人工智能（ANI）与通用人工智能（AGI）。专用人工智能，即在某一个特定领域应用的人工智能，比如会下围棋且也仅仅会下围棋的 AlphaGo；通用人工智能是指具备知识技能迁移能力，可以快速学习，充分利用已掌握的技能来解决新问题、达到甚至超过人类智慧的人工智能。

通用人工智能是众多科幻作品中颠覆人类社会的人工智能形象，但在理论领域，通用人工智能算法还没有真正的突破，在未来的 10~20 年内，通用人工智能既非人工智能讨论的主流，也还看不到其成为现实的技术路径。或许专用人工智能才是近 10 年以内在人工智能浪潮中起到影响的主角。但正是因为其超高的难度，通用人工智能被认为是当下人工智能研究领域的一块高地。如果想要真正意义上实现"智能"而非某个"专家系统"，从根本上给出智慧的定义，对通用人工智能的研究更能帮助人们理解和接近智慧的本质。

人工智能的概念形成于 20 世纪 50 年代，其发展阶段经历了三次大的浪潮。第一次是 20 世纪 50~60 年代注重逻辑推理的机器翻译时代；第二次是 20 世纪 70~80 年代依托知识积累构建模型的专家系统时代；第三次是 2006 年起开始的重视数据、自主学习的认知智能时代。在数据、算法和计算力条件成熟的条件下，本次浪潮中的人工智能开始真正解决问题，切实创造经济效果。

总体上，可以将 AGI 领域的研究归为以下几个流派。

1. 符号逻辑派（Symbolic AGI Approaches）

1）ACT-R：ACT-R（Adaptive Control of Thought—Rational）是一种认知架构，用于仿真并理解人的认知的理论。ACT-R 试图理解人类如何组织知识和产生智能等行为，最终的目标是使系统能够执行人类的各种认知任务，如人的感知、思想和行为。ACT-R 目前被用来研究人类特性的不同方面，包括感知和注意力、学习和记忆、问题解决和做决定、语言处理、智能代理、智能辅导系统和人类-计算机交互等方面。

2）Cyc：Cyc 项目始于 1984 年，由当时的微电子与计算机技术公司开发。该项目最开始的目标是将上百万条知识编码成机器可用的形式，用以表示人类常识。CycL 是 Cyc 项目专有的知识表示语言，这种知识表示语言是基于一阶关系的。1986 年 Douglas Lenat 预测如果想要完成 Cyc 这样庞大的常识知识系统，将涉及 25 万条规则，并将要花费 350 个人年（即 350 个人 1 年完成，1 个人则 350 年完成）才能完成。1994 年，Cyc 项目从该公司独立出去，并以此为基础成立了 Cycorp 公司。Cyc 知识库中表示的知识一般形如"每棵树都是植物""植物最终都会死亡"等内容。当提出"树是否会死亡"的问题时，推理引擎可以得到正确的结论，并回答该问题。该知识库中包含了约 320 万条人类定义的断言，涉及约 30 万个概念，约 15000 个谓词。这些资源都采取 CycL 语言来进行描述，该语言采用谓词作为计算元字符构成的代数运算进行描述，语法与 Lisp 程序设计语言类似。目前 Cyc 项目大部分的工作仍然是以知识工程为基础的。大部分的事实是通过手工添加到知识库中，并在这些知识基础上进行高效推理的。最近 Cycorp 正致力于使 Cyc 系统能够和最终用户用自然语言进行交流，并通过机器学习来辅助形成知识的工作。

3）SNePS：SNePS 是基于逻辑的框架知识库-关系系统，使用知识断言模型，SNePS 知识库（KB）由关于各种实体的一组断言（命题）组成。由一些代理人构想的实体，以及它所相信的命题来组成一个精神实体。

4）SOAR：艾伦·纽厄尔（Allen Newell，1927 年 3 月 19 日~1992 年 7 月 19 日）是计算机科学和认知信息学领域的科学家，曾在兰德公司，卡内基梅隆大学（CMU）的计算机学院、泰珀商学院和心理学系任职和教研。他是信息处理语言（IPL）发明者之一，并写了该语言最早的两个 AI 程序，合作开发了逻辑理论家（Logic Theorist）和通用问题求解器（General Problem Solver）。1975 年他和赫伯特·西蒙一起因人工智能方面的基础贡献而被授予图灵奖。纽厄尔生前的最后一个重大研究开发项目是和曾经是他学生的莱尔德（J.Laird）和罗森勃洛姆（P.Rosenbloom）一起完成了更灵巧的 AI 软件 SOAR（State，Operator，andResult）。SOAR 是一个通用的问题求解程序，具有从经验中学习的功能，即能够记住自己是如何解决问题的，并把这种经验和知识用于以后的问题求解过程之中，所以和人类的智能更加接近。SOAR 已被 CMU 的 EDRC 用于检索设计中的学习行为和灵活搜索行为。

2. 涌现智能派（Emergentist AGI Approaches）

1）Hierarchical Temporal Memory（HTM）：HTM 是一种新型的神经网络，其神经元模型（细胞 cell）是按列、按层并按区域分布的有等级的结构。它的记忆是分等级的，并且需要大量具有时间性的数据训练。HTM 网络中，区域是它的主要记忆和预测单元，每个区域代表层级中的一个等级。层级随着等级的上升不断聚合，下级多个子元素被聚合到一个上级元素中。这样，下层的区域可以分别处理多个数据源和感受器提供的数据，如一个区域处理视觉、一个区域处理触觉，而在高层聚合共同或分别得到同样的识别结果。

2）Neutral Turing Machine/DNC（2016 年）：目前 Deep Mind（某前沿人工智能企业）很明显是想把 ann 和表示学习结合起来，不过目前来看路还很长远，目前展现更多的是从时间序列/空间序列中提取 pattern 的能力。

3. 类生物神经系统派（Neuroscience）

1）Markram's IBM "Blue Brain Project"：中文译为"蓝脑"工程，其是在 IBM 拥有的超级计算机——蓝色基因的构思基础上，企图应用超级计算机的高速度来模拟人类大脑的多种功能，比如认知、感觉和记忆等。可以说，这台计算机承担的就是一个翻译工作，只不过想要翻译的是未知的、神秘的人类大脑。瑞士洛桑大脑与思维学院主任亨瑞·马克兰实验小组花了十多年的时间已经逐步建立起了神经中枢结构数据库，所以现在他们拥有着世界上最大的单神经细胞数据库。而在这个数据库的基础上，"蓝脑"在第一阶段中将建立新皮层单元在整个大脑中的电子结构模型。而下一阶段的研究是要绘出大脑的反应回路和动态模型，这要求蓝色基因超级计算机至少具备每秒高达 22.8 万亿次的浮点计算的运算能力。如果此项工作能完成的话，就可以模拟出新皮层单元的活动，从而再向模拟整个大脑进军。初步预计整个计划至少要花费十年以上的时间。

2）Boahen's "Neurogrid Project"：这是斯坦福大学生物工程副教授波尔汉开发的 Neurogrid 电路板，它由 16 个定制的 Neurocore 芯片组成，这 16 个芯片可以模拟 100 万个神经元和数十亿个突触。考虑到其功率损耗，他们的团队在设计这些芯片时，使某些特定的突触能够与硬件电路共享，这样便诞生了 Neurogrid，其大小仅仅相当于一台 iPad，但是与其他大脑模拟器相比，相同的功耗下它可以模拟更多的神经元和突触。

4. 集成系统派（Hybrid AGI Architectures）

1）CogPrime：CogPrime 设计了一个具体的 AGI 体系结构，包括核心体系结构和算法，基本的概念方式等。一旦一个完整的 CogPrime 系统经历了适当的经验和训练，能够产生类似人类的智力（目前在某些方面与人类有差异，在未来具有超越此水平的发展潜力）。

2）DUAL：DUAL 是一个根据"集体智慧"理论构建的系统，用来研究多个 agent（智能体，自主活动的软件或硬件实体）的相互协作与决策以及自组织等行为，例如群体感知、共同记忆等。agent 可以是符号逻辑系统或其他智能算法系统。

3）LIDA：1988 年，思维哲学家巴尔斯首次提出"全局工作空间（Global Workspace Theory）"意识模型，运用语境论解释意识运行的基本规则。该模型假设：意识与一个全局"广播系统"相联系，该系统在整个大脑中发布信息。全局工作空间模型包括三个部分：专门处理器、全局工作空间和语境。

- 专门处理器是无意识的，它们可能是一个单一的神经元，也可能是整个神经元网络。这些无意识的专门处理器在特定的任务域中非常有效，因为独立分散的行为不需要意识的介入，不需要在全局工作空间中显示它们。当遇到无法解决的新问题时，这些专门处理器可以根据情况对信息进行分解、重组，对全局的信息进行综合整理，形成意识经验，获得对问题的处理方案。
- 全局工作空间类似于大型专家会议的演示台。为了实现交流，每位专家必须与其他专家竞争，得到专家联盟（专门处理器集合体）的支持后就可以到演示台作报告或发布信息，使其成为全局性的信息。
- 不同语境形成专家处理器的联盟。在功能上它们限制意识内容而没有意识到自己存在的结构。这就像剧作家为演员写剧本而自己不出现在舞台上一样。它唤起、形成并指导全局信息而自己却不进入全局工作空间。

巴尔斯认为，"全局工作空间"仅是作为一种记忆存在，在这个记忆里不同的系统可以执行它们的任务，"全局"意味着记忆中的符号通过众多的处理器被分配、传递开来。他把"全局工作空间"比喻为一个专家会议，与会者被召集起来解决一系列问题。每位专家可能就问题的不同方面产生一致或分歧意见，解决办法就是在会堂前面的大黑板上公开这个信息，使每一位与会专家都能读到并进行回应。在任何时候都会有一些专家试图传播全局性信息，但这个黑板并不能同时容纳所有的信息，这样，专家之间会形成竞争或通过合作达到传播全局性信息的目的，专家的联合体由此建立起来。

LIDA 即是根据这个模型所建立的程序，它的核心在于表达了"全局工作空间"的认知循环过程，目前 LIDA 模型无论应用在符号逻辑系统还是神经网络系统上都有一定的效果，不过对于推理、语言这些较为复杂的过程依然无法解决。

4）MicroPsi：根据德国心理学家迪特里希·德尔纳提出的心智模型所开发的集成系统。德尔纳提出大脑的主要特点之一是有意识的信息加工比无意识的信息处理慢很多。另一个主要特点是，记忆存储的容量非常大，但存储速度相对较慢。还有一个特点，那就是基本不考虑"不存在"的问题。我们有一种只看重当下的心理倾向，其注意力始终集中在眼前的事物上，却往往忽略事物的表面之下。针对大脑的这些特点及其改进可能，设计了 MicroPsi 系统。该系统类似于 LIDA，也是简单问题表现可以，复杂问题则无法解决。

5. 进化计算派（Evolutionary Computation）

1）Tierra：Tierra 是生态学家托马斯·S.雷在 20 世纪 90 年代早期编写的计算机模拟程序，生成的程序互相竞争，争夺 CPU 时间和访问主内存，可以自我复制并且有一定概率在复制过程中发生变异，同时有一个杀手程序负责淘汰那些失败的变异。在这种环境下，生成的程序可进化，并可以发生变异、自我复制和再结合。

2）元胞自动机：元胞自动机（也译为细胞自动机）最早由美籍数学家冯·诺依曼（John von Neumann）在 20 世纪 50 年代为模拟生物细胞的自我复制而提出，但是并未受到学术界重视。英国学者史蒂芬·沃尔夫勒姆（Stephen Wolfram）对初等元胞机 256 种规则所产生的模型进行了深入研究，并用熵来描述其演化行为，将细胞自动机分为平稳型、周期型、混沌型和复杂型。

3）蚁群算法：蚁群算法（ant colony optimization，ACO），是一种用来在图中寻找优化路径的概率型算法。它由 Marco Dorigo 于 1992 年在博士论文中提出，其灵感来源于蚂蚁在寻找食物过程中发现路径的行为。蚁群算法具有如下一些优点：①通用性较强，能够解决很多可以转换为连通图结构的路径优化问题；②同时具有正负反馈的特点，通过正反馈特点利用局部解构造全局解，通过负反馈特点（也就是信息素的挥发）来避免算法陷入局部最优；③有间接通信和自组织的特点，蚂蚁之间并没有直接联系，而是通过路径上的信息素来进行间接的信息传递，自组织性使得群体的力量能够解决问题。但是，基本蚁群算法也存在一些缺点：①从蚁群算法的复杂度来看，与其他算法相比所需要的搜索时间较长；②该算法在搜索进行到一定程度以后，容易出现所有蚂蚁所发现的解完全一致这种"停滞现象"，使得搜索空间受到限制。

6. 展望与总结

上述符号逻辑派（Symbolic AGI Approaches）、涌现智能派（Emergentist AGI Approaches）、类生物神经系统派（Neuroscience）、集成系统派（Hybrid AGI Architectures）、进化计算派（Evolutionary Computation），可以大致涵盖目前人类对"智慧"这一基本概念的理解。各个学派从各自的立场和假设出发，也的确创造了许多优秀的模型和算法。从当下发展的趋势看，最有希望达到通用人工智能（AGI）的途径或许是将基于经验的大数据模型，比如深度神经网络，与基于概念和符号的系统结合起来，让人类的智慧和理解与经验数据相结合，从而达到或接近人类智慧的形态。

第 2 章　常见的数据特征处理

本章介绍数据特征处理的常用方法。Python 语言在数据分析方面有着强大的库支持，从常见的缺失值处理、归一化处理到特征重要性评价、特征向量变换、系数矩阵处理等都有可以直接调用的函数或包。本章将会介绍这些常用功能。

2.1　常见的数据预处理和特征选择方法

本节讲解数据分析中的第一步，常见的数据预处理技巧和建模前的数据特征的筛选技巧。下面以经典的分类数据集鸢尾花数据为例，介绍常见数据与处理技巧，以 118 个技术指标数据为例，介绍三种经典的特征筛选算法。

2.1.1　常见的数据预处理

我们先以经典的鸢尾花数据集为例，逐步展示常见的数据预处理功能。首先加载 sklearn 库中的鸢尾花数据集以及 Pandas 库。

```
import pandas as pd
from sklearn.datasets import load_iris


d = load_iris()
```

变量 d 中存储了鸢尾花数据集。然后将 d 转化为 DataFrame 格式，并修改其特征列名和标签。

```
columns = ['SLength', 'SWidth', 'PLength', 'PWidth']
df = pd.DataFrame(d.data, columns=columns)
df["Type"] = list(map(lambda x: d.target_names[x], d.target))
```

图 2-1 所示为处理完的鸢尾花数据集，其中 SLength，SWidth，PLength，PWidth 是描述鸢

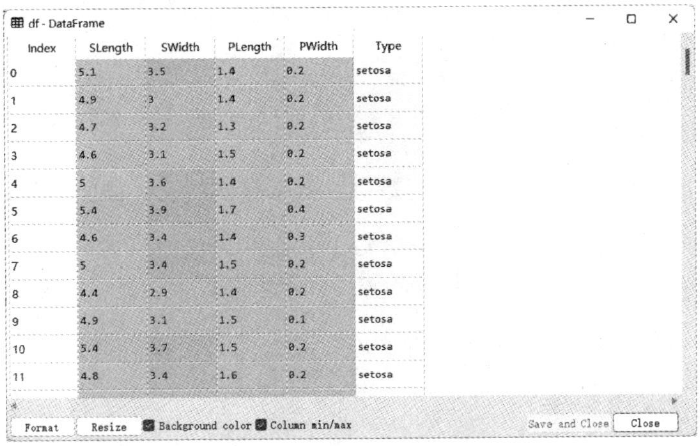

图 2-1　鸢尾花数据集展示

尾花数据集的茎叶特征，Type 是描述鸢尾花的类型。

df.info()，df.dtypes，df.shape 是 df 类的三个方法和属性，分别描述了 df 的各列基本信息，各列数据类型，以及 df 的形状。图 2-2~图 2-4 分别是三个函数或 df 类的方法和属性的输出。

```
In [11]: df.info()
<class 'pandas.core.frame.DataFrame'>
RangeIndex: 150 entries, 0 to 149
Data columns (total 5 columns):
 #   Column   Non-Null Count   Dtype
---  ------   --------------   -----
 0   SLength  150 non-null     float64
 1   SWidth   150 non-null     float64
 2   PLength  150 non-null     float64
 3   PWidth   150 non-null     float64
 4   Type     150 non-null     object
dtypes: float64(4), object(1)
memory usage: 6.0+ KB
```

```
In [12]: df.dtypes
Out[12]:
SLength    float64
SWidth     float64
PLength    float64
PWidth     float64
Type        object
dtype: object
```

```
In [13]: df.shape
Out[13]: (150, 5)
```

图 2-2　df.info() 的输出　　　　图 2-3　df.dtypes 的输出　　　　图 2-4　df.shape 的输出

接下来对 df 做一些常见的数据预处理。

```
df.isnull().sum().sort_values(ascending=False)
```

这行代码对 df 进行了多项操作，我们分开讲解。.isnull() 用于计算 df 各列是否存在空值，即 nan，返回 True 或者 False 的结果。然后 .sum() 用于计算 True 的数量，会将 True 值视为 1，False 值视为 0，加总后得到的值就是 True 的数量。.sort_values（ascending＝False）用于对各列加总后 True 的数量做排序操作，ascending＝False 意味着按照降序排列。最后得到的结果如图 2-5 所示。

```
In [7]: df.isnull().sum().sort_values(ascending=False)
Out[7]:
Type       0
PWidth     0
PLength    0
SWidth     0
SLength    0
dtype: int64
```

图 2-5　观察空值的数量

从图 2-5 中可以看到，经典鸢尾花数据集是没有空值的。接下来观察一下 df 的基本数据统计情况和前 5 行、后 5 行数据。

```
df.head(5)
df.tail(5)
df.describe()
```

图 2-6~图 2-8 展示了前 5 行、后 5 行数据、数据整体的统计特征情况。

```
In [10]: df.head(5)
Out[10]:
   SLength  SWidth  PLength  PWidth    Type
0      5.1     3.5      1.4     0.2  setosa
1      4.9     3.0      1.4     0.2  setosa
2      4.7     3.2      1.3     0.2  setosa
3      4.6     3.1      1.5     0.2  setosa
4      5.0     3.6      1.4     0.2  setosa
```

```
In [11]: df.tail(5)
Out[11]:
     SLength  SWidth  PLength  PWidth      Type
145      6.7     3.0      5.2     2.3  virginica
146      6.3     2.5      5.0     1.9  virginica
147      6.5     3.0      5.2     2.0  virginica
148      6.2     3.4      5.4     2.3  virginica
149      5.9     3.0      5.1     1.8  virginica
```

图 2-6　df 的前 5 行数据　　　　　　　图 2-7　df 的后 5 行数据

如果存在 nan 值，则可以通过 df.dropna( ) 方法来删除含有 nan 的行。

```
df.dropna()
```

由于之前统计过鸢尾花数据集没有空值数据，所以返回 df 数据本身，如果有含有 nan 数据的行，则会删除该行数据，如图 2-9 所示。

```
In [12]: df.describe()
Out[12]:
          SLength      SWidth     PLength      PWidth
count  150.000000  150.000000  150.000000  150.000000
mean     5.843333    3.057333    3.758000    1.199333
std      0.828066    0.435866    1.765298    0.762238
min      4.300000    2.000000    1.000000    0.100000
25%      5.100000    2.800000    1.600000    0.300000
50%      5.800000    3.000000    4.350000    1.300000
75%      6.400000    3.300000    5.100000    1.800000
max      7.900000    4.400000    6.900000    2.500000
```

图 2-8　df 数据的统计信息

```
In [13]: df.dropna()
Out[13]:
     SLength  SWidth  PLength  PWidth       Type
0        5.1     3.5      1.4     0.2     setosa
1        4.9     3.0      1.4     0.2     setosa
2        4.7     3.2      1.3     0.2     setosa
3        4.6     3.1      1.5     0.2     setosa
4        5.0     3.6      1.4     0.2     setosa
..       ...     ...      ...     ...        ...
145      6.7     3.0      5.2     2.3  virginica
146      6.3     2.5      5.0     1.9  virginica
147      6.5     3.0      5.2     2.0  virginica
148      6.2     3.4      5.4     2.3  virginica
149      5.9     3.0      5.1     1.8  virginica

[150 rows x 5 columns]
```

图 2-9　利用 .dropna( ) 方法删除含空值的行

接下来观察一下预测标签的情况。df［' Type '].unique( ) 是对 df 中 Type 列的取值去重，返回该列的唯一值。Type 列是鸢尾花的种类，返回情况如图 2-10 所示。

```
In [14]: df['Type'].unique()
Out[14]: array(['setosa', 'versicolor', 'virginica'], dtype=object)
```

图 2-10　.unique( ) 方法的输出

从图 2-10 中可见，鸢尾花数据集总共包含 3 种不同的鸢尾花，分别是：setosa、versicolor、virginica。

如果数据集存在 nan 值，但是又不想删除整行，那么可以考虑对 nan 进行填充。常用的方法是 df.fillna( )，其中可选参数 method 有 backfill、bfill、pad、ffill，或者用 value 指定替代值。令鸢尾花数据集的其中一个值为 nan，观察几种方法的结果，如图 2-11 所示。

```
import numpy as np
df.loc[1,'SLength']=np.nan
```

```
In [38]: df
Out[38]:
     SLength  SWidth  PLength  PWidth       Type
0        5.1     3.5      1.4     0.2     setosa
1        NaN     3.0      1.4     0.2     setosa
2        4.7     3.2      1.3     0.2     setosa
3        4.6     3.1      1.5     0.2     setosa
4        5.0     3.6      1.4     0.2     setosa
..       ...     ...      ...     ...        ...
145      6.7     3.0      5.2     2.3  virginica
146      6.3     2.5      5.0     1.9  virginica
147      6.5     3.0      5.2     2.0  virginica
148      6.2     3.4      5.4     2.3  virginica
149      5.9     3.0      5.1     1.8  virginica

[150 rows x 5 columns]
```

图 2-11　制造一个 nan 值

图 2-12 所示的.fillna（method='ffill'）是用 nan 前一行的值来填充本行 nan 的值。

```
df.fillna(method='ffill')
```

图 2-13 所示的.fillna（value=0）是用指定的值 0 来填充 nan 的值，也可以指定其他值来替代 nan 值。

```
df.fillna(value=0)
```

```
In [41]: df.fillna(method='ffill')
Out[41]:
     SLength  SWidth  PLength  PWidth      Type
0        5.1     3.5      1.4     0.2    setosa
1        5.1     3.0      1.4     0.2    setosa
2        4.7     3.2      1.3     0.2    setosa
3        4.6     3.1      1.5     0.2    setosa
4        5.0     3.6      1.4     0.2    setosa
..       ...     ...      ...     ...       ...
145      6.7     3.0      5.2     2.3 virginica
146      6.3     2.5      5.0     1.9 virginica
147      6.5     3.0      5.2     2.0 virginica
148      6.2     3.4      5.4     2.3 virginica
149      5.9     3.0      5.1     1.8 virginica

[150 rows x 5 columns]
```

图 2-12　.fillna（method='ffill'）的功能

```
In [42]: df.fillna(value=0)
Out[42]:
     SLength  SWidth  PLength  PWidth      Type
0        5.1     3.5      1.4     0.2    setosa
1        0.0     3.0      1.4     0.2    setosa
2        4.7     3.2      1.3     0.2    setosa
3        4.6     3.1      1.5     0.2    setosa
4        5.0     3.6      1.4     0.2    setosa
..       ...     ...      ...     ...       ...
145      6.7     3.0      5.2     2.3 virginica
146      6.3     2.5      5.0     1.9 virginica
147      6.5     3.0      5.2     2.0 virginica
148      6.2     3.4      5.4     2.3 virginica
149      5.9     3.0      5.1     1.8 virginica

[150 rows x 5 columns]
```

图 2-13　.fillna（value=0）的功能

.astype()方法可以对 df 的某列数据做格式转换，比如转换为整数或者小数。

```
#字符串转换为数值(整型)
df['SWidth'] = df['SWidth'].astype('int')
#字符串转换为数值(浮点型)
df['PLength'] = df['PLength'].astype('float')
```

图 2-14 所示为对 SWidth 和 PLength 做数据类型转换的结果。其中 SWidth 原本是小数，取整以后，小数位被截断，只剩下了整数位的值。PLength 因为原本就是 float 格式，所以转换后没有改变。

```
In [47]: df
Out[47]:
     SLength  SWidth  PLength  PWidth      Type
0        5.1       3      1.4     0.2    setosa
1        4.9       3      1.4     0.2    setosa
2        4.7       3      1.3     0.2    setosa
3        4.6       3      1.5     0.2    setosa
4        5.0       3      1.4     0.2    setosa
..       ...     ...      ...     ...       ...
145      6.7       3      5.2     2.3 virginica
146      6.3       2      5.0     1.9 virginica
147      6.5       3      5.2     2.0 virginica
148      6.2       3      5.4     2.3 virginica
149      5.9       3      5.1     1.8 virginica

[150 rows x 5 columns]
```

图 2-14　列数据格式转换

2.1.2　常见的特征选择方法

本节介绍三种常见的特征评价方法：SelectKBest、随机森林回归算法的特征重要性选择、Permutation Importance。其中 SelectKBest 在对特征评价时不需要应变量，是一种无监督算法，而后两种需要应变量，是监督算法。而在特征评价的有效性上，后两者使用更多，但是 SelectKBest 作为一种无监督算法也有其独特的价值。本节将一一阐述其基本原理和实证结果。

1. 三种算法的理论原理

（1）SelectKBest

顾名思义，SelectKBest 就是选择按照某一种准则排名前 K 的特征。这个准则可以是卡方值，可以是方差，也可以是指定其他关于特征选择的某种准则。在本次研究中，使用 F 统计量及其 p 值作为筛选的标准。具体做法如下。

首先进行单变量线性回归的测试。将线性回归模型用于测试多个回归变量。具体分两步完成。

首先，计算每个回归器和目标之间的相关性：

$$\rho = \frac{(x_i - \bar{x}_i) \times (y - \bar{y})}{\sigma_{x_i} \times \sigma_y}$$

然后，将 ρ 转换为 F 统计量及其 p 值。

（2）随机森林回归算法的特征重要性选择

该算法在每一个决策树的分裂节点进行决策时，依照一种"不纯度"作为度量。具体地讲，在每一个分裂节点选择对该母节点某种准则下降最快的特征进行分裂，这个准则在本次研究中使用的是 Gini 指数，也可以使用袋外数据（OOB）错误率或其他准则来衡量。然后计算每一个特征在各个使用到该特征的分裂节点的 Gini 指数下降的总和，作为该特征的重要性。

（3）Permutation Importance

Permutation Importance 是一种当数据为面板数据或表格数据时，用于任意特征关于目标变量的重要性的检测技术。这项技术在特征是非线性或复杂的情况下尤为有效。Permutation Importance 被定义为当单个特征被随机打乱时模型整体有效性的下降程度。随机打乱的操作破坏了特征和目标变量的对应关系，因此模型整体有效性下降意味着模型对该特征的依赖程度。这项技术将模型运算视为一个黑箱，跳过了在评价特征重要性时的复杂的模型求解问题，并且可以通过多次随机打乱来确保对特征评价的公允性。

2. 三种算法的实证结果

本节以 2005 年 1 月 4 日~2019 年 2 月 22 日的沪深 300 指数日频率行情数据及其数据计算的 118 个技术指标作为研究对象。118 个特征用于回归预测沪深 300 指数日频率收盘价数据，并以此预测结果作为特征重要性的评价目标。

首先，从本地读取这些技术指标数据，并删除含有 nan 的空行，然后利用上一节的.head( ) 方法，观察此次研究的数据。

```
data = pd.read_excel(r'118 个技术指标数据.xlsx')
data=data.dropna().reset_index(drop=True)
data.head()
```

.head( )在不输入参数的情况下，默认展示前 5 行，结果如图 2-15 所示。

```
Out[1]:
        Date      HS300         AD  ...   SARofCurBar  SARofNextBar  flag_SAR
0  2005-07-13   846.231   29.001090  ...    875.959254    867.965779        -1
1  2005-07-14   849.590   67.996749  ...    867.965779    861.091390        -1
2  2005-07-15   841.001   23.628203  ...    861.091390    856.095000        -1
3  2005-07-18   832.995   19.852799  ...    856.095000    854.604000        -1
4  2005-07-19   835.608   68.898399  ...    854.604000    849.600260        -1

[5 rows x 120 columns]
```

图 2-15　沪深 300 指数及技术指标数据

然后，去掉日期序列，以 HS300 为应变量，以 118 个技术指标为特征，并切分训练集和测试集。在 2005 年 1 月 4 日～2019 年 2 月 22 日的数据中，以前 75% 作为训练集，以后 25% 作为测试集。

```
col=list(data.columns)
y_label=data.HS300
x_data=data[col[2:]]
X_train,X_test,y_train,y_test
train_test_split(x_data,y_label,test_size=0.25,random_state=33)
```

接下来调用 SelectKBest 算法对技术指标特征进行评价。SelectKBest( ) 是建立一个 Select-KBest 对象。.fit( ) 方法基于前一步切分得到的训练集数据拟合 SelectKBest 对象。然后从 fit 中得到评价结果（fit.scores_）并结合特征名称根据特征得分高低以表格形式输出（featureScores.nlargest（len（X_train.columns），'Score'）），最后运用.to_excel( ) 将结果表格输出为 Excel 格式。

```
from sklearn.feature_selection import SelectKBest
bestfeatures = SelectKBest(score_func=f_regression, k='all')
fit = bestfeatures.fit(X_train,y_train)
dfscores = pd.DataFrame(fit.scores_)
dfcolumns = pd.DataFrame(X_train.columns)
#concat two dataframes for better visualization
featureScores = pd.concat([dfcolumns,dfscores],axis=1)
featureScores.columns = ['Specs','Score']  #naming the dataframe columns
print(featureScores.nlargest(len(X_train.columns),'Score'))   #print 5
best features
featureScores.nlargest(len(X_train.columns),'Score').to_excel('HS300'+'-Se-
lectKBest.xlsx','utf-8')
```

最后输出到 Excel 表格中的内容结果如图 2-16 所示。

接下来介绍随机森林回归算法的特征重要性选择。首先用 RandomForestRegressor( ) 方法生成模型对象，然后用.fit( ) 方法基于前一步切分得到的训练集数据拟合随机森林回归模型。print（model.feature_importances_）用于打印随机森林回归模型的特征重要性评分。最后将这些重要性评分，运用 plt.savefig( ) 方法，以柱状图形式输出。

	Specs	Score
54	WClose	10341060.71
53	TypPrice	5813228.144
105	NL	3822377.064
103	NH	3620279.043
52	MedPrice	2580442.004
104	AL	929163.3608
102	AH	927540.9411
87	MAValue_5	570422.1802
69	BBI	267642.3748
88	MAValue_10	223035.1353
113	MiddleLine_EN	194692.7037
114	LowerLine_ENV	194692.7037
112	UpperLine_ENV	194692.7037
109	wr	180293.6942
51	LLow	127531.2789
80	EMAValue_20	123226.8911
50	HHigh	99809.31097
110	mr	98127.20292
106	ws	96683.09543
89	MAValue_20	92472.604
97	CloseMid	92472.604
116	SARofNextBar	77635.86896
99	CloseLowr	65412.88654
115	SARofCurBar	62629.56626
107	ms	60853.12951

图 2-16　SelectKBest 特征评价结果

```
from sklearn.ensemble import RandomForestRegressor
model = RandomForestRegressor()
model.fit(X_train,y_train)
print(model.feature_importances_) #use inbuilt class feature_importances
#plot graph of feature importances for better visualization
feat_importances = pd.Series(model.feature_importances_, index=X_train.col-
umns)
print(feat_importances)
plt.figure(figsize=(15, 10))
plt.tick_params(labelsize=20) #刻度字体大小
feat_importances.nlargest(30).plot(kind='barh')
plt.savefig(' HS300 '+'-RandomForestRegressor_feature_importances.jpg',bbox_
inches = 'tight')
```

部分特征的评分结果如图 2-17 所示。

最后看一下 Permutation Importance 算法的运用效果。Permutation Importance 与前两个算法不同的是，它依赖于代入的基础算法。在这里仍然选取随机森林回归算法。然后将训练好的随机森林模型 rf 代入 permutation_importance( ) 中，得到对 118 个技术指标特征的重要性排序，然后将结果以箱线图形式展现出来。

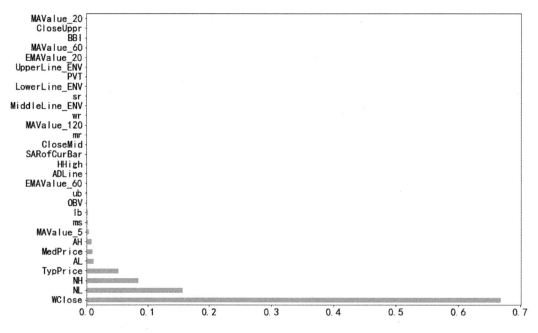

图 2-17 随机森林回归算法的特征重要性选择结果

```
from sklearn.inspection import permutation_importance
rf = RandomForestRegressor()
rf.fit(X_train,y_train)
result = permutation_importance(rf, X_train,y_train, n_repeats=10,
                                random_state=42, n_jobs=2)
sorted_idx = result.importances_mean.argsort()
f = plt.figure(figsize=(50, 30))
ax = f.add_subplot(111)
ax.boxplot(result.importances[sorted_idx[70:]].T,
           vert=False, labels=X_train.columns[sorted_idx[70:]])
ax.set_title("Permutation Importances (test set)",fontsize=30)
plt.yticks(fontsize=20,color='#000000')
fig.tight_layout()
plt.savefig('HS300'+'-Permutation Importances.jpg',bbox_inches = 'tight')
```

考虑 118 个特征数量太多，不利于画图展示，所以将指标得分从小到大排序后，输出得分在 70~118 名的高分特征。输出的箱线图结果如图 2-18 所示。

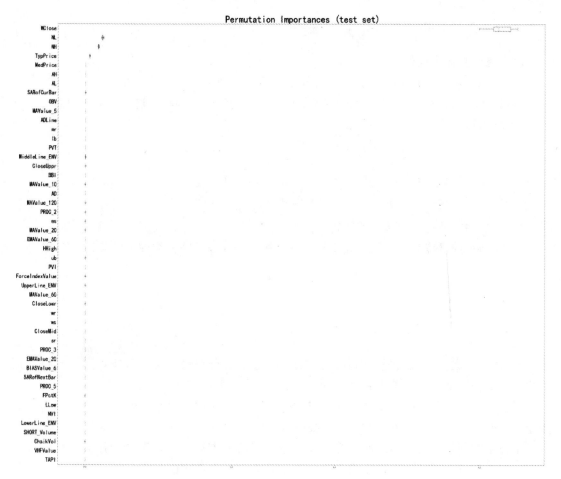

图 2-18　Permutation Importance 的特征重要性选择结果

2.2　主成分分析

扫码看视频

PCA（Principal Component Analysis，主成分分析），是一种将高维数据降维，然后在低维空间中尽可能地表示原始数据的方法，典型的应用有很多，比如图像识别。

假设有 m 个样本组成的样本集，每个样本都是 N 维数据，如果要将其降为 r（小于 n）维，从几何上理解就是将原有的含 n 个坐标轴的坐标系进行坐标变换，得到新的含 r 个坐标轴的坐标系，将 m 个点置于新坐标系中，用 r 个坐标轴方向来表示它们。从代数上理解，就是将样本各维度（n 维）的协方差矩阵（$n×n$）转为新的协方差矩阵（$r×r$），而且其具有对角矩阵的形式。

进行坐标变换后，PCA 的目的就是使得样本点在这些新坐标轴上的投影点尽量分散，而分散程度可以用方差来表示。PCA 把投影点的方差最大的那个方向（坐标轴）定义为第一个主轴，记为 PC_1，按正交方向和方差大小依次排列，分别为 PC_2，PC_3，$\cdots$，PC_r，这 r 个主成分为规约后的新特征。下面将给大家介绍 PCA 的理论，并以 MINST 数据集为例做一个实证案例。

2.2.1　PCA 算法步骤和特征分解理论

PCA 算法具体步骤如下。

1）将原始数据 X 组成 n 行 m 列的矩阵，其中 n 是维数，m 是数据量。

2）将 X 的每一行（代表一个属性字段）进行零均值化，即减去这一行的均值。

3）求出协方差矩阵 C（$n×n$ 维）：

$$C = \frac{1}{m-1} \sum_{k=1}^{m} (X_k - \overline{X})(X_k - \overline{X})^{\mathrm{T}}$$

$$= \frac{1}{m-1} \sum_{k=1}^{m} X_k X_k^{\mathrm{T}} = \frac{1}{m-1} X X^{\mathrm{T}}$$

4）求出协方差矩阵的特征值及特征向量。

5）将特征向量按对应特征值大小从上到下按行排列成矩阵，取前 r 行组成矩阵 $W_{r×n}$：

$$W = \begin{pmatrix} w_1^{\mathrm{T}} \\ w_2^{\mathrm{T}} \\ \vdots \\ w_r^{\mathrm{T}} \end{pmatrix}$$

6）对原始数据 X 中的每一列数据，求其在 r 个主成分空间中的坐标 $WX_{r×m}$，即降到 r 维后的数据，每一行是其一个属性字段，每一列是一个样本数据。

以上步骤中核心的数学步骤就是关于特征值分解（EVD）相关的 3）、4）、5）步骤，关于特征值分解（EVD）下面做一个详细的数学推导。

上述主成分分析先针对原数据的各个变量求出协方差矩阵，再对这个协方差矩阵（对称矩阵）求解特征值和特征向量的方法，称为特征值分解（EVD）。其具体原理如下。

假设存在 $m×m$ 的满秩矩阵 X，它有 m 个特征值 λ_i，按照特征值从大到小排列，对应的单位特征向量设为 w_i，则根据特征向量与特征值的定义：

$$X(w_1, w_2, \cdots, w_m) = (w_1, w_2, \cdots, w_m) \begin{bmatrix} \lambda_1 & \cdots & 0 \\ \vdots & & \vdots \\ 0 & \cdots & \lambda_m \end{bmatrix}$$

$$令 W = (w_1, w_2, \cdots, w_m), \Lambda = \begin{bmatrix} \lambda_1 & \cdots & 0 \\ \vdots & & \vdots \\ 0 & \cdots & \lambda_m \end{bmatrix}, 则：$$

$$XW = W\Lambda$$

所以可得到 X 的特征值分解（由于 W 中的特征向量两两正交，因此 W 为正交矩阵）：

$$\begin{aligned} &W^{-1}(XW)W^{-1} = W^{-1}(W\Lambda)W^{-1} \\ &\Rightarrow W^{-1}X = \Lambda W^{-1} \Rightarrow W^{\mathrm{T}}X = \Lambda W^{\mathrm{T}} \\ &\Rightarrow (w_1, w_2, \cdots, w_m)^{\mathrm{T}}X = \Lambda(w_1, w_2, \cdots, w_m)^{\mathrm{T}} \end{aligned} \tag{2-1}$$

式（2-1）中权重向量 W 乘以经过 Λ 转化后变成了 Λ 乘以权重向量 W，实现了权重向量 W 从右乘变为左乘，以符合前文中的坐标转换矩阵的用法。

由（2-1）式可以得到：

$$(w_1, w_2, \cdots, w_m)^{\mathrm{T}} X = \Lambda (w_1, w_2, \cdots, w_m)^{\mathrm{T}}$$

$$\Rightarrow \begin{pmatrix} w_1^{\mathrm{T}} \\ w_2^{\mathrm{T}} \\ \vdots \\ w_m^{\mathrm{T}} \end{pmatrix} X = \begin{bmatrix} \lambda_1 & \cdots & 0 \\ \vdots & & \vdots \\ 0 & \cdots & \lambda_m \end{bmatrix} \begin{pmatrix} w_1^{\mathrm{T}} \\ w_2^{\mathrm{T}} \\ \vdots \\ w_m^{\mathrm{T}} \end{pmatrix} \tag{2-2}$$

从 (2-2) 式中左右两边各取前 r ($r \leqslant m$) 个特征向量，可以得到：

$$\begin{pmatrix} w_1^{\mathrm{T}} \\ w_2^{\mathrm{T}} \\ \vdots \\ w_r^{\mathrm{T}} \end{pmatrix} X = \begin{bmatrix} \lambda_1 & \cdots & 0 \\ \vdots & & \vdots \\ 0 & \cdots & \lambda_r \end{bmatrix} \begin{pmatrix} w_1^{\mathrm{T}} \\ w_2^{\mathrm{T}} \\ \vdots \\ w_r^{\mathrm{T}} \end{pmatrix} \tag{2-3}$$

这样就通过特征值分解方法得到了主成分分析所用到的转换矩阵：

$$W = \begin{pmatrix} w_1^{\mathrm{T}} \\ w_2^{\mathrm{T}} \\ \vdots \\ w_r^{\mathrm{T}} \end{pmatrix}$$

2.2.2 PCA 规约 MNIST 数据集

本节以 MNIST 数据集为例，比较用 PCA 规约 MNIST 数据集前后，KNN 算法对数据集分类的时间效率和准确率的变化。

MNIST 是一个手写体数字的图片数据集，该数据集由美国国家标准与技术研究院（National Institute of Standards and Technology，NIST）发起整理，一共统计了 250 个人手写数字图片，其中 50% 是高中生，50% 来自人口普查局的工作人员。该数据集的收集目的是希望通过算法，实现对手写数字的识别。

MNIST 数据集拥有 60000 个样本、784 维特征，每一个特征是一个 0/1 向量，特征矩阵十分稀疏；标签是一个 0~9 的数字，该数据集利用 784 维特征描述了一个值为 0~9 的手写数字，算法分类的目的就是通过学习 60000 个样本、784 维特征将其真实的数值标签分类出来。

首先对原始特征进行 KNN 分类算法的学习和分类。直接加载 sklearn 库中现有的 MNIST 数据集。

```
from keras.datasets import mnist
import matplotlib.pyplot as plt
import numpy as np
import pandas as pd
from sklearn.model_selection import train_test_split
from sklearn.decomposition import PCA
from sklearn.neighbors import KNeighborsClassifier
import datetime
```

```
(X_train,Y_train),(X_test,Y_test) = mnist.load_data()
X_train = X_train.reshape(60000,784)
X_train=X_train[:10000,:]
Y_train = Y_train.reshape(-1,1)
Y_train=Y_train[:10000,:]
```

考虑 60000 个样本模型训练时间太长，所以我们仅选取前 10000 个样本，并将其转换成 60000×784 的 numpy.array 矩阵。

然后，开始训练 KNN 分类模型，将 10000 个样本中的 75% 用于模型训练，25% 用于测试模型的准确率，并统计模型的训练时间。

```
starttime = datetime.datetime.now() #用来计算 PCA+KNN 总的计算时间


knn_clf = KNeighborsClassifier()
x_train,x_test,y_train,y_test = train_test_split(X_train, Y_train, test_size =
0.25, random_state = 1)
y_train = y_train.reshape(-1,1).ravel() #最后加上 .ravel()，不然 jupyter
notebook 会报错
knn_clf.fit(x_train,y_train)
accuracy = knn_clf.score(x_test,y_test)
print("accuracy is ",accuracy)


endtime = datetime.datetime.now()
time = (endtime - starttime).seconds
print("time is ",time)
```

KNN 分类的结果如图 2-19 所示。在测试集上的分类准确率是 94.6%，耗费了 23 秒。

```
accuracy is  0.946
time is  23
```

图 2-19　PCA 数据规约前的结果

接着，对 X_train 做 PCA 特征规约。n_components 选择 0.95，这个参数的意义是规约时保留原数据集 95% 的信息。训练得到的 pca_model 是用于降维的模型。运用 pca_model.fit_transform() 将原数据集降维，得到了 X_reduce_fianl。打印 X_reduce_fianl 矩阵形状，可以看到现在是 10000×150 的矩阵，特征维数从 784 降低到了 150。

```
#复制一份训练集,后面直接对原始数据降维
X_train_copy = X_train


starttime = datetime.datetime.now()


###找到能够保留 95% 方差的 n_components
pca_model=PCA(n_components=0.95, copy = False)    #copy = False 指直接对数据集
                                                 降维
                                                 #调用 PCA,会自动均值归一化
```

```
X_reduce = pca_model.fit_transform(X_train)
n_x = pca_model.n_components

###利用上面找到的 n_components,降维
pca=PCA(n_components=n_x, copy = False)
X_reduce_fianl =pca.fit_transform(X_train_copy)
print("X_reduce_fianl :",X_reduce_fianl.shape)
```

最后，将 X_reduce_fianl 作为新的特征集再一次调用 KNN 分类器，得到的结果如图 2-20 所示。

```
### 利用 KNN 训练
knn_clf = KNeighborsClassifier()
x_train,x_test,y_train,y_test = train_test_split\
    (X_reduce_fianl, Y_train, test_size = 0.25, random_state = 1)
y_train = y_train.reshape(-1,1).ravel()
knn_clf.fit(x_train,y_train)
accuracy = knn_clf.score(x_test,y_test)
print("accuracy is ",accuracy)

endtime = datetime.datetime.now()
time = (endtime - starttime).seconds
print("time is ",time)
```

经过规约之后的数据在同样的 KNN 算法下，训练速度有了明显的改善。

从图 2-20 中可见，不仅准确率从 94.6%提升到了 94.92%，训练时间也有了大幅下降，从 23s 缩短为 6s。由此可见，PCA 降维对于萃取数据特征，提高模型的学习效率有着十分明显的作用。

```
accuracy is  0.9492
time is  6
```

图 2-20　PCA 数据规约后的结果

2.3 高新技术企业行业技术周期数据的可视化和相关性分析

扫码看视频

本次研究选取了 2007 年~2019 年沪深两市 A 股上市公司 381 家高新技术企业的专利数据，构造了 25 个预测自变量和 1 个待预测应变量"技术追赶"（TechCatchup）。

下面对这些预测特征和待预测应用量的性质做一次系统、全面的观察。

2.3.1 特征的系统性描述

表 2-1 所示为这 25 个变量的统计性描述。调用语法如下。

```
df.describe()
```

其中 df 是数据预处理后的数据。

表 2-1　特征的统计性描述

	count	mean	std	min	25%	50%	75%	max
CompanyAge	1805	13.51	6.17	1.00	9.00	13.00	17.00	38.00
Staff	1805	3323.48	4814.01	101.00	774.00	1656.00	3875.00	45082.00
ResearStaff	1805	548.93	809.10	16.00	156.00	302.00	639.00	10190.00
ResearchStaffRation	1805	0.22	0.15	0.01	0.12	0.17	0.29	0.85
ResearchInput	1805	122939223.54	219999180.04	136077.24	2371670000.00	5412847306.06	12372776850.50	2067600085.00
R&Dstrength	1805	0.07	0.06	0.00	0.04	0.05	0.08	0.73
ProductionCAS	1805	7.68	10.31	0.00	2.01	4.41	9.10	75.03
MarketCAS	1805	1.19	1.39		0.33	0.66	1.45	7.87
HRCAS	1805	0.53	0.62	0.00	0.15	0.32	0.69	3.83
AbsorbingAbility	1805	6.83	8.85	0.00	3.79	4.87	6.42	79.63
CatchupStrategy	1805	0.06	0.13	0.00	0.00	0.00	0.07	1.00
TechDiversity	1805	0.48	0.31	0.00	0.20	0.55	0.73	0.95
TechOriginality	1805	0.32	0.17	0.00	0.21	0.33	0.43	0.81
TechDependence	1805	0.90	0.10	0.51	0.84	0.93	1.00	1.00
TechCumulativeness	1805	8.61	7.68	0.08	3.00	5.70	12.02	39.77
TechOpportunity	1805	0.03	0.06	−0.20	−0.01	0.03	0.07	0.18
TechUncertainty	1805	0.23	0.10	0.01	0.15	0.22	0.30	0.59
TCT	1805	1.01	0.20	0.29	0.88	0.99	1.12	2.00
DemandIncrease	1805	0.12	0.14	−0.40	0.06	0.13	0.20	0.45
DemandStd	1805	1148751931.20	947519179.50	191784364.32	344926291.44	703379168.40	1848772832.55	4334749178.37
DemandEfficiency	1805	0.79	0.20	0.35	0.71	0.84	0.92	1.00
IndustryConcentration	1805	0.17	0.13	0.04	0.07	0.12	0.22	0.57
IndustryInnovationDegree	1805	0.06	0.05	0.00	0.03	0.05	0.10	0.26
IndustryTechAppropriability	1805	0.18	0.11	0.00	0.08	0.18	0.28	0.48
TechCatchup	1805	0.00	0.00	0.00	0.00	0.00	0.00	0.00

其中 TechCatchup 是本次研究的应变量，其余 24 个特征中选择一部分作为自变量。

为了更清晰地了解应变量的性质，引入如图 2-21 所示的应变量的频率分布图。其中变色曲线是 TechCatchup 以核密度估计得到的概率密度曲线，变色直方图是 TechCatchup 的频率分布图。从图中可以看到，TechCatchup 不服从正态分布，整体上是一个长右尾的偏态钟型

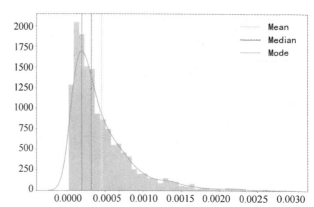

图 2-21　TechCatchup 的分布观察

分布。它的所有取值都大于 0，这将为后续的建模提供一定思路。

首先，计算应变量 TechCatchup 的统计特征，包括均值、中位数和众数。代码如下。

```
# 均值
mean = df[y_label].mean()
# 中位数
median = df[y_label].median()
# 众数
s = np.round(df[y_label],4).mode()
print(s)
# 注意,mode 方法返回的是 Series 类型
mode = s.iloc[0] #将值取出,iloc 函数为通过行号来取行数据(如取第二行的数据),loc 函数
为通过行索引 Index 中的具体值来取行数据(如取 Index 为 A 的行)
print("mean, median, mode:",mean, median, mode)
```

然后绘制 TechCatchup 的频率分布图，并叠加前一步的均值、中位数和众数。其中 sns 是引用了 seaborn 可视化库。.distplot( ) 方法是频率分布可视化。最后 plt.savefig( ) 将图输出到本地，得到了如图 2-21 所示的结果。

```
plt.figure(figsize =(15,10))
# 绘制数据的分布(直方图+ 密度图)
sns.distplot(df[y_label])
plt.xlabel(y_label, fontsize=50)
plt.ylabel('Density', fontsize=50)
# 绘制垂直线
plt.axvline(mean, ls = '-', color = 'r', label = "Mean")
plt.axvline(median, ls = '-', color = 'g', label = "Median")
plt.axvline(mode, ls = '-', color = 'indigo', label = "Mode")
plt.legend(fontsize=30)

plt.savefig(y_label+'-数据分布特征.jpg',bbox_inches = 'tight')
```

同时，从图 2-21 的分布频率可以看到，技术追赶（TechCatchup）的分布不对称，这种右尾较短而左尾较长的性质，也正是因为追赶速度快的企业毕竟是少数，所以这样的分布也是合理的。

2.3.2　特征的深入观察

本节对本次研究做一些分组比较、相关性分析和分布性质观察。

首先，对技术追赶（TechCatchup）标准化后做分组处理，将其分为 0.1 以下，0.1 到 0.3，0.3 到 0.5，0.5 到 0.7，0.7 到 0.9，0.9 以上总计 6 个组。

```
df['scale']=(df[y_label]-min(df[y_label]))/(max(df[y_label])-min(df[y_label]))

bins=[min(df['scale'])-0.01,0.1,0.3,0.5,0.7,0.9,max(df['scale'])+0.01]
```

```
df['cut']=pd.cut(df['scale'],bins,right=False)
labels=['0.1以下','0.1到0.3','0.3到0.5','0.5到0.7','0.7到0.9','0.9以上']
df['cut']=pd.cut(df['scale'],bins,right=False,labels=labels)
```

然后统计各个分组的计数，以饼图的形式展示，并将图输出到本地，如图 2-22 所示。其中 plt.Circle( ) 方法是绘制空心的饼图。

```
pie_server = df['cut'].value_counts()
plt.figure(figsize = (20,15))
plt.pie(pie_server.values,
              shadow = True,
            textprops={'fontsize': 20})
plt.title(y_label+'分组占比', fontsize = 50)
plt.legend(labels =pie_server.index,fontsize=30)
centre_circle = plt.Circle((0,0),0.45,fc='white')
fig = plt.gcf()
fig.gca().add_artist(centre_circle)

plt.savefig(y_label+'分组占比.jpg',bbox_inches = 'tight')
```

图 2-23 所示为各个公司的行业占比情况。将来自 381 个企业的 1895 个样本数据根据其所处的行业进行分类，归入 Consumer Electronics、Special Purpose Computer Equipment、Communication Terminals and Accessories、PCB、Integrated Circuit、Other Electronic Components、System Device、LED、Network Connection and Tower Design、Cable、Passive Element、General Purpose Computer Equipment、Discrete Device、Security and Protection、Display Parts、Semiconductor Materials、Consumer Electronic Devices、Semiconductor Device 总计 18 个细分行业。从分类计数企业中可以看到 Consumer Electronics 和 Special Purpose Computer Equipment 两个行业的数量是最多的，Consumer Electronic Devices 和 Semiconductor Device 行业是数量最少的。

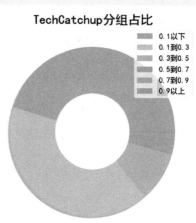

图 2-22　TechCatchup 的
各分位数占比

```
plt.figure(figsize =(15,10))
sns.countplot(x = 'Industry', data =df, order =df['Industry'].value_counts
(sort=True).index )
plt.title("Counts of Companies in Different Industries",fontsize =50)
plt.ylabel('Counts', fontsize =30)
plt.xlabel('Industry',fontsize =30)
pl.xticks(rotation=90,fontsize=20)

plt.savefig('行业分布.jpg',bbox_inches = 'tight')
```

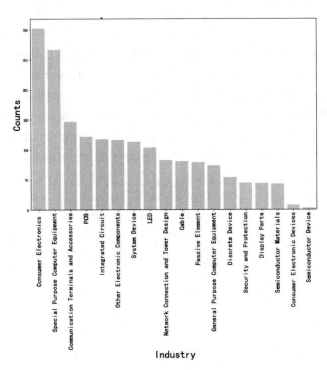

图 2-23　各个行业的样本数量占比

其中 sns.countplot( ) 是 seaborn 库中绘制柱状图计数的常用方法。

观察自变量的相关矩阵。图 2-24 所示为 24 个特征的线性相关性。大多数特征的相关性

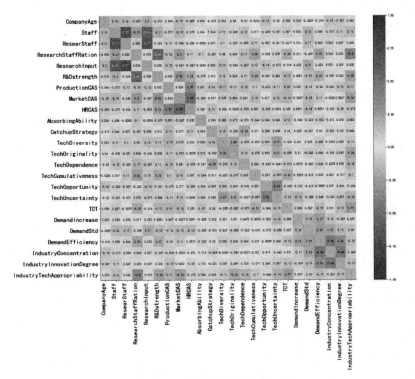

图 2-24　特征的相关矩阵

并不强，但有少数几对特征之间存在弱相关性。比如：Staff 和 ResearchInput 之间存在一定的正相关性，Staff 和 ResearchStaff 之间也存在一定的正相关性，R&Dstrength 和 Research-StaffRation 也有一定的正相关性，IndustryInnovationDegree 和 IndustryConcentration 之间有一定的负相关性，IndustryTechAppropriability 和 ResearchStaffRation 之间也有一定的负相关性。其中我们关注的技术体制相关的变量中，技术机会和技术周期呈现一定的负相关，技术机会和技术的不确定性呈现一定的正相关，技术周期和技术不确定性呈现一定程度的负相关。技术累积性和技术周期呈现一定的正相关性，而技术独占性和技术周期之间的关系不明显。

取出 data 中所有特征变量，命名为 new_train，new_train.corr( ) 用于计算变量的线性相关系数。然后调用 sns.heatmap( ) 以热力图形式展现不同变量的相关性。

```python
new_train=data[col[3:-3]]
##数据相关性信息的可视化
import seaborn as sns
plt.figure(figsize=(20,15))
corr = new_train.corr()
ax=sns.heatmap(
    corr,
    vmin = -1,vmax = 1, center = 0 ,square = True,
    cmap = sns.diverging_palette(20,220,n=200),annot=True,annot_kws={"
fontsize":10}
)
ax.set_xticklabels(
    ax.get_xticklabels(),
    rotation = 90,
    horizontalalignment = 'right',fontsize =20
)
ax.set_yticklabels(
    ax.get_yticklabels(),
    rotation = 0,
    horizontalalignment = 'right',fontsize =20
)
sns.despine()

plt.savefig('特征相关性图.jpg',bbox_inches = 'tight')
```

最后，观察应变量 TechCatchup 的正态性。sns.kdeplot( ) 是以核密度估计来计算目标数据的近似分布函数，然后对比标准正态分布并输出到本地。

```python
# 标准正态分布
standard_normal = pd.Series(np.random.normal(0, 1, size=10000))

plt.figure(figsize=(15,10))
sns.kdeplot(standard_normal, label="Standard Normal Distribution")
```

```
sns.kdeplot((data[y_list[0]]-np.mean(data[y_list[0]]))/data[y_list[0]].std
(), label=y_list[0])

plt.ylabel('Density', fontsize =30)
plt.xlabel('')
plt.legend(fontsize=25,loc='best')

plt.savefig('正态性观察.jpg',bbox_inches = 'tight')
```

TechCatchup 的分布表现为右尾长、尖峰，对标准正态分布有一定的偏离，如图 2-25 所示。

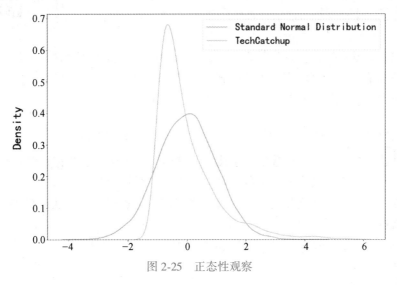

图 2-25　正态性观察

第 3 章　常见的回归模型

本章主要介绍常见的回归模型，3.1 节介绍经典线性回归模型，并推导了基于普通最小二乘法（OLS）的线性回归模型的解析解，并以广告投入产出的分析案例作为线性回归模型的实例。3.2 节讲解逻辑斯谛回归，这是一种用于二分类预测的回归模型。3.3 节介绍了几种经典正则化算法，包括岭回归、LASSO 和核岭回归。

3.1　线性回归模型

线性回归模型是在统计、计量等学科中运用最为广泛的基础模型之一。线性回归模型需要求解变量的权值，最常见的求解方法是普通最小二乘法（OLS）。本节将详细讲解普通最小二乘法的数学推导过程，并配以 Python 的代码和案例。

3.1.1　普通最小二乘法的原理

最小二乘法（OLS）是一种数学优化技术。它通过最小化真实数据点和拟合数据点之间的误差的平方和，从而寻找真实数据的最佳函数拟合，数据的拟合可以是多变量拟合，也可以是单变量拟合，下面以多变量的矩阵形式为例，展示普通最小二乘法的推导过程。

设一组数据集 D：

$$D = \{ (x^{(1)}, y^{(1)}), (x^{(2)}, y^{(2)}) \cdots (x^{(N)}, y^{(N)}) \}$$

式中，$x^{(i)} \in R^n$

带求解的线性方程为：

$$H(\theta) = \theta^T X = \theta_0 X_0 + \theta_1 X_1 + \cdots + \theta_n X_n$$

我们以矩阵形式来描述上述 $H(\theta)$ 的问题求解，矩阵有 N 个样本数据，每个数据维度是 n 维，其中 $[\theta_0, \theta_1, \cdots, \theta_n]$ 为带求解的参数：

$$\begin{bmatrix} \theta_0 X_0^{(1)} + \theta_1 X_1^{(1)} + \cdots + \theta_n X_n^{(1)} = y^{(1)} \\ \theta_0 X_0^{(2)} + \theta_1 X_1^{(2)} + \cdots + \theta_n X_n^{(2)} = y^{(2)} \\ \vdots \\ \theta_0 X_0^{(N)} + \theta_1 X_1^{(N)} + \cdots + \theta_n X_n^{(N)} = y^{(N)} \end{bmatrix}$$

这里把上面的公式组合拆分成 3 部分，X 数据集，θ 参数，Y 目标值。

$$X = \begin{bmatrix} 1 & x_1^{(1)} & \cdots & x_n^{(1)} \\ 1 & x_1^{(2)} & \cdots & x_n^{(2)} \\ \vdots & \vdots & & \vdots \\ 1 & x_1^{(N)} & \cdots & x_n^{(N)} \end{bmatrix}, \theta = \begin{bmatrix} \theta_1 \\ \theta_2 \\ \vdots \\ \theta_n \end{bmatrix}, Y = \begin{bmatrix} y_1 \\ y_2 \\ \vdots \\ y_n \end{bmatrix}$$

上述矩阵形式就可以重写为：

$$X\theta = Y$$

现实中可能并不存在一个 $\boldsymbol{\theta}$ 使得上述等式成立，但可以寻找一个合理的 $\boldsymbol{\theta}$ 使得上式的误差尽可能小。那么就像需要一个衡量该误差的标准：

$$J(\boldsymbol{\theta}) = \parallel X\boldsymbol{\theta}-Y \parallel^2$$

接下来将 $J(\boldsymbol{\theta})$ 展开，得到：

$$J(\boldsymbol{\theta}) = \parallel X\boldsymbol{\theta}-Y \parallel^2 = (X\boldsymbol{\theta}-Y)^{\mathrm{T}}(X\boldsymbol{\theta}-Y)$$
$$= (\boldsymbol{\theta}^{\mathrm{T}}X^{\mathrm{T}}-Y^{\mathrm{T}})(X\boldsymbol{\theta}-Y)$$
$$= \boldsymbol{\theta}^{\mathrm{T}}X^{\mathrm{T}}X\boldsymbol{\theta}-\boldsymbol{\theta}^{\mathrm{T}}X^{\mathrm{T}}Y-Y^{\mathrm{T}}X\boldsymbol{\theta}+Y^{\mathrm{T}}Y$$
$$= \boldsymbol{\theta}^{\mathrm{T}}X^{\mathrm{T}}X\boldsymbol{\theta}-2\boldsymbol{\theta}^{\mathrm{T}}X^{\mathrm{T}}Y+Y^{\mathrm{T}}Y$$

然后求解 $J(\boldsymbol{\theta})$ 关于 $\boldsymbol{\theta}$ 的导数：

$$\frac{\partial J(\boldsymbol{\theta})}{\partial \boldsymbol{\theta}} = \frac{\partial(\boldsymbol{\theta}^{\mathrm{T}}X^{\mathrm{T}}X\boldsymbol{\theta}-2\boldsymbol{\theta}^{\mathrm{T}}X^{\mathrm{T}}Y+Y^{\mathrm{T}}Y)}{\partial \boldsymbol{\theta}}$$
$$= \frac{\partial(\boldsymbol{\theta}^{\mathrm{T}}X^{\mathrm{T}}X\boldsymbol{\theta})}{\partial \boldsymbol{\theta}}-2X^{\mathrm{T}}Y+0$$

其中：

$$\frac{\partial(\boldsymbol{\theta}^{\mathrm{T}}X^{\mathrm{T}}X\boldsymbol{\theta})}{\partial \boldsymbol{\theta}} = (X^{\mathrm{T}}X+X^{\mathrm{T}}X)\boldsymbol{\theta} = 2X^{\mathrm{T}}X\boldsymbol{\theta}$$

代入上式，并令 $\frac{\partial \mathrm{J}(\boldsymbol{\theta})}{\partial \boldsymbol{\theta}} = 0$，从而最终解得：

$$\frac{\partial \mathrm{J}(\boldsymbol{\theta})}{\partial \boldsymbol{\theta}} = 2X^{\mathrm{T}}X\boldsymbol{\theta}-2X^{\mathrm{T}}Y = 0$$
$$\boldsymbol{\theta} = (X^{\mathrm{T}}X)^{-1}X^{\mathrm{T}}Y$$

式子 $\boldsymbol{\theta} = (X^{\mathrm{T}}X)^{-1}X^{\mathrm{T}}Y$ 就是求解线性回归模型的最终表达式。

3.1.2　广告投入产出分析案例

广告营销费用对销售额产生的影响是每一个公司在费用投入时都要考虑的问题。而不同的广告投入组合形式可能会产生不同的效果。所以，通过分析多期的广告投入和销售额的关系，就可能得出值得关注的结论。本案例以电视机（TV）、收音机（Radio）和报纸（Newspaper）三种形式的广告对销售额的影响展开研究。

首先，引入相关的库：

```
import numpy as np
import pandas as pd
import matplotlib.pyplot as plt
from sklearn.linear_model import LinearRegression as LR
import sklearn.metrics as skm
```

然后读取 Advertising.csv，图 3-1 所示为数据的基本情况。接下来将 TV、Radio、Newspaper 三个字段作为回归的自变量，Sales 销售额作为回归的应变量，并将前 140 个数据样本切分到训练集，后 60 个数据样本切分到测试集。

```
my_dataframe = pd.read_csv('Advertising.csv')
feature_cols = ['TV', 'Radio', 'Newspaper']
```

```
X = my_dataframe[feature_cols].values
y = my_dataframe.Sales.values

Xtrain = X[:140]
ytrain = y[:140]

Xtest = X[140:]
ytest = y[140:]
```

此时，可以建立回归模型 my_model = LR( )，并用.fit( )方法训练该回归模型。

```
my_model = LR()
#fit the model using our data
my_model.fit(Xtrain, ytrain)
```

我们在测试集数据上预测销售额后打印预测销售额和实际销售额做对比，并**画**图观察预测销售和实际销售额的关系。图 3-2 所示为预测销售额和实际销售额的对比图，该图为散点图，横坐标代表实际销售额，纵坐标代表预测销售额。

TV	Radio	Newspaper	Sales
230.1	37.8	69.2	22.1
44.5	39.3	45.1	10.4
17.2	45.9	69.3	9.3
151.5	41.3	58.5	18.5
180.8	10.8	58.4	12.9
8.7	48.9	75	7.2
57.5	32.8	23.5	11.8
120.2	19.6	11.6	13.2
8.6	2.1	1	4.8
199.8	2.6	21.2	10.6
66.1	5.8	24.2	8.6
214.7	24	4	17.4

图 3-1 Advertising.csv 数据展示

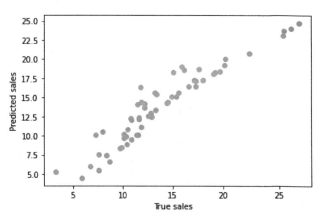

图 3-2 预测销售额和实际销售额的对比图

```
ypredicts = my_model.predict(Xtest)

print ("The predicted sales:")
print (ypredicts)
print ()
print ("The true sales:")
print (ytest)

plt.plot(ytest,ypredicts,'ok')
```

```
plt.ylabel('Predicted sales')
plt.xlabel('True sales')
plt.show()
```

然后计算预测误差。这里运用了两种误差度量方
式，分别是 MAE 和 MSE，其中 MSE 的具体算法与
sklearn 包中的结果做了对比，从如图 3-3 所示中可以
看到两者是一致的。

```
MSE: 2.5579659254606213
SKL_MAE: 1.241561292303719
SKL_MSE: 2.5579659254606213
```

图 3-3 预测误差对比

```
mse = np.mean((ypredicts - ytest) ** 2)
print ("MSE: {}".format(mse))


mae_SKL = skm.mean_absolute_error(ytest,ypredicts)
print ("SKL_MAE: {}".format(mae_SKL))


mse_SKL = skm.mean_squared_error(ytest,ypredicts)
print ("SKL_MSE: {}".format(mse_SKL))
```

接下来，我们把回归模型的回归系数打印出来，观察一下哪一种广告方式在当时那个年
代对销售额的影响较大。在回归系数的展示中，可以看到销售额的回归常数项是一个正数，
这意味着销售额存在一个不通过广告推广就可以获得的基础销售额，而三个参数中 Radio 的
参数是最大的，高达 0.1797，这意味着广告投入中采用 Radio 方式效果最好，而 Newspaper
是负数，意味着广告投入中采用 Newspaper 方式会降低销售额，如图 3-4 所示。

```
3.0451422090371167
[ 0.04704868  0.17968299 -0.00300557]
[('TV', 0.047048680822289928), ('Radio', 0.17968298889993575), ('Newspaper', -0.0030055651568066805)]
```

图 3-4 回归系数展示

```
print (my_model.intercept_)
print (my_model.coef_)


zipped_list =  (zip(feature_cols, my_model.coef_))
print(list(zipped_list))
```

之前的研究按照 140∶60 的比例随意切分了训练集和测试集，这个比例未必是最优的，
所以编写了 getErrorwithSize 函数，该函数遍历各种不同的数据集切分方式，从而比较不同的
数据集切分方式是否会对预测结果造成影响。

```
def getErrorwithSize(model, train_sizes, Xtrain, ytrain, Xtest, ytest):


    # Initialize needed variables
    model_mse  = np.zeros(len(train_sizes))  # storing model accuracy
    model_wts  = np.zeros([len(train_sizes), 4]) # storing model weights
```

```
#Train our model with increasing data for each iteration
for size in train_sizes:
    Xsubtrain = Xtrain[0:size,:]
    ysubtrain = ytrain[0:size]
    model.fit(Xsubtrain, ysubtrain)

    # Test our model on fixed test set
    ypredicts = model.predict(Xtest)

    index             = (size//10)-1
    model_mse[index]   = np.mean((ypredicts - ytest) ** 2)
    model_wts[index,:] = np.append(model.intercept_, model.coef_)

return model_mse, model_wts
```

我们将训练集从 10 开始，以 10 位间隔，扩大到最大 140，剩下的后 60 个样本作为预测集。这样就能考察不同的训练集大小对相同的一个测试集的影响。

```
train_sizes = np.arange(10,150,10) # training size from 10 to 140
print (train_sizes)

mse,weights = getErrorwithSize(my_model,train_sizes, Xtrain, ytrain, Xtest,
ytest)



#Plot the accuracy with training size
plt.plot(train_sizes, mse)
plt.xlabel('Training Size')
plt.ylabel('Mean Sq Error in Prediction')
plt.title('Effect of Data size on prediction error')
```

如图 3-5 所示，我们可以看到，在训练集大于 40 以后，对预测结果的影响就比较小了，误差基本在 3.5 左右来回震荡。

图 3-5 中虽然在一定程度上验证了数据集大小的影响，但是还可以针对一个问题提出反驳，那就是数据集的特殊性。目前训练集的选取是从第一到第 N 个样本，虽然 N 的大小已经经过调节验证了，但是会不会是前 N 个样本的特殊性，才带来了目前的预测结果呢？换句话说，如果用后 N 个样本，或其他 N 个样本作为训练集的时候，预测结果会

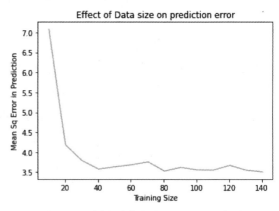

图 3-5　不同训练集长度的预测误差实验

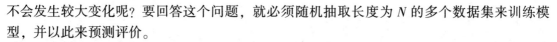

不会发生较大变化呢？要回答这个问题，就必须随机抽取长度为 N 的多个数据集来训练模型，并以此来预测评价。

下面的代码通过 100 次重复试验，随机切分 70%的训练集，剩余 30%作为测试集，然后在 70%的训练集中再一次重复之前调节训练集长度的试验。最后，取 100 次试验的预测误差均值作为最终结果。

```python
from sklearn.model_selection import train_test_split

# First, lets re-create the data matrix with features X and response y
data = np.c_[X,y]
print (data.shape)
data[0:5,:]


Dtrain, Dtest = train_test_split(data, test_size=0.2)



print(data.shape)
print(Dtrain.shape)
print(Dtest.shape)


trials = 100

train_sizes = np.arange(10,150,10) # training size from 10 to 140
final_mse    = np.zeros(len(train_sizes))  # storing model prediction error
final_model_wts = np.zeros([len(train_sizes), 4]) # storing model weights

for i in range(0,trials):
    Dtrain, Dtest = train_test_split(data, test_size=0.3)
    Xtrain = Dtrain[:, 0:3]
    ytrain = Dtrain[:,3]

    Xtest = Dtest[:, 0:3]
    ytest = Dtest[:,3]

    mse,weights = getErrorwithSize(my_model, train_sizes,Xtrain, ytrain, Xtest, ytest)

    final_mse   +=  mse # final_mse = final_mse + mse

final_mse      /= trials # final_mse = final_mse / trials


#Plot the final MSE
```

```
plt.plot(train_sizes, final_mse)

plt.xlabel('Training Data Sizes')
plt.ylabel('Model MSE')
plt.title('Effect of Data Size on prediction error')
plt.show()
```

图 3-6 所示为本次试验的结果。从图中可以看到，经过 100 次重复试验以后，预测误差曲线变得更加平滑了，并且随着训练集的增加，预测误差平稳下降，但是下降的速度是边际递减的。比较图 3-5 可知，图 3-6 的结果更具有一般性。这得出了更进一步的结论：训练集的增加是可以提高预测准确率的，但是其预测提高的效用存在边际递减效应。因此，图 3-5 所展示的 40 个样本的训练集，未必是最优选择。

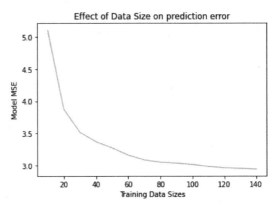

图 3-6　100 次重复试验后不同训练集长度的平均预测误差结果

扫码看视频

3.2　逻辑斯谛回归

逻辑斯谛回归是在线性回归的基础上进一步拓展，它是通常用于二分类问题的经典回归模型。逻辑斯谛回归通过自然指数函数的映射，将原本（-inf,inf）的域映射到（0,1）之间，然后将其视为概率值，做出二分类预测。

3.2.1　逻辑斯谛回归的原理

设 X 是连续型随机变量，X 服从逻辑斯谛分布是指 X 具有下列分布函数 $F(x)$ 和密度函数 $f(x)$：

$$F(x) = P(X \leqslant x) = \frac{1}{1+e^{-(x-\mu)/\gamma}}$$

$$f(x) = F'(x) = \frac{e^{-(x-\mu)/\gamma}}{\gamma(1+e^{-(x-\mu)/\gamma})^2}$$

其中 μ 是逻辑斯谛分布的位置参数，γ 则是形状参数。

逻辑斯谛分布的分布函数 $F(x)$ 的曲线图形是一条 S 形曲线，曲线在 μ 中心附近增长最快，在两端增长速度较慢，而 γ 会影响曲线变化的形状。而当 x 无穷大时，$F(x)$ 接近于 1，当 x 无穷小时，$F(x)$ 接近于 0。

逻辑斯谛回归是建立在逻辑斯谛分布的理论之上的。二项逻辑斯谛回归模型是一种分类模型，由条件概率分布 $P(y_i = 1|x_i)$ 表示，形式为参数化的逻辑斯谛分布。这里随机变量 x_i 取值为实数，随机变量 y_i 取值为 1 或 0。

二项逻辑斯谛回归模型是如下的条件概率分布。

$$P(y_i = 1 \mid x_i) = \frac{e^{wx_i}}{1 + e^{wx_i}}$$

$$P(y_i = 0 \mid x_i) = \frac{1}{1 + e^{wx_i}}$$

其中 w 是回归模型的参数，也就是接下来需要求解的对象。求解方法通常是极大似然估计。这样可以写出其如下似然函数。

$$L(w) = \prod_{i=1}^{N} \left[P(x_i) \right]^{y_i} \left[1 - P(x_i) \right]^{1 - y_i}$$

其中 w 是待求解的回归模型参数。

$$\begin{aligned}
\log L(w) &= \sum_{i=1}^{N} \left[y_i \log P(x_i) + (1 - y_i) \log(1 - P(x_i)) \right] \\
&= \sum_{i=1}^{N} \left[y_i \log P(x_i) - y_i \log(1 - P(x_i)) + \log(1 - P(x_i)) \right] \\
&= \sum_{i=1}^{N} \left[y_i \log \frac{P(x_i)}{1 - P(x_i)} + \log(1 - P(x_i)) \right] \\
&= \sum_{i=1}^{N} \left[y_i \log \frac{\dfrac{1}{1 + e^{-wx_i}}}{1 - \dfrac{1}{1 + e^{-wx_i}}} + \log\left(1 - \frac{1}{1 + e^{-wx_i}}\right) \right] \\
&= \sum_{i=1}^{N} \left[wy_i x_i - \log(1 + e^{wx_i}) \right]
\end{aligned}$$

然后将 $\log L(w)$ 关于 w 求导：

$\sum_{i=1}^{N} \left[wy_i x_i - \log(1 + e^{wx_i}) \right]$ 可以拆解为 $wy_i x_i$ 和 $\log(1 + e^{wx_i})$ 两项，再分别求导：

$$(wy_i x_i)' = y_i x_i$$

$$\log(1 + e^{wx_i})' = \frac{e^{wx_i}}{1 + e^{wx_i}} x_i = x_i P(x_i)$$

所以：

$$\frac{\partial L(w)}{\partial w} = \sum_{i=1}^{n} \left(y_i x_i - \frac{x_i}{1 + e^{-wx_i}} \right)$$

然后令：$\dfrac{\partial L(w)}{\partial w} = \sum_{i=1}^{n} \left(y_i x_i - \dfrac{x_i}{1 + e^{-wx_i}} \right) = 0$

其中 y_i 和 x_i 是已知参数，这样通过优化方法就可以求解出 w 的值。

3.2.2 乳腺癌恶性、良性肿瘤分类预测

本次研究采用的是"威斯康星州乳腺癌（诊断）数据集"，该数据集特征是从一个乳腺肿块的细针抽吸的数字化图像计算出来的。数据集的标签有两类，分别是"良性"和"恶性"肿瘤。数据集的特征是通过计算肿瘤细胞的细胞核的 10 个原始特征的平均值、标准误

差和"最差"或最大值得到的，所以总计有 30 个特征。而这 10 个原始特征是：计算每个细胞核的 1）半径（从中心到周界各点的平均距离）、2）纹理（灰度值的标准偏差）、3）周长、4）面积、5）平滑度（半径长度的局部变化）、6）密实度（周长^2/面积-1.0）、7）凹度（轮廓凹陷部分的严重程度）、8）凹点（轮廓凹面部分的数量）、9）对称性、10）分形维数（"海岸线近似值"-1）。

"威斯康星州乳腺癌（诊断）数据集"可以在 sklearn 自带的数据集中直接加载。

```python
import sklearn.datasets as datasets
digits = datasets.load_breast_cancer()
X = digits.data
y = digits.target
```

由于不同的特征来源差异较大，定义一个正则化函数，将其归一化到 0-1 区间。

```python
def normalize(x):
    return (x - np.min(x))/(np.max(x) - np.min(x))
```

然后调用 normalize() 对 X 进行正则化，并对正则化以后的数据集切分训练集和测试集，其中 80% 归为训练集，剩下 20% 归为测试集。

```python
X_norm = normalize(X)
X_train = X_norm[:int(len(X_norm) * 0.8)]
X_test = X_norm[int(len(X_norm) * 0.8):]
y_train = y[:int(len(X_norm) * 0.8)]
y_test = y[int(len(X_norm) * 0.8):]
```

下一步在调用逻辑斯谛回归前，先介绍模型的代码实现。该代码是一个完整的逻辑斯谛回归模型的简单实现。

```python
class LogisticRegression():
    def __init__(self,alpha=0.01,epochs=3):
        self.W = None
        self.b = None
        self.alpha = alpha
        self.epochs = epochs
    def fit(self,X,y):
        # 设定种子
        np.random.seed(10)
        self.W = np.random.normal(size=(X.shape[1]))
        self.b = 0
        for epoch in range(self.epochs):
            if epoch% 50 == 0:
                print("epoch",epoch)
            w_derivate = np.zeros_like(self.W)
            b_derivate = 0
            for i in range(len(y)):
```

```
        # 这里是加上负梯度
        w_derivate += (y[i] - 1/(1+np.exp(-np.dot(X[i],self.W.T)-self.b)))* X[i]
        b_derivate += (y[i] - 1/(1+np.exp(-np.dot(X[i],self.W.T)-self.b)))
    self.W = self.W + self.alpha* np.mean(w_derivate,axis=0)
    self.b = self.b + self.alpha* np.mean(b_derivate)
    return self
def predict(self,X):
    p_1 = 1/(1 + np.exp(-np.dot(X,self.W) - self.b))
    return np.where(p_1>0.5, 1, 0)
```

我们定义了一个 LogisticRegression 类，其中构造函数__init__( ) 中定义了 4 个属性，分别是权重 W、偏置 b、学习率 alpha、迭代次数 epochs。另外还有两个方法，分别是模型的训练 fit( ) 和模型的预测 predict( )。

这里重点讲解一下模型的训练环节。首先，设定随机种子，避免结果随机变化太大，并用正态随机数初始化这么一个特征的权值，在当前的数据集中，特种数量是 30，所以权重 W 是一个 30 * 1 的向量，将初始的偏置 b 设为 0。

```
np.random.seed(10)
self.W = np.random.normal(size=(X.shape[1]))
self.b = 0
```

整合逻辑斯谛回归类最核心的就是 for 循环中模型的训练环节了。由于在许多应用场景中，权值的数量可能比较大，而解析解通常又很难获得，所以实际中通常采用梯度下降法来优化获得权重 W。所以，w_derivate 和 b_derivate 正是权值和偏置的梯度表达式。

```
for epoch in range(self.epochs):
        if epoch%50 == 0:
            print("epoch",epoch)
        w_derivate = np.zeros_like(self.W)
        b_derivate = 0
        for i in range(len(y)):
            # 这里是加上负梯度
            w_derivate += (y[i] - 1/(1+np.exp(-np.dot(X[i],self.W.T)-self.b)))* X[i]
            b_derivate += (y[i] - 1/(1+np.exp(-np.dot(X[i],self.W.T)-self.b)))
```

for 循环中相关代码计算了每一个训练样本的梯度加总，然后再取均值，以学习率 alpha 逐步逼近合理的权重 W 和偏置 b。

```
    self.W = self.W + self.alpha* np.mean(w_derivate,axis=0)
    self.b = self.b + self.alpha* np.mean(b_derivate)
```

我们建立 500 次迭代、学习率为 0.03 的逻辑斯谛回归模型。调用 lr.fit（X_train，y_train）执行上述的训练过程，最后调用 y_pred = lr.predict（X_test）来预测分类结果。

```
lr = LogisticRegression(epochs=500,alpha=0.03)
lr.fit(X_train,y_train)
```

```
y_pred = lr.predict(X_test)
# 评估准确率
acc = accuracy(y_pred, y_test)
print("acc", acc)
# model 2
clf_lr = LR()
clf_lr.fit(X_train, y_train)
y_pred2 = clf_lr.predict(X_test)
print("acc2", accuracy(y_pred2, y_test))
```

最后调用 accuracy() 评价预测准确率。accuracy() 采用计数法计算预测标签和真实标签的对应次数百分比。最后打印输出预测准确率，如图 3-7 所示。

```
def accuracy(pred, true):
    count = 0
    for i in range(len(pred)):
        if(pred[i] == true[i]):
            count += 1
    return count/len(pred)
```

从图 3-7 中可以看到，我们自主编写的逻辑斯谛回归模型的准确率约为 94.74%。

接下来，调用 sklearn 自带的逻辑斯谛回归模型，在相同的数据集之下，sklearn 自带的逻辑斯谛回归模型的准确率约为 92.98%，如图 3-8 所示。可见两者的实现结果是比较一致的。

```
In [10]: acc = accuracy(y_pred, y_test)
    ...: print("acc", acc)
acc 0.9473684210526315
```

图 3-7　自编逻辑斯谛回归模型的准确率

```
In [11]: clf_lr = LR()
    ...: clf_lr.fit(X_train, y_train)
    ...: y_pred2 = clf_lr.predict(X_test)
    ...: print("acc2", accuracy(y_pred2, y_test))
acc2 0.9298245614035088
```

图 3-8　sklearn 中的逻辑斯谛回归模型结果

```
clf_lr = LR()
clf_lr.fit(X_train, y_train)
y_pred2 = clf_lr.predict(X_test)
print("acc2", accuracy(y_pred2, y_test))
```

3.3　正则化方法

扫码看视频

在训练数据不够多或模型经过反复调参训练后，常常会导致过拟合（Overfitting）。正则化方法即为在此时向原始模型引入额外的约束，以便防止过拟合和提高模型泛化性能的一类方法的统称。本节将介绍几种经典的正则化方法，包括岭回归、LASSO 和核岭回归。

3.3.1　普通最小二乘法与岭回归

最小二乘回归模型中，假设输入变量为 $X \in R^{n \times m}$，输出变量为 $y \in R^{n \times 1}$，假设偏置项已包

含在参数 β 中，则线性回归的模型可表示为：

$$\hat{\boldsymbol{y}} = \boldsymbol{X\beta} \tag{3-1}$$

那么在最小二乘方法中，回归参数 $\boldsymbol{\beta} \in R^{m \times 1}$ 的估计公式为：

$$\boldsymbol{\beta} = (\boldsymbol{X}^{\mathrm{T}}\boldsymbol{X})^{-1}\boldsymbol{X}^{\mathrm{T}}\boldsymbol{y} \tag{3-2}$$

但是当 $\boldsymbol{X}^{\mathrm{T}}\boldsymbol{X}$ 不可逆时，则无法求出参数 $\boldsymbol{\beta}$，同时如果 $|\boldsymbol{X}^{\mathrm{T}}\boldsymbol{X}|$ 趋近于 0，会使回归系数趋于无穷大，此时得到的回归系数是没有意义的。而岭回归可以解决此类问题。最小二乘回归模型中的目标函数为：

$$J(\boldsymbol{\beta}) = \parallel \boldsymbol{y} - \boldsymbol{X\beta} \parallel^2 \tag{3-3}$$

为了解决上述问题，岭回归模型在目标函数上加上 $l2$ 范数的惩罚项，即：

$$J(\boldsymbol{\beta}) = \parallel \boldsymbol{y} - \boldsymbol{X\beta} \parallel^2 + \lambda \parallel \boldsymbol{\beta} \parallel^2 \tag{3-4}$$

其中 λ 为非负数，进一步将式（3-4）变化为：

$$\begin{aligned} J(\boldsymbol{\beta}) &= (\boldsymbol{y} - \boldsymbol{X\beta})^{\mathrm{T}}(\boldsymbol{y} - \boldsymbol{X\beta}) + \lambda\boldsymbol{\beta}^{\mathrm{T}}\boldsymbol{\beta} \\ &= \boldsymbol{y}^{\mathrm{T}}\boldsymbol{y} - \boldsymbol{y}^{\mathrm{T}}\boldsymbol{X\beta} - \boldsymbol{\beta}^{\mathrm{T}}\boldsymbol{X}^{\mathrm{T}}\boldsymbol{y} + \boldsymbol{\beta}^{\mathrm{T}}\boldsymbol{X}^{\mathrm{T}}\boldsymbol{X\beta} + \lambda\boldsymbol{\beta}^{\mathrm{T}}\boldsymbol{\beta} \end{aligned} \tag{3-5}$$

为使 $J(\boldsymbol{\beta})$ 最小，令 $\dfrac{\partial J(\boldsymbol{\beta})}{\partial \boldsymbol{\beta}} = 0$，带入式（3-4）中可得：

$$0 - \boldsymbol{X}^{\mathrm{T}}\boldsymbol{y} - \boldsymbol{X}^{\mathrm{T}}\boldsymbol{y} + 2\boldsymbol{X}^{\mathrm{T}}\boldsymbol{X\beta} + 2\lambda\boldsymbol{\beta} = 0$$

即有

$$\boldsymbol{\beta} = (\boldsymbol{X}^{\mathrm{T}}\boldsymbol{X} + \lambda\boldsymbol{I}_{m \times m})^{-1}\boldsymbol{X}^{\mathrm{T}}\boldsymbol{y} \tag{3-6}$$

由式（3-6）可知矩阵 $\boldsymbol{X}^{\mathrm{T}}\boldsymbol{X} + \lambda\boldsymbol{I}_{m \times m}$ 必定是满秩的，因此必定可逆，解决了上述的问题，但由于惩罚项的加入，使得 $\boldsymbol{\beta}$ 的估计不再是无偏估计，因此岭回归相较于最小二乘回归模型降低了精度，但解决了病态矩阵的回归问题。

3.3.2 核岭回归

岭回归是一种线性回归模型，当数据表现出较强的非线性时，回归模型的精度会下降，此问题可以通过引入核机制来解决，首先定义一个非线性映射函数 ϕ，通过 ϕ 将低维空间数据 $\boldsymbol{X}$ 映射到高维空间中，然后在高维空间中再使用线性的回归方法，可以很好地解决非线性回归问题。将 $\phi(\boldsymbol{X})$ 对 $\boldsymbol{X}$ 进行替换，假设 $\phi(\boldsymbol{X}) \in R^{n \times p}$，则可将式（3-4）写成：

$$J(\tilde{\boldsymbol{\beta}}) = \parallel \boldsymbol{y} - \phi(\boldsymbol{X})\tilde{\boldsymbol{\beta}} \parallel^2 + \lambda \parallel \tilde{\boldsymbol{\beta}} \parallel^2 \tag{3-7}$$

此处的 $\tilde{\boldsymbol{\beta}} \in R^{p \times 1}$，进一步可化简为：

$$\tilde{\boldsymbol{\beta}} = (\phi(\boldsymbol{X})^{\mathrm{T}}\phi(\boldsymbol{X}) + \lambda\boldsymbol{I}_{p \times p})^{-1}\phi(\boldsymbol{X})^{\mathrm{T}}\boldsymbol{y} \tag{3-8}$$

通常非线性映射函数 ϕ 都是未知的，但我们可以通过定义核函数来求取内积，即有：

$$K(x_i, x_j) = \langle \phi(x_i), \phi(x_j) \rangle = \phi(x_i)\phi(x_j)^{\mathrm{T}} \tag{3-9}$$

对式（3-8）做一些变换，有：

$$(\phi(\boldsymbol{X})^{\mathrm{T}}\phi(\boldsymbol{X}) + \lambda\boldsymbol{I}_{p \times p})\tilde{\boldsymbol{\beta}} = \phi(\boldsymbol{X})^{\mathrm{T}}\boldsymbol{y}$$

$$\Rightarrow \lambda\tilde{\boldsymbol{\beta}} = \phi(\boldsymbol{X})^{\mathrm{T}}\boldsymbol{y} - \phi(\boldsymbol{X})^{\mathrm{T}}\phi(\boldsymbol{X})\tilde{\boldsymbol{\beta}}$$

$$\Rightarrow \tilde{\boldsymbol{\beta}} = \lambda^{-1}\phi(\boldsymbol{X})^{\mathrm{T}}(\boldsymbol{y} - \phi(\boldsymbol{X})\boldsymbol{\beta})$$

令 $a = \lambda^{-1}(y - \phi(X)\tilde{\beta})$，则有 $\tilde{\beta} = \phi(X)^T a$，又令 $K = K(X, X) = \phi(X)\phi(X)^T$
即

$$a = \lambda^{-1}(y - \phi(X)\tilde{\beta})$$
$$\Rightarrow a = \lambda^{-1}(y - \phi(X)\phi(X)^T a)$$
$$\Rightarrow (\phi(X)\phi(X)^T + \lambda I_{n \times n})a = y$$
$$\Rightarrow a = (\phi(X)\phi(X)^T + \lambda I_{n \times n})^{-1}y = (K + \lambda I_{n \times n})^{-1}y$$

则核岭回归的预测公式为：

$$\hat{y}_k = \phi(x_k)\phi(X)^T(K + \lambda I_{n \times n})^{-1}y = K(x_i, X)(K + \lambda I_{n \times n})^{-1}y \tag{3-10}$$

3.3.3　核岭回归、岭回归和 LASSO 的区别与联系

岭回归与 LASSO 回归均可解决线性回归中出现病态矩阵的问题，不同的是岭回归在目标函数中的惩罚项是 $l2$ 范数，即：

$$J(\beta) = \|y - X\beta\|^2 + \lambda\|\beta\|^2$$

而 LASSO 回归中的惩罚项是 $l1$ 范数，即：

$$J(\beta) = \|y - X\beta\|^2 + \lambda\|\beta\|$$

相比于岭回归来讲，LASSO 回归能够使回归参数 β 中的许多项为 0，如此可以做到一个变量选择的作用，因此 LASSO 的计算量要小于岭回归。

岭回归主要用于解决变量的多重共线性问题、解决线性回归问题，同时能够起到压缩变量的作用，天然的特征选择功能。LASSO 的为 $l1$ 惩罚项，因此不能直接对目标函数求导，需要用到坐标下降法等方式，并且 $l1$ 惩罚项对变量的压缩更大，特征选择的功能更大。

而核岭回归是岭回归在非线性上的一种拓展，利用核机器将数据映射到高维空间，再利用线性方法进行回归。核岭回归相较于岭回归能够更好地拟合非线性关系，但是同时由于需要计算核函数，并且扩展了变量的维度，核岭回归的计算量要远远大于岭回归。

3.3.4　常用核函数

常用核函数如下。

1. Linear Kernel

Linear Kernel（线性核）是最简单的核函数，其数学公式如下。

$$k(x, y) = x^T y$$

2. Polynomial Kernel

Polynomial Kernel（多项式核）是一种非标准核函数，非常适合于正交归一化后的数据，其数学公式如下。

$$k(x, y) = (ax^T y + c)^d$$

3. Gaussian Kernel

Gaussian Kernel（高斯核）函数是一种经典的鲁棒径向基核，鲁棒径向基核对于数据中的噪音有着较好的抗干扰能力，其参数决定了函数作用范围，超过了这个范围，数据的作用就"基本消失"。高斯核函数是这一族核函数的优秀代表，也是常用的核函数，其数学公式

如下。

$$k(x,y) = \exp\left(-\frac{\|x-y\|^2}{2\sigma^2}\right)$$

虽然被广泛使用，但是这个核函数的性能对参数十分敏感，以至于有一大把的文献专门对这种核函数展开研究，同样，高斯核函数也有了很多的变种，如指数核、拉普拉斯核等。

4. Exponential Kernel

Exponential Kernel（指数核）函数是高斯核函数的变种，它仅仅是将向量之间的 $L2$ 距离调整为 $L1$ 距离，这样的改动会降低参数依赖性，但是适用范围相对狭窄。其数学公式如下。

$$k(x,y) = \exp\left(-\frac{\|x-y\|}{2\sigma^2}\right)$$

5. Laplacian Kernel

Laplacian Kernel（拉普拉斯核）完全等价于指数核，唯一的区别在于前者对参数的敏感性降低，也是一种径向基核函数，其数学公式如下。

$$k(x,y) = \exp\left(-\frac{\|x-y\|}{\sigma}\right)$$

6. ANOVA Kernel

ANOVA 核也属于径向基核函数一族，适用于多维回归问题，其数学公式如下。

$$k(x,y) = \exp\left(-\sigma(x^k - y^k)^2\right)^d$$

7. Sigmoid Kernel

Sigmoid 核来源于神经网络，现在已经大量应用于深度学习，是当今机器学习的宠儿，它是 S 型的，所以被用作于"激活函数"。在神经网络相关的算法中有着十分广泛的运用，其数学公式如下。

$$k(x,y) = \tanh(\alpha x^{\mathrm{T}} y + c)$$

8. Rational Quadratic Kernel

Rational Quadratic Kernel（二次有理核）完完全全是作为高斯核的替代品出现的。如果你觉得高斯核函数很耗时，二次有理核在这一点上就有一定的优势，这个核函数作用域虽广，但是对参数十分敏感，其数学公式如下。

$$k(x,y) = 1 - \frac{\|x-y\|^2}{\|x-y\|^2 + c}$$

9. Multiquadric Kernel

Multiquadric Kernel（多元二次核）可以替代二次有理核，是一种非正定核函数，其数学公式如下。

$$k(x,y) = (\|x-y\|^2 + c^2)^{0.5}$$

10. Inverse Multiquadric Kernel

顾名思义，Inverse Multiquadric Kernel（逆多元二次核）来源于多元二次有理核，但这个核函数的算法，不会遇到核相关矩阵奇异的情况，其数学公式如下。

$$k(x,y) = (\|x-y\|^2 + c^2)^{-0.5}$$

11. Circular Kernel

Circular Kernel（环形核）函数的数学公式如下。

$$k(x,y) = \frac{2}{\pi}\arccos\left(-\frac{\|x-y\|}{\sigma}\right) - \frac{2}{\pi}\frac{\|x-y\|}{\sigma}\left(1-\frac{\|x-y\|^2}{\sigma}\right)^{0.5}$$

12. Spherical Kernel

Spherical Kernel 函数是环形核函数的简化版，其数学公式如下。

$$k(x,y) = 1 - \frac{3}{2}\frac{\|x-y\|}{\sigma} + \frac{1}{2}\left(\frac{\|x-y\|^2}{\sigma}\right)^2$$

13. Wave Kernel

Wave Kernel（波浪核）函数适用于语音处理场景，其数学公式如下。

$$k(x,y) = \frac{\theta}{\|x-y\|}\sin\left(\frac{\|x-y\|}{\theta}\right)$$

14. Triangular Kernel

Triangular Kernel（三角核）函数在一定意义上是多元二次核的特例，其数学公式如下。

$$k(x,y) = -\|x-y\|^d$$

15. Log Kernel

Log Kernel（对数核）一般在图像分割上经常被使用，其数学公式如下。

$$k(x,y) = -\log(1+\|x-y\|^d)$$

16. Spline Kernel

Spline Kernel（样条核）函数的数学公式如下。

$$k(x,y) = 1 + x^\mathrm{T}y + x^\mathrm{T}y\min(x,y) - \frac{x+y}{2}\min(x,y)^2 + \frac{1}{3}\min(x,y)^2$$

17. Bessel Kernel

Bessel Kernel（巴塞尔核）函数的数学公式如下。

$$k(x,y) = \frac{J_{v+1}(\sigma\|x-y\|)}{\|x-y\|^{-n(v+1)}}$$

18. Cauchy Kernel

Cauchy Kernel（柯西核）来源于柯西分布，与柯西分布相似，函数曲线上有一条长尾，说明这个核函数的定义域很广泛，言外之意，其可应用于原始维度很高的数据上，其数学公式如下。

$$k(x,y) = \frac{1}{\|x-y\|^2/\sigma+1}$$

19. Chi-Square Kernel

Chi-Square Kernel（卡方核）函数来源于卡方分布，其数学公式如下。

$$k(x,y) = 1 - \sum_{k=1}^{n}\frac{(x_k-y_k)^2}{0.5(x_k+y_k)}$$

该核函数存在着如下变种。

$$k(x,y) = \frac{x^\mathrm{T}y}{\|x+y\|}$$

其实就是上式减去一项得到的产物，这个核函数基于的特征不能够带有负数，否则性能会急剧下降，如果特征有负数，那么就用下面这个形式。

$$\text{sign}(x^{\mathrm{T}}y)k(|x|,|y|)$$

20. Histogram Intersection Kernel

Histogram Intersection Kernel（直方图交叉核）在图像分类里面经常用到，比如人脸识别，适用于图像的直方图特征，其数学形式如下。

$$k(x,y) = \sum_{k=1}^{n} \min(x_k, y_k)$$

21. Generalized Histogram Intersection Kernel

顾名思义，Generalized Histogram Intersection Kernel（广义直方图交叉核）就是 Histogram Intersection Kernel（直方图交叉核）函数的拓展，其数学公式如下。

$$k(x,y) = \sum_{k=1}^{n} \min(|x_k|^{\alpha}, |y_k|^{\beta})$$

22. Generalized T-Student Kernel

Generalized T-Student Kernel（广义 TS 核）属于 mercer 核，其数学形式如下，这个核函数使用频率也较高，其数学公式如下。

$$k(x,y) = \frac{1}{1 + \|x-y\|^d}$$

3.3.5 社区和犯罪数据集的分析

数据集主要记录了有关美国境内的社区特征和相关犯罪记录。这些数据结合了 1990 年美国人口普查的社会经济数据、1990 年美国 LEMAS 调查的执法数据，以及 1995 年美国联邦调查局发布的 UCR（统一犯罪报告）中的犯罪数据。该数据集有 1994 个样本，128 个特征，存在一些缺失数据，其中 ViolentCrimesPerPop 是预测目标，代表每 10 万千起暴力犯罪总数。由于该数据集的特征数量较多，适用于本节的特征规约、正则化知识的应用，所以本节将以"美国社区和犯罪数据集"为例，对比测试核岭回归、岭回归和 LASSO。

首先，读取"美国社区和犯罪数据集"，并观察其前 5 行，如图 3-9 所示。

```
   Unnamed: 0  0   1    2                 3  ...  123  124  125   126   127
0           0  8   ?    ?       Lakewoodcity  ...  0.9  0.5  0.32  0.14  0.20
1           1  53  ?    ?        Tukwilacity  ...    ?    ?  0.00     ?  0.67
2           2  24  ?    ?      Aberdeentown  ...    ?    ?  0.00     ?  0.43
3           3  34  5  81440  Willingborotownship  ...    ?    ?  0.00     ?  0.12
4           4  42  95  6096  Bethlehemtownship  ...    ?    ?  0.00     ?  0.03

[5 rows x 129 columns]
```

图 3-9　美国社区和犯罪数据集观察

```
data=pd.read_csv('communities.csv')
data.head()
```

从图 3-9 中可知，该数据集存在缺失值，但是缺失值并非 Python 默认的 Nan，而是被？填充。这意味着我们首先需要对存在较多？的列进行删除；其次数据中存在值为字符串的列，字符串无法作为回归算法对自变量，所以需要删除。

根据数据集的介绍可知，最后一列标签为 ViolentCrimesPerPop，这是预测目标，代表每 10 万千起暴力犯罪总数，这是我们需要作为回归应变量的 Y，其余删除不符合要求的列作为回归自变量 X。

这里特别解释一下重要的两行代码。第一，count_value＝[sum(data[i].apply(lambda x: 1 if x＝＝'? ' else 0)) for i in data.columns]。这行代码对 data 中的每列进行遍历，运用 lambda 函数对每一列中的值 x 进行判断，如果是? 就返回 1 否则返回 0，然后加总所有 1，这就得到了每一列? 的个数，然后就可以根据? 数量的多少对该列进行取舍。第二，ind＝select_data.dtypes＝＝'object'。这行代码是为了筛选数据类型为 object 类型的列，在此处主要是字符串，用于后续删除类型 object 列的操作。

```
Y=data['127']

count_value=[sum(data[i].apply(lambda x: 1 if x=='? ' else 0)) for i in data.
columns]
ind=np.array(count_value)>100
del_columns=data.columns[ind]
select_data=data.drop(['Unnamed: 0']+list(del_columns),axis=1)

ind=select_data.dtypes=='object'
del_columns=select_data.columns[ind]
X=select_data.drop(list(del_columns),axis=1)
X_train, X_validation, y_train, y_validation = train_test_split(X, Y, test_
size = 0.2)
```

最后把 X，Y 进行切分训练集和测试集的操作，其中 80% 用于训练集，20% 用于测试集。这样数据预处理部分的操作就完成了。

首先，测试一下 LASSO 模型的预测能力，以 sklearn 中的 MSE 作为评价指标。在测试集上 LASSO 的预测误差为 0.06202484331730261。

```
#%% LASSO 模型
lasso = Lasso(alpha=10)
lasso.fit(X_train, y_train)
y_Lasso = lasso.predict(X_validation)
mean_squared_error(y_validation,y_Lasso)
```

其次，测试一下岭回归 Ridge 模型的预测能力，依然以 sklearn 中的 MSE 作为评价指标。在测试集上岭回归 Ridge 的预测误差为 0.0014045961518285022，比 LASSO 有所改进。

```
#%% 岭回归模型
ridge = Ridge(alpha=10)   # alpha 值
ridge.fit(X_train, y_train)
y_Ridge = ridge.predict(X_validation)
mean_squared_error(y_validation,y_Ridge)
```

　　最后，我们引入核岭回归算法。由于核岭回归算法并不是常见算法，所以在 sklearn 等经典机器学习库中无法直接调用。为此，本文作者自主开发了 kernel_ridge 类。下面简要介绍 kernel_ridge 类的主要功能。

　　kernel_ridge 类主要有构造函数 __init__ 方法、核岭回归 KRR 方法、高斯核函数 kernel_function 方法、多项式核函数 polynomial_kernel 方法。其中核岭回归 KRR 方法是 kernel_ridge 类的核心部分，KRR 方法可以调用高斯核函数 kernel_function 方法和多项式核函数 polynomial_kernel 方法，调用的核函数选择可以在 KRR 方法用参数 m 控制，m=1 时调用多项式核函数，m=0 时调用高斯核函数。此外还有一个参数 lamda 可以用于控制岭回归的惩罚力度。

```python
#%% 核岭回归类
class kernel_ridge():
    '''
    x_train:训练集输入变量
    y_train:训练集输出变量
    lamda:岭参数
    rbf_var:核函数选取为高斯核函数、该参数为核宽'''
    def __init__(self,x_train,y_train,lamda=0,rbf_var=1,a=1,t=1,c=2,d=1):
        X = x_train
        Y = y_train
        [n,m] = X.shape
        self.x_mean = np.mean(X,0)
        self.x_std = np.std(X,0)
        self.y_mean = np.mean(Y,0)
        X = (X-self.x_mean)/self.x_std
        self.X = np.column_stack((X,np.ones(n)))
        self.Y = Y
        self.lamda = lamda
        self.rbf_var=rbf_var
        self.a=a
        self.t=t
        self.c=c
        self.d=d

    def KRR(self,x_test,m=0):
        '''核岭回归方法'''
        [p,q] = x_test.shape
        x = (x_test-self.x_mean)/self.x_std
        x = np.column_stack((x,np.ones(p)))
        if m==1:
            K =self.kernel_function(self.X,self.X)
```

```
        elif m==0:
            K =self.polynomial_kernel(self.X,self.X,self.a,self.t,self.c,self.d)
        I = np.identity(K.shape[0])
        a = np.linalg.inv(self.lamda* I+K)@self.Y
        if m==1:
            y_predict = self.kernel_function(x,self.X)@a
        elif m==0:
            y_predict = self.polynomial_kernel(x,self.X)@a
        return y_predict

    def kernel_function(self,x,y):
        '''核函数计算代替内积,此处为高斯核函数'''
        K = np.sum(x* x,axis=1,keepdims=True)+np.sum(y* y,axis=1,keepdims=True).T
        K = K-2* x@y.T
        K = K/(2* self.rbf_var* * 2)
        K = np.exp(-K)
        return K

    def polynomial_kernel(self,x,y,a=1,t=1,c=2,d=1):
        K=(self.a* np.dot(x* * self.t,y.T)+self.c)* * self.d
        return K
```

那么现在我们调用核岭回归算法测试案例数据。选择通用性更强的高斯核函数，高斯核函数的宽度设置为 10，以 MSE 度量的预测误差为 0.0011538892402014873，相比岭回归的 0.0014045961518285022再一次改进。

```
#%% 核岭回归 高斯核函数

model = kernel_ridge(X_train,y_train,rbf_var=10)
y_kernel_ridge_rbf = model.KRR(X_validation,1)
mean_squared_error(y_validation,y_kernel_ridge_rbf)
```

最后，我们将三个方法的预测结果可视化，观察三者对真实值的拟合情况。代码采用 subplot 子图绘制的方法，比较了核岭回归与真实值、岭回归与真实值、LASSO 与真实值三张子图。

```
#%% 将预测结果可视化

plt.figure()
plt.rcParams['figure.figsize'] = (30.0, 15.0)
plt.subplot(3,1,1)
plt.plot(np.linspace(1,len(y_validation),len(y_validation)),y_validation,
'r',label=u'真实值')
plt.plot(np.linspace(1,len(y_validation),len(y_validation)),y_kernel_ridge
_rbf,'b',label=u'核岭回归模型预测')
```

```
plt.title(u'核岭回归模型预测效果',fontsize=20)
plt.ylabel(u'预测值')
plt.legend(loc=1)
plt.subplot(3,1,2)
plt.plot(np.linspace(1,len(y_validation),len(y_validation)),y_validation,
'r',label=u'真实值')
plt.plot(np.linspace(1,len(y_validation),len(y_validation)),y_Ridge,'g',
label=u'岭回归模型预测')
plt.title(u'岭回归模型预测效果',fontsize=20)
plt.xlabel(u'样本序号')
plt.ylabel(u'预测值')
plt.legend(loc=1)
plt.subplot(3,1,3)
plt.plot(np.linspace(1,len(y_validation),len(y_validation)),y_validation,
'r',label=u'真实值')
plt.plot(np.linspace(1,len(y_validation),len(y_validation)),y_Lasso,'g',
label=u'LASSO 模型预测')
plt.title(u'LASSO 模型预测效果',fontsize=20)
plt.xlabel(u'样本序号')
plt.ylabel(u'预测值')
plt.legend(loc=1)
plt.tight_layout()
plt.show()
```

如图 3-10 所示，LASSO 方法效果最差，该模型在预测集上的预测结果是一条直线，约等于 y_validation；岭回归的结果与核岭回归的结果十分接近，毕竟两者的理论与案例十分接近，但是从 MSE 的数值上看，核岭回归比岭回归略有改进。

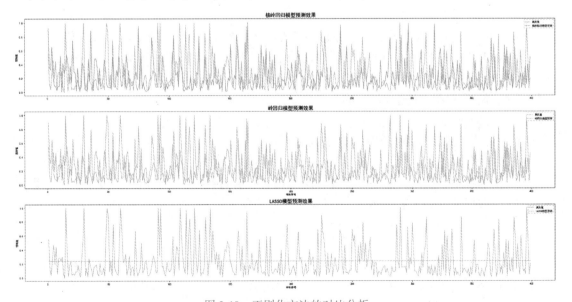

图 3-10　正则化方法的对比分析

第4章　基于实例的算法

基于实例的算法在诸多算法的分类中属于相对简单易懂的一种算法类别。该类算法的理论基础并不复杂，往往只有简单的假设，而以实例本身作为构建算法和推断的来源。本章分别介绍一种聚类算法 K-Means 和一种分类算法 KNN。

4.1　K-Means 算法

扫码看视频

K-Means 算法是经典的聚类算法之一，它利用样本点之间的距离来计算待预测样本与已有标签样本中心的距离，来逐步迭代并移动样本的中心点，当中心点不再移动时，即生成了稳定的聚类中心。

4.1.1　K-Means 的算法原理

K-Means 算法是聚类算法中相对比较基础的一种，它假设将某一些数据分为不同的类别，在相同的类别中数据之间的距离应该都很近，也就是说离得越近的数据应该越相似，而不同类别的数据则相对较远，也就越不相似。物以类聚，靠得近的东西是同一类。这样的假设是十分符合我们的直觉的，正是建立在这样的直观逻辑上，K-Means 算法易于理解。而"靠得近"又是一个值得深入思考的技术点，对算法的创新也往往基于这个点展开，本文介绍基础的 K-Means 算法，用最常见的欧氏距离来度量样本的远近。最后给出一个案例，详细介绍了 k 的选择，并指出 K-Means 算法的不足。

下面讲述 K-Means 算法的主要原理，详细介绍其算法步骤、数学原理以及运用算法的一些技巧，最后对其缺陷做出简要说明。

K-Means 算法属于非监督学习，在训练模型时不需要输入样本的标签，只需要输入特征就行了。在 K-Means 中，我们把各类样本的均值点当成中心点，通过样本与各中心点的距离来判断样本属于哪一类，常用的距离是欧氏距离。在训练的过程中各类样本的中心点在不断变化，我们使得模型训练迭代停止的条件可以是下列三者之一。

1）中心点不再变动。

2）各样本点到其中心点的距离之和几乎不变。

3）各个样本的归类情况不变。

在整个训练中我们的目的是使得各个样本到期所属的中心点的距离之和最小，因此我们将其定义为我们的损失函数，如式（4-1）所示。

$$J(\mu,r) = \sum_{n=1}^{N} \sum_{k=1}^{K} r_{nk} \parallel x_n - \mu_k \parallel^2 \tag{4-1}$$

其中 r_{nk} 取 0 或 1，当样本 n 属于 k 这一类时取 1，否则取 0，$\parallel x_n - \mu_k \parallel^2$ 是样本 x 到每一类的中心点距离的平方。我们训练 K-Means 的目的就是使得该损失函数最小。

K-Means 算法是聚类算法中比较简单的一种，整个算法是流程式的，所以可以通过以下几个简单的步骤来概括。

1）随机选取 k 个样本点作为初始的中心点。

2）计算每个样本点到 k 个中心点的距离，样本点离哪个中心点最近，就把该样本点归为哪一类，并记录此次分类情况。

3）将样本分为 k 类后，计算每一类中各个点的均值点，并把其作为新的中心点。

4）计算每个样本点到新的中心点的距离，并记录分类情况，然后与上一次计算的分类情况进行对比，若对于每一类分类结果都相同，则模型训练结束，得出各类的中心点和分类情况，否则再重复 3）、4）步。

在 K-Means 的使用中，需要知道数据应该分为几类，即 k 取多少，但是实际运用时我们往往不知道数据到底有几类，这就涉及 k 应该取多少的问题。往往使用"肘点法"来确定 k 的值，即把 k 取不同的值，然后分别训练 K-Means 模型，随着 k 的增加，损失函数递减，但是递减的速度会减缓，我们认为由快变缓那一刻的点为 k 取值的点，具体见后文的实例分析。

4.1.2 基于 K-Means 聚类分析的肥胖原因探索

本节基于 K-Means 聚类分析的肥胖原因探索，所研究的数据集包括根据墨西哥、秘鲁和哥伦比亚等国人民的饮食习惯和身体状况估计个人肥胖水平的数据。数据包含 17 个属性和 2111 条记录，这些记录标有类别变量 NObesity（肥胖水平），允许使用体重不足、正常体重、超重水平Ⅰ、超重水平Ⅱ、肥胖类型Ⅰ、肥胖类型Ⅱ和肥胖类型Ⅲ的值对数据进行分类。77% 的数据是使用 Weka 工具和 SMOTE 过滤器综合生成的，23% 的数据是通过网络平台直接从用户那里收集的。其中所有属性的解释如下。

1）Gender（性别。）

2）Age（年龄）。

3）Height（身高）。

4）Weight（体重）。

5）family_history_with_overweight（家族肥胖史）。

6）FAVC（经常食用高热量食物）。

7）FCVC（食用蔬菜食物的频率）。

8）NCP（主餐次数）。

9）CAEC（主餐之间的食物消费）。

10）SMOKE（吸烟）。

11）CH20（喝水量）。

12）SCC（卡路里消耗检测）。

13）FAF（每周的体育活动量）。

14）TUE（每天使用科技设备的时间）。

15）CALC（饮酒）。

16）MTRANS（出行工具）。

17）NObeyesdad（肥胖等级）。

其中 17）NObeyesdad（肥胖等级）和 4）Weight（体重）存在高度相关关系，所以我们将删除 17）NObeyesdad（肥胖等级）。接下来的研究将会针对其余特征展开，运用 K-Means 算法对特征进行聚类，将数据集聚类为若干个类别。

首先，引入本次研究所需要的库，其中 sklearn 中自带了 K-Means 的相关模块。

```
import pandas as pd
import numpy as np
import matplotlib.pyplot as plt
%matplotlib inline
from sklearn import preprocessing
from sklearn.cluster import KMeans
```

然后读取 obesity_levels.csv，并观察原数据，如图 4-1 所示。

```
   Gender   Age  Height  ...       CALC               MTRANS          NObeyesdad
0  Female  21.0    1.62  ...         no  Public_Transportation       Normal_Weight
1  Female  21.0    1.52  ...  Sometimes  Public_Transportation       Normal_Weight
2    Male  23.0    1.80  ...  Frequently Public_Transportation       Normal_Weight
3    Male  27.0    1.80  ...  Frequently                Walking    Overweight_Level_I
4    Male  22.0    1.78  ...  Sometimes  Public_Transportation   Overweight_Level_II
```

图 4-1 观察 obesity_levels 中的原数据

```
df=pd.read_csv("./obesity_levels.csv")
df.head()
```

图 4-1 中可知，有许多列的数据类型是字符串类别的，这就意味着无法直接参与计算，需要做下一步的处理。

考虑到数据的冗余问题，观察其统计描述。然后运用 preprocessing.LabelEncoder( ) 方法对字符串类别的数据类型进行编码，使得其转化为数值类数据。

```
df_=df.drop('NObeyesdad', axis=1)
df_.describe()
le_df=df_
label_encoder1 = preprocessing.LabelEncoder()
le_df['Gender'] = label_encoder1.fit_transform(le_df['Gender'])
label_encoder2 = preprocessing.LabelEncoder()
le_df['family_history_with_overweight'] =
label_encoder2.fit_transform(le_df['family_history_with_overweight'])
label_encoder3 = preprocessing.LabelEncoder()
le_df['FAVC'] = label_encoder3.fit_transform(le_df['FAVC'])
label_encoder4 = preprocessing.LabelEncoder()
le_df['NCP'] = label_encoder4.fit_transform(le_df['NCP'])
label_encoder5 = preprocessing.LabelEncoder()
le_df['CAEC'] = label_encoder5.fit_transform(le_df['CAEC'])
label_encoder6 = preprocessing.LabelEncoder()
le_df['SMOKE'] = label_encoder6.fit_transform(le_df['SMOKE'])
label_encoder7 = preprocessing.LabelEncoder()
le_df['SCC'] = label_encoder7.fit_transform(le_df['SCC'])
```

```
label_encoder8 = preprocessing.LabelEncoder()
le_df['CALC'] = label_encoder8.fit_transform(le_df['CALC'])
label_encoder9 = preprocessing.LabelEncoder()
le_df['MTRANS'] = label_encoder9.fit_transform(le_df['MTRANS'])

le_df.head()
```

接下来，调用 sklearn 中自带的 K-Means 算法，并将聚类的类别数量作为遍历的对象，从 2~10 遍历 K 的选择，然后将每一个 kmeanModel 的损失记录下来，并可视化其损失关于 K 的数量的曲线，如图 4-2 所示。

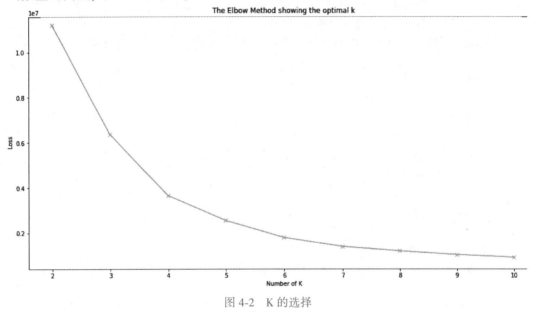

图 4-2　K 的选择

```
# run K-Means for a range of clusters using a for loop and collecting the distor-
tions into a list.
Loss = []
K = range(2,11)
for k in K:
    kmeanModel = KMeans(n_clusters=k)
    kmeanModel.fit(le_df)
    Loss.append(kmeanModel.inertia_)

#Your code for visualizing K means result as elbow plot.
import matplotlib.pyplot as plt
plt.figure(figsize=(16,8))
plt.plot(K, Loss, 'bx-')
plt.xlabel('Number of K')
plt.ylabel('Loss')
```

```
plt.title('The Elbow Method showing the optimal k')
plt.show()
```

K 的选择一般遵循手肘法。在图 4-2 中，肘点可以选择 4。

为了进一步学习 K-Means 算法的细节，此处笔者自主开发了一个 K-Means 算法，可以用于和 sklearn 自带 K-Means 算法的对比，其代码如下。

```
def distance(data, centers):
    #    data: 80x2, centers: kx2
    dist = np.zeros((data.shape[0], centers.shape[0]))
    for i in range(len(data)):
        for j in range(len(centers)):
            dist[i, j] = np.sqrt(np.sum((data.iloc[i, :] - centers.iloc[j,:]) ** 2))

    return dist


def near_center(data, centers):
    dist = distance(data, centers)
    near_cen = np.argmin(dist, 1)
    return near_cen


def kmeans(data, k):
    # step 1: init.centers
    ind=np.random.choice(len(data), k)
    centers = data.iloc[ind,:].reset_index(drop=True)
    print(centers)

    for _ in range(10): #做10次迭代
        # step 2：点归属
        near_cen = near_center(data, centers)
        # step 3:簇重心更新
        for ci in range(k): ##每次点划分完之后,按照步骤,需要重新寻找各个簇的质心,即求平均
            centers.iloc[ci,:] = data.iloc[near_cen == ci,:].mean()
    return centers, near_cen
```

上述笔者自编 K-Means 算法的代码主要有以下几个核心方法。K-Means（data，k）是主程序，data 值待聚类的数据，k 是待聚类的数量。distance（data，centers）是计算各个样本点和聚类中心（centers）的距离，得到样本关于聚类中心距离的矩阵。near_center（data，centers）是选择每个样本到 k 个聚类中心最近的距离，以此最短距离来判定该样本的新的类别归属，也即属于哪一个聚类类别。

接下来，以 k = 4 作为聚类数量，用轮廓系数作为聚类结果的评价指标分别用笔者自编 K-Means 和 sklearn 自带的 K-Means 做一个对比。图 4-3 所示

自编kmeans的轮廓系数：0.674721101906716
sklearn的kmeans的轮廓系数：0.6745334888411888

图 4-3 轮廓系数对聚类评价的对比

为两者的轮廓系数值。

```
#自编 kmeans
centers, near_cen = kmeans(le_df,4)
#sklearn 的 kmeans
kmeanModel = KMeans(n_clusters=4)
kmeanModel.fit(le_df)
y_hat=kmeanModel.predict(le_df)
# 轮廓系数对比评价
import sklearn.metrics as sm
print('自编 kmeans 的轮廓系数:',sm.silhouette_score(le_df, near_cen, sample_size
=len(le_df), metric='euclidean'))
print('sklearn 的 kmeans 的轮廓系数:',sm.silhouette_score(le_df, y_hat, sample_
size=len(le_df), metric='euclidean'))
```

从图 4-3 的结果可知，自编的 K-Means 结果和 sklearn 的 K-Means 结果十分接近。

下一步采用 PCA 算法对原数据进行降维，尝试提高 K-Means 算法的聚类效率。我们先观察在保留不同数量的特征的情况下，PCA 对于原数据信息的保留程度。

PCA( ) 是建立 PCA 对象，.fit( ) 方法是训练 PCA 对象，.fit_transform( ) 方法是将高维数据规约为低维数据，Zred 是规约后的数据集，pca. explained_variance_ratio_ 返回被解释的各个特征方差。如图 4-4 所示，我们展示了随着特征对的增加，原数据集信息的保留程度。

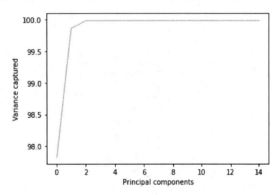

图 4-4　PCA 的成分捕获的原数据信息比率

```
from sklearn.decomposition import PCA
pca = PCA(n_components=15)
pca.fit(le_df)
Zred = pca.fit_transform(le_df)
Xrec = pca.inverse_transform(Zred)

var=pca.explained_variance_ratio_
print(var)

var_sumed=np.cumsum(np.round(pca.explained_variance_ratio_,decimals=4)* 100)
print(var_sumed)
plt.plot(var_sumed)
plt.xlabel("Principal components")
plt.ylabel("Variance captured")
```

随着 PCA 的成分数量增加到 3 或 4 个的时候，大多数原数据集的信息被保留，如图 4-4 所示。之后再继续增加主成分的数量，对于提高信息的保留率而言，就意义不大了，所以理想的保留比应该在 5 个以内。

我们将原数据 le_df 压缩到 5 个主成分，然后再次调用自编 K-Means 程序，并记录程序耗时和轮廓系数。其中 sm.silhouette_score 是计算聚类轮廓系数的命令，time.time ( ) 是获取当前时间的方法，在程序运行前后做差就可以获得程序的运行时间，如图 4-5 所示。

自编kmeans的轮廓系数： 0.6739285049870128
33.98884844779968

图 4-5　PCA 规约后的 K-Means 结果

```
from sklearn.decomposition import PCA
pca = PCA(n_components=5)
pca.fit(le_df)
Zred = pca.fit_transform(le_df)
Xrec = pca.inverse_transform(Zred)



import time
time_start = time.time()   #记录开始时间

centers, near_cen = kmeans(pd.DataFrame(Zred),4)
print('自编 kmeans 的轮廓系数:',sm.silhouette_score(Zred, near_cen, sample_size
=len(Zred), metric='euclidean'))

time_end = time.time()   #记录结束时间
time_sum = time_end - time_start   #计算的时间差为程序的执行时间,单位为秒/s
print(time_sum)
```

从图 4-5 可知，轮廓系数在 PCA 规约前后差异不大，但是程序运行时间减少约为 33.99 秒。然后我们再对比没有规约特征，以 le_df 为原数据集重新训练一次 K-Means 观察结果，如图 4-6 所示。

自编kmeans的轮廓系数： 0.6140865926729746
40.254379749298096

图 4-6　没有 PCA 规约的 K-Means 结果

```
import time
time_start = time.time()   #记录开始时间

centers, near_cen = kmeans(pd.DataFrame(le_df),4)
print('自编 kmeans 的轮廓系数:',sm.silhouette_score(le_df, near_cen, sample_size
=len(le_df), metric='euclidean'))

time_end = time.time()   #记录结束时间
time_sum = time_end - time_start   #计算的时间差为程序的执行时间,单位为秒/s
print(time_sum)
```

从图 4-6 中可知，程序运行时间需要约 40.25 秒，比规约后的结果慢了约 7 秒。

4.2　KNN 算法

KNN 算法是一种非参数分类算法（不需要训练参数），隶属于有监督学习，其核心思想为"近朱者赤近墨者黑"，将待测样本与已有标签的样本进行距离远近的比较，进而将其归入距离较近的类别。

4.2.1　KNN 的算法原理

KNN 算法又称 k 近邻分类算法（K-Nearest Neighbor Classification）。它是根据不同特征值之间的距离来进行分类的一种简单的机器学习方法，也是一种简单但是懒惰的算法。它的训练数据都是有标签的数据，即训练的数据都有自己的类别。KNN 算法主要应用领域是对未知事物进行分类，也可以用于回归。

KNN 算法用于分类的核心思想是：存在一个训练样本集，并且样本集中每个数据都存在标签（分类）。输入没有标签的新数据后，将新数据的每个特征与样本集中数据对应的特征进行比较，然后算法提取样本集中特征最相似数据（最近邻）的分类标签。最后，我们选择 k 个最相似数据中出现次数最多的分类，作为新数据的分类。

KNN 算法用于回归的核心思想是：跟上面用于分类的核心思想一样，找到近邻的 k 个样本，然后取平均值作为未知样本的值，对其进行预测。

KNN 算法是分类算法中的基础算法，可以简单将该算法归结为以下三步：1）算距离，给定未知对象，计算它与训练集中的每个对象的距离；2）找近邻，圈定距离最近的 k 个训练对象，作为未知对象的近邻；3）做分类，在这 k 个近邻中出现次数最多的类别就是测试对象的预测类别。

KNN 算法虽然简单，但是有几个知识点是需要特别注意的：首先，关于"远近"概念的度量方法；其次，k 值（即近邻数量）的选取；再次，k 个近邻样本的选取，也即选择哪 k 个近邻；最后，KNN 算法的优缺点。这 4 个问题是 KNN 算法的核心知识点。

1）距离或相似度的衡量。在 KNN 算法中常使用欧氏距离、曼哈顿距离和夹角余弦来计算距离从而来衡量各个对象之间的非相似度。在实际中使用哪一种衡量方法需要根据具体情况来具体分析。对于关系型数据，常使用欧氏距离；对于文本分类来说，使用夹角余弦（Cosine）来计算相似度就比欧式（Euclidean）距离更合适。

欧式距离：$d(x,y) = \sqrt{\sum_{k=1}^{n}(x_k - y_k)^2}$。　matlab 代码：d=pdist([x;y],'euclidean')

曼哈顿距离：$d(x,y) = \sum_{k=1}^{n}|x_k - y_k|$。　matlab 代码：d=pdist([x;y],'cityblock')

夹角余弦：$\cos<x,y> = \dfrac{x \cdot y}{|x||y|}$。　matlab 代码：d=1-pdist([x;y],'cosine')

2）k 值的选取。在 KNN 算法中 k 的选取非常重要，一般来说，只选择样本数据集中前 k 个最相似的数据，这就是 k 近邻算法中 k 的出处（通常 $k<20$）。

如果 k 选大了的话，求出来的 k 最近邻集合可能包含了太多隶属于其他类别的样本点，不具有代表性；如果 k 选小了的话，结果对噪音样本点很敏感。根据实际经验，k 值一般为奇数，k 一般低于训练样本数的平方根。

3）k 个邻近样本的选取。在 KNN 算法中，整个样本集中的每一个样本都要与待测样本计算距离，然后在其中取 k 个最近邻。但这带来了巨大的距离计算量，也就是懒惰算法所带来的计算成本。改进方案有两个：一个是对样本集进行组织与整理，分群分层，尽可能将计算压缩在接近测试样本邻域的小范围内，避免盲目地与训练样本集中每个样本进行距离计算。另一个就是在原有样本集中挑选出对分类计算有效的样本，使样本总数合理地减少，以同时达到既减少计算量，又减少存储量的双重效果。KD 树方法采用的就是第一个思路，压缩近邻算法采用的是第二个思路。

4）KNN 算法的优缺点。每一种算法都有它的优缺点，KNN 也不例外，下面分别介绍 3 个 KNN 算法的优点与缺点。优点：1）简单，易于理解，易于实现，不用估计参数；2）对影响因素做非量纲化处理，消除不同因素间单位不同对预测结果的影响；3）特别适合于多分类问题（Multi-Modal，对象具有多个类别标签）。缺点：1）懒惰算法，对测试样本分类时的计算量大，内存开销大；2）可解释性较差，无法给出决策树那样的规则；3）该算法在分类时的不足之处在于，当样本不平衡时，如一个类的样本容量很大，而其他类样本容量很小时，有可能导致当输入一个新样本时，该样本的 k 个邻居中大容量类的样本占多数。

4.2.2 手机流量套餐的 KNN 聚类研究

随着移动互联的普及，手机移动网络已经成为每个人日常生活必不可少的信息资源。而不同的人群对于移动互联网的使用习惯不同，因而对于流量的需求也大相径庭。所以，如何区分不同人群的使用习惯，对不同人群分别制定流量套餐，进而区别定价，就是一个值得深入的营销策略问题了。

1. 研究背景

从微观经济学的角度讲，完全垄断厂商根据不同市场上的需求价格弹性不同，实施不同的价格。如电厂对于弹性较大的工业用电实行低价格，而对弹性较小的家庭用电采用高价格，这样的策略称为"三级价格歧视"。在三级价格歧视中，制造商对每个群体内部不同的消费者收取相同的价格，但不同群体的价格不同。电信公司以三级价格歧视策略来攫取消费者剩余价值（如流量话费）从而获得额外利润的策略正是运用了"三级价格歧视"，这也是套餐划分的理论依据。

本节研究的数据采集来自某地区电力局辖区内的 SIM 卡每月实际流量数据。目前系统中的信息交流一般是通过现场终端安装的 SIM 卡进行，按包月流量套餐向运营商交费。但在实践中发现，绝大部分 SIM 卡的实际流量远低于套餐的基本流量，造成了巨大的浪费。因此，对现场终端 SIM 卡的月基本流量进行优化，能有效降低供电公司的通信成本。本课题引入机器学习方法，对 SIM 卡的流量数据进行挖掘分析，尝试得出流量套餐的合理类别划分。

本课题对给定的某地区电力局辖区内的 SIM 卡每月实际流量数据进行处理，以 KNN 聚类算法为工具，基于上行 GPRS（MB）、下行 GPRS（MB）两个特征为算法输入，对总 GPRS（MB）进行聚类划分，从而以类别内的总 GPRS（MB）为套餐划分的依据。

2. 数据描述及预处理

原始数据是电信公司取得的用户流量信息，其中变色框所在的上行 GPRS（MB）、下行 GPRS（MB）、总 GPRS（MB）是本次研究关注的数据特征，如图 4-7 所示。

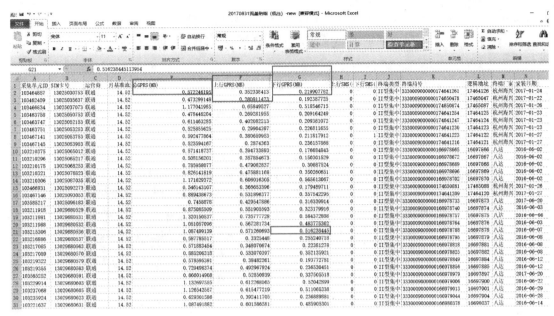

图 4-7　电信公司原始数据

　　直接采集的流量数据由于测算记录等问题，可能存在一系列的极端异常值，通常作为商业套餐的制定是为了针对大多数用户，并且少数极端用户的需求不是本次研究的关注点，所以我们删除两倍标准差以上的特征数据，仅关注大多数人的使用需求。特别说明的是，若上行 GPRS（MB）和下行 GPRS（MB）两个特征有一个数值大于两倍标准差，就认为这一组特征是异常值。

　　程序代码逐步给出，先引入本次研究需要的包。

```
import pandas as pd
import numpy as np
import matplotlib.pyplot as plt
from sklearn.model_selection import train_test_split
from sklearn.neighbors import KNeighborsClassifier
```

　　然后读取数据，本次研究目的在于对用户流量进行划分群体，从而指定合适的套餐，因此主要关注总 GPRS（MB）、上行 GPRS（MB）、下行 GPRS（MB）三个特征，以这三个特征作为训练集和测试集特征。

```
data=pd.read_excel('移动手机套餐特征数据.xls')
select_data=data[['总 GPRS(MB)','上行 GPRS(MB)','下行 GPRS(MB)']]
```

　　由于数据的采集过程可能存在奇异值，因此以 2 倍标准差作为标准，将 2 倍标准差以外的数据过去掉。具体做法是，计算大于 2 倍标准差和小于 -2 倍标准差的索引，然后对目标数据选择该索引的否定，这样选择出来的数据就都是在 $[-2*std,2*std]$ 以内的了。

```
d_std=np.std(select_data)
ind=((select_data>2* d_std) *  (select_data<-2* d_std)).any(axis=1)
select_data=select_data.loc[ ~ind,:].reset_index(drop=True)
```

图 4-8 所示为上文中所述的索引（ind），也就是奇异值的索引位置。

然后，对去掉了奇异值的索引标准化，本次标准化采用 Z-Score 方法，也就是将原数据进行正态化操作。

```
select_data_scale=(select_data-np.mean(select_data))/(np.std(select_data))
```

图 4-9 所示为数据预处理以后的特征数据，大多数值被归一化到了一个较窄的区间。

田 ind - Series	
Index	0
0	False
1	False
2	True
3	False
4	False
5	False
6	False
7	False
8	False
9	False
10	False
11	False

图 4-8 奇异值的索引

田 select_data_scale - DataFrame			
Index	总GPRS(MB)	上行GPRS(MB)	下行GPRS(MB)
0	-0.283333	-0.240661	-0.397553
1	-0.375604	-0.326254	-0.503772
2	0.280659	0.126215	0.755105
3	-0.370804	-0.34019	-0.43902
4	-0.246761	-0.181052	-0.438183
5	-0.326593	-0.304525	-0.370906
6	-0.264466	-0.206723	-0.428777
7	-0.328702	-0.318435	-0.334832
8	-0.284104	-0.189857	-0.564381
9	-0.343099	-0.234051	-0.666212
10	-0.0840394	-0.0887796	-0.0618843
11	-0.0465668	-0.0926163	0.10557

图 4-9 数据预处理后的特征数据

现在，我们来观察一下处理后的数据情况。运用 matplotlib 包中的 scatter 函数，以上行 GPRS（MB）和下行 GPRS（MB）两个特征作散点图。

```
plt.scatter(select_data_scale['上行 GPRS(MB)'],select_data_scale['下行 GPRS(MB)'])
```

如图 4-10 所示，数据集有明显的两个类别边界，所以，我们以上行 GPRS（MB）和下行 GPRS（MB）值 1.5 作为标准，也就是将数据切分为"上行 GPRS（MB）>1.5 and 下行 GPRS（MB）值>1.5"和"上行 GPRS（MB）<=1.5 and 下行 GPRS（MB）值<=1.5"两个类别。

按照上述切分方式，将两个类别的标签分别赋值为 0 和 1。

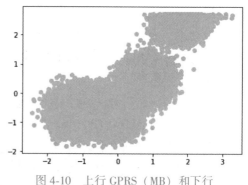

图 4-10 上行 GPRS（MB）和下行 GPRS（MB）的散点图

```
ind1=select_data_scale['上行 GPRS(MB)']<=1.5
ind2=select_data_scale['下行 GPRS(MB)']<=1.5
```

```
y_label=np.zeros((len(select_data_scale),1))
y_label[ind1* ind2]=1
```

最后，切分训练集和测试集，以 75% 作为训练集，25% 作为测试集。然后选择 sklearn 中自带的 KNeighborsClassifier 算法，其中 n_neighbors 参数选择 2 类，并在测试集上测试 KNN 算法的预测准确率。其预测准确率为 0.9996281145407214。

```
x_train,x_test,y_train,y_test = train_test_split(select_data_scale, y_label,
test_size = 0.25, random_state = 1)

knn_clf = KNeighborsClassifier(n_neighbors=2)
knn_clf.fit(x_train,y_train)
y_pred=knn_clf.predict(x_test)

accuracy = knn_clf.score(x_test,y_test)
print("accuracy is ",accuracy)
```

接下来为了从二维平面图上观察 KNN 算法的分类情况，我们编写了一个用不同颜色标出分类界面的函数。plot_estimator 函数中输入参数有三项，分别是分类器对象、特征 X 和标签 y。该函数通过输入数据训练指定模型，然后在两个特征上划分网格，并在网格点上预测分类情况，之后用 pcolormesh 函数针对不同对类别标注不同的颜色，最后，再叠加原始数据的散点图。

```
from matplotlib.colors import ListedColormap

# We define a colormap with three colors, for three labels our data
cmap_light = ListedColormap(['#FFAAAA', '#AAFFAA', '#AAAAFF'])
cmap_bold = ListedColormap(['#FF0000', '#00FF00', '#0000FF'])

def plot_estimator(estimator, X, y):
    '''
    This function takes a model (estimator),
    '''
    estimator.fit(X, y)
    # Determine the maximum and minimum mesh as a boundary
    x_min, x_max = X[:, 0].min() - .1, X[:, 0].max() + .1
    y_min, y_max = X[:, 1].min() - .1, X[:, 1].max() + .1
    # Generating the points on the mesh
    xx, yy = np.meshgrid(np.linspace(x_min, x_max, 100),
                         np.linspace(y_min, y_max, 100))
    # Make predictions on the grid points
    Z = estimator.predict(np.c_[xx.ravel(), yy.ravel()])
```

```
# for color
Z = Z.reshape(xx.shape)
plt.figure()
plt.pcolormesh(xx, yy, Z, cmap=cmap_light)

# Original training sample
plt.scatter(X[:, 0], X[:, 1], c=y, cmap=cmap_bold)
plt.axis('tight')
plt.axis('off')
plt.tight_layout()
plt.show()
```

```
plot_estimator(knn_clf, np.array(select_data_scale[['上行 GPRS(MB)','下行
GPRS(MB)']]), y_label)
```

在本案例中，考虑到需要绘制二维图，所以选择了"上行 GPRS（MB）"和"下行 GPRS（MB）"两个特征。算法的分类结果如图 4-11 所示。

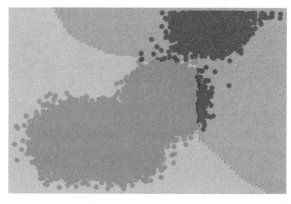

图 4-11　KNN 分类结果

从图 4-11 中可知两种颜色的界面相对清晰，基本上将两个类别的数据点区分开来了。这意味着基于"上行 GPRS（MB）"和"下行 GPRS（MB）"两个特征可以将流量套餐区分为两类："上行 GPRS（MB）>1.5 and 下行 GPRS（MB）值>1.5"和"上行 GPRS（MB）<=1.5 and 下行 GPRS（MB）值<=1.5"两个类别套餐。

第 5 章　树　方　法

本章介绍经典人工智能算法类别——树方法，树方法以逻辑分支的递归为基础构建树状结构的逻辑决策展开，常见的决策树是经典的树方法。基于决策树算法的集成，又产生了随机森林算法，它可以理解为决策树的一种并联计算，而 XGBoost 则是一种决策树的串联计算。

5.1　决策树

决策树是一个树状结构的决策流程。其中，树的最顶层是根结点，每个树上的结点表示在一个属性上的决策判断，每个分支代表一个属性输出，而每一个树叶结点代表分类结果。决策树的决策流程就是将待测样本从树的根节点输入，然后逐层节点判断，最终到达叶节点给出分类决策。

5.1.1　决策树的原理

决策树学习采用的是自顶向下的递归方法，其基本思想是以信息熵为度量构造一颗熵值下降最快的树，到叶子节点处，熵值为 0。其具有可读性、分类速度快的优点，是一种有监督学习。最早提及决策树思想的是 Quinlan 在 1986 年提出的 ID3 算法（Quinlan）和 Salzberg 在 1994 年提出的 C4.5 算法（Salzberg），以及 Breiman et al.在 1984 年提出的 CART 算法（Breiman）。接下来主要介绍决策树的基本概念，以及上述这 3 种常见决策树算法（ID3、C4.5、CART）原理。

决策树呈树形结构，在分类问题中，表示基于特征对实例进行分类的过程。学习时，利用训练数据，根据损失函数最小化的原则建立决策树模型；预测时，对新的数据，利用决策模型进行分类。

下面对决策树相关的重要概念做以下介绍：1）根结点（Root Node），表示整个样本集合，并且该节点可以进一步划分成两个或多个子集；2）拆分（Splitting），表示将一个结点拆分成多个子集的过程；3）决策结点（Decision Node），当一个子结点进一步被拆分成多个子节点时，这个子节点就称为决策结点；4）叶子结点（Leaf/Terminal Node），无法再拆分的结点称为叶子结点；5）剪枝（Pruning），移除决策树中子结点的过程称为剪枝，跟拆分过程相反；6）分支/子树（Branch/Sub-Tree），一棵决策树的一部分称为分支或子树；7）父结点和子结点（Parent 和 Child Node），一个结点被拆分成多个子节点，这个结点称为父节点，其拆分后的子结点也称为子结点。

决策树也有其自身的优点和缺点。先说决策树的优点：第一，具有可读性，如果给定一个模型，那么过程所产生的决策树很容易推理出相应的逻辑表达；第二，分类速度快，在相对短的时间内能够对大型数据源做出可行且效果良好的结果。再来看看决策树的缺点：对未知的测试数据未必有好的分类、泛化能力，即可能发生过拟合现象，此时可采用剪枝或随机森林。

决策树的构造过程一般分为 3 个部分，分别是特征选择、决策树的生成和决策树裁剪。1）特征选择。特征选择表示从众多的特征中选择一个特征作为当前节点分裂的标准，如何选择特征有不同的量化评估方法，从而衍生出不同的决策树，如 ID3（通过信息增益选择特征）、C4.5（通过信息增益比选择特征）、CART（通过 Gini（基尼）指数选择特征）等。其目的和准则是使用某特征对数据集划分之后，各数据子集的纯度要比划分前的数据集 D 的纯度高（也就是不确定性要比划分前数据集 D 的不确定性低）。2）决策树的生成。根据选择的特征评估标准，从上至下递归地生成子节点，直到数据集不可分则当下的决策树停止生长。这个过程实际上就是使用满足划分准则的特征不断地将数据集划分成纯度更高且不确定性更小的子集的过程。对于当前数据集的每一次划分，都希望根据某个特征划分之后的各个子集的纯度更高且不确定性更小。3）决策树裁剪。决策树容易过拟合，一般需要剪枝来缩小树结构规模、缓解过拟合问题。

决策树的节点分裂准则有以下几种，常见的包括"熵""条件熵""信息增益"等。

1）熵：在信息论中，熵（Entropy）是随机变量不确定性的度量，也就是熵越大，则随机变量的不确定性越大。设 X 是一个取有限个值的离散随机变量，其概率分布为：

$$P(X=x_i)=p_i \qquad i=1,2,3,\cdots,n$$

则随机变量 X 的熵定义为：

$$H(X)=-\sum_{i=1}^{n} p_i \log p_i$$

2）条件熵：设有随机变量 (X,Y)，其联合概率分布为：

$$P(X=x_i,Y=y_j)=p_{ij}, i=1,2,\cdots,n, j=1,2,\cdots,m$$

条件熵 $H(Y|X)$ 可以理解为在已知随机变量 X 的条件下，随机变量 Y 的不确定性。具体地讲，随机变量 X 给定的条件下随机变量 Y 的条件熵 $H(Y|X)$，定义为 X 给定条件下 Y 的条件概率分布的熵对 X 的数学期望：

$$H(Y|X)=-\sum_{i=1}^{n} p_i H(Y|X=x_i)，其中 p_i=P(X=x_i)，i=1,2,\cdots,n$$

当熵和条件熵中的概率由数据估计得到时（如极大似然估计），所对应的熵与条件熵分别称为经验熵和经验条件熵。

3）信息增益：信息增益表示由于得知特征 A 的信息后，数据集 D 的分类不确定性减少的程度，定义为：

$$\text{Gain}(D,A)=H(D)-H(D|A)$$

即集合 D 的经验熵 $H(D)$ 与特征 A 给定条件下 D 的经验条件熵 $H(D|A)$ 之差。

围绕着上述三个准则，就可以产生一系列节点分裂算法。比如，ID3 算法、C4.5 算法、Gini（基尼）指数、CART 算法，下面分别介绍。

1. ID3 算法

ID3 算法的核心是在决策树各个节点上应用信息增益准则递归地选择特征构建决策树。下面给出 ID3 算法的伪代码。

输入:训练数据集 D,特征集 A,阈值 ε。
输出:决策树 T。

Step1:若 D 中所有实例属于同一类 C_k，则 T 为单结点树，并将类 C_k 作为该节点的类标记，返回 T。

Step2:若 A=∅，则 T 为单结点树，并将 D 中实例数最大的类 C_k 作为该节点的类标记，返回 T。

Step3:否则，计算 A 中各特征对 D 的信息增益，选择信息增益最大的特征 A_g。

Step4:如果 A_g 的信息增益小于阈值 ε，则 T 为单节点树，并将 D 中实例数最大的类 C_k 作为该节点的类标记，返回 T。

Step5:否则，对 A_g 的每一种可能值 a_i，依 $A_g = a_i$ 将 D 分割为若干非空子集 D_i，将 D_i 中实例数最大的类作为标记，构建子结点，由结点及其子树构成树 T，返回 T。

Step6:对第 i 个子节点，以 D_i 为训练集，以 $A-\{A_g\}$ 为特征集合，递归调用 Step1~step5，得到子树 T_i，返回 T_i。

2. C4.5 算法

C4.5 算法与 ID3 算法很相似，该算法对 ID3 算法做了改进，在生成决策树过程中采用信息增益比来选择特征。

信息增益会偏向取值较多的特征，使用信息增益比可以对这一问题进行校正。特征 A 对训练数据集 D 的信息增益比 GainRation(D,A) 定义为其信息增益 Gain(D,A) 与训练数据集 D 的经验熵 $H(D)$ 之比：

$$\text{GainRation}(D,A) = \frac{\text{Gain}(D,A)}{H(D)}$$

C4.5 算法过程跟 ID3 算法一样，只是选择特征的方法由信息增益改成信息增益比。

Gini 指数

$$\text{Gini}(p) = \sum_{k=1}^{K} p_k(1-p_k) = 1 - \sum_{k=1}^{K} p_k^2$$

p_k 表示选中的样本属于 k 类别的概率，则这个样本被分错的概率为 $(1-p_k)$。

对于给定的样本集合 D，其 Gini（基尼）指数为：

$$\text{Gini}(D) = 1 - \sum_{k=1}^{K} \left(\frac{C_k}{D}\right)^2$$

这里 C_k 是 D 中属于第 k 类的样本，K 是类的个数。

如果样本集合 D 根据特征 A 是否取某一可能值 a 被分割成 D_1 和 D_2 两部分，即：

$$D_1 = \{(x,y) \in D | A(x) = a\}, D_2 = D - D_1$$

则在特征 A 的条件下，集合 D 的 Gini（基尼）指数定义为：

$$\text{Gini}(D,A) = \frac{|D_1|}{|D|}\text{Gini}(D_1) + \frac{|D_2|}{|D|}\text{Gini}(D_2)$$

基尼指数 Gini(D) 表示集合 D 的不确定性，基尼指数 Gini(D,A) 表示经 $A=a$ 分割后集合 D 的不确定性。基尼指数值越大，样本集合的不确定性也就越大，这一点跟熵相似。

3. CART 算法

下面给出 CART 算法的伪代码。

输入:训练数据集 D,停止计算的条件。

输出:CART 决策树。

根据训练数据集,从根结点开始,递归地对每个结点进行以下操作,构建二叉树。

Step1:设结点的训练数据集为 D,计算现有特征对该数据集的 Gini(基尼)指数。此时,对每一个特征 A,对其可能取的每个值 a,根据样本点 A＝a 的测试为"是"或"否"将 D 分割,利用 Gini(D,A) 来计算 A＝a 时的 Gini(基尼) 指数。

　　Step2:在所有可能的特征 A 以及它们所有可能的切分点 a 中,选择 Gini(基尼) 指数最小的特征及其对应可能的切分点作为最优特征与最优切分点。依最优特征与最优切分点,从当下结点生成两个子节点,将训练数据集依特征分配到两个子节点中去。

　　Step3:对两个子结点递归地调用 Step1、Step2,直至满足条件。

　　Step4:生成 CART 决策树。

　　算法停止计算的条件是节点中的样本个数小于预定阈值,或者样本集的 Gini(基尼) 指数小于预定阈值,再或者没有更多特征。

5.1.2　泰坦尼克号的末日求生

　　本次案例研究以 1912 年著名的泰坦尼克号事件为背景，搜集了当时登上泰坦尼克号的乘客信息作为预测特征，以是否生还作为预测标签，分析在当时的极端环境中，哪一些特征是能够决定生还的关键因素。

　　首先，介绍本次数据集的特征意义。

　　Passenger：乘客编号。

　　Survived：表示是否获救（0 表示没有获救，1 表示获救）。

　　Pclass：仓位等级。

　　Sex：乘客性别。

　　Age：乘客年龄。

　　SibSp：该乘客的亲人数量。

　　Parch：父母和孩子的数量。

　　Ticket：票的编号。

　　Fare：船票费。

　　Cabin：船舱。

　　Embarked：登船港口。

　　S 是英国南安普敦，C 是法国瑟堡市，Q 是爱尔兰昆士敦（现科克）。

　　其中 Survived 是本次研究的预测标签。

　　接下来，引入本次研究所需要用到的各类库，其中 sklearn 中的 DecisionTreeClassifier 是本案例所要测试的决策树算法。

```
from sklearn import tree
from sklearn.model_selection import train_test_split
from sklearn.metrics import accuracy_score
import numpy as np
import pandas as pd
import matplotlib.pyplot as plt
from sklearn.tree import DecisionTreeClassifier
from sklearn import preprocessing
```

　　接下来读取数据，并做相应的数据预处理，preprocessing.LabelEncoder( ) 是将字符串类型的数据编码为数值类型的数据特征。本研究基于前人的研究结论，目前已知的是 Pclass（仓位等级）、Sex（乘客性别）、Age（乘客年龄）和 Embarked（登船港口）对生还可能的影响较大，所以本研究跳过特征选择环节，主要分析决策树算法的运用。做完数据预处理以后，切分训练集和测试集。用于下一步建模和预测。

```
titanic_df = pd.read_csv("Titanic_cleaned_data.csv")
titanic_df=titanic_df.dropna()
titanic_df.head()
# define X and y
feature_cols = ['Pclass', 'Sex', 'Age', 'Embarked']
X = titanic_df[feature_cols]
label_encoder1 = preprocessing.LabelEncoder()
X['Sex']=label_encoder1.fit_transform(X['Sex'])
label_encoder2 = preprocessing.LabelEncoder()
X['Embarked']=label_encoder2.fit_transform(X['Embarked'])

y = titanic_df.Survived
Xtrain, Xtest, ytrain, ytest = train_test_split(X, y, test_size=0.3, random_state=42)
```

首先建立一个最大深度为 5 的决策树模型，并打印训练集和测试集的准确率。图 5-1 所示为准确率在 70%~90%。

```
Training accuracy: 0.873015873015873
Testing accuracy : 0.7777777777777778
```

图 5-1　深度为 5 的决策树的模型准确率

```
# fit a classification tree with max_depth=5
treeclf = DecisionTreeClassifier(max_depth=5, random_state=1)
print(Xtrain.shape)
# Fit our training data
treeclf.fit(Xtrain, ytrain)
print("Training accuracy: {}".format(accuracy_score(ytrain, treeclf.predict(Xtrain))))
print("Testing accuracy : {}".format(accuracy_score(ytest, treeclf.predict(Xtest))))
```

调用 tree.plot_tree() 可以观察不同的特征在决策树中的决策路径，决策树的节点分裂准则有许多种，在 sklearn 中的决策树模型默认采用的准则是 Gini 系数的二分支算法。这种算法在每一个分裂节点都会选择一个 Gini 系数最小化的特征作为依据，并在这个特征选取一个值作为分裂点，最后不断分裂直到叶节点为止。图 5-2 所示为本次建模的决策树路径，此处制定的深度为 5 层，所以最大层数除去根节点外有 5 层。

```
plt.figure(figsize=(100,50))
tree.plot_tree(treeclf,filled=True)
```

由于决策树算法的随机性，一次建模的结果可能存在较大的变异性，所以接下来采用交叉验证来观察每一折的预测准确率，并计算平均准确率，如图 5-3 所示。

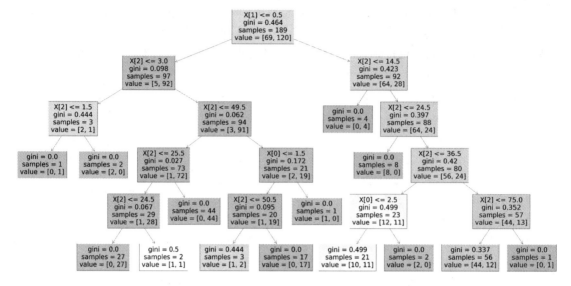

图 5-2　决策树模型的决策路径

```
Accuracy for each fold: [0.63157895 0.84210526 0.57894737 0.89473684 0.94736842 0.84210526
 0.78947368 0.89473684 0.78947368 0.83333333]
Mean Accuracy: 0.8043859649122806
```

图 5-3　交叉验证的决策树模型准确率

```
# use crossvalidation to get avg accuracy
from sklearn.model_selection import cross_val_score
scores = cross_val_score(treeclf, Xtrain, ytrain, cv=10, scoring='accuracy')
print("Accuracy for each fold: {}".format(scores))
print("Mean Accuracy: {}".format(np.mean(scores)))
```

从图 5-3 中可知，考虑了随机性后，决策树模型交叉验证的平均准确率为 80% 左右。

上述的准确率主要是基于训练集的结果，并采用的是默认参数。下面采用交叉验证对 max_depth 这一参数进行寻优，然后比较在不同 max_depth 下验证集上的预测准确率。

```
from sklearn.model_selection import validation_curve

# depth takes values from 1 to 10
max_depth_range = range(1, 11)

# do 10-fold cross-validation for each value in max_depth_range and return the
accuracy scores.
train_scores, valid_scores = validation_curve( treeclf, Xtrain, ytrain, param_
name=max_depth, param_range=max_depth_range,
    cv=10, scoring="accuracy")
```

```
#Size of train_scores will be: length of parameter (max_depth_range) X number
of folds
print(train_scores.shape)
```

由于对每一个 max_depth 参数下都进行了 10 折交叉验证，所以在训练集和验证集上会有 10 个不同的预测准确率，我们对每一个 max_depth 下的 10 个预测准确率取均值，然后以 max_depth 参数取值为横轴，以训练集和验证集上的平均预测准确率为纵轴，观察预测准确率随参数的变化。

```
# Mean accuracy score for each value of max-depth
mean_train_score = np.mean(train_scores, axis=1)
mean_val_score   = np.mean(valid_scores, axis=1)

plt.plot(max_depth_range, mean_train_score, color="blue", linewidth=1.5,
label="Training")
plt.plot(max_depth_range, mean_val_score, color="red", linewidth=1.5,
label="Validation")
plt.legend(loc="upper left")
plt.xlabel("Tree-depth")
plt.ylabel("Model Accuracy")
plt.title("Accuracy comparison of training/validation set")
```

图 5-4 所示为随着 max_depth 参数增大，训练集上的预测准确率是一路走高的。这点十分容易解释：因为随着 max_depth 参数增大导致决策树的结构更加复杂，可以进一步捕获训练集上的特征细节，所以对于训练集的拟合程度增加，自然会提高预测准确率，但是这样的模型拟合也可能过度拟合了训练集数据。事实上，从验证集的预测准确率表现来看，max_depth 参数增大到 2~3 左右，验证集上的预测准确率就不再提升了，如果继续增大 max_depth 参数，验证集上的预测准确率是不断下降的，这一表现也印证了"过度拟合"观点。

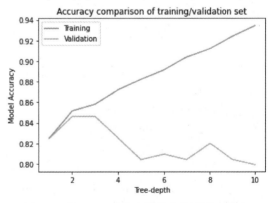

图 5-4　随 max_depth 参数变化的预测准确率

接下来，我们选取 max_depth＝3 再次训练决策树模型，并观察训练集和验证集上的预测准确率。

```
treeclf = DecisionTreeClassifier(max_depth=3)
treeclf.fit(Xtrain,ytrain)
print("Training accuracy: {}".format(accuracy_score(ytrain, treeclf.predict
(Xtrain))))
print("Testing accuracy : {}".format(accuracy_score(ytest, treeclf.predict
(Xtest))))
```

图 5-5 所示为 max_depth = 3 的决策树模型在训练集上的预测准确率是 0.8571，在测试集上的预测准确率是 0.8395，两者比较接近，这意味着模型在测试集上对泛化能力较好。

Training accuracy: 0.8571428571428571
Testing accuracy : 0.8395061728395061

图 5-5　训练集和预测集的预测准确率

接下来研究 ccp_alpha 和"决策树深度"的关系。ccp_alpha 参数是控制决策树后剪枝的力度，之所以要进行后剪枝，是为了防止训练后的决策树模型过度拟合。ccp_alpha 为 0 时，决策树模型不进行剪枝，随着 ccp_alpha 增大，剪枝的力度会增加，这样就会降低决策树模型的复杂度，也意味着决策树模型的深度会下降。下面的代码通过训练不同 ccp_alpha 大小的决策树模型，分别提取在每一个决策树模型下的.max_depth 参数，也就是决策树的深度，然后以 ccp_alpha 为横轴，max_depth 为纵轴，观察两者的关系。

```python
clf = DecisionTreeClassifier(random_state=0)
path = clf.cost_complexity_pruning_path(Xtrain, ytrain)
ccp_alphas, impurities = path.ccp_alphas, path.impurities
# Several model for diffrent aplpha values.
clfs = []
for ccp_alpha in ccp_alphas:
    clf = DecisionTreeClassifier(random_state=0, ccp_alpha=ccp_alpha)
    clf.fit(Xtrain, ytrain)
    clfs.append(clf)
print("Number of nodes in the last tree is: {} with ccp_alpha: {}".format(
    clfs[-1].tree_.node_count, ccp_alphas[-1]))

depth = [clf.tree_.max_depth for clf in clfs]

plt.plot(ccp_alphas, depth, marker='o', drawstyle="steps-post")
plt.xlabel("alpha")
plt.ylabel("depth of tree")
plt.title("Depth vs alpha")
plt.tight_layout()
```

图 5-6 所示的 ccp_alpha 和 max_depth 如之前预料，有着明显的反相关关系，随着 ccp_alpha 参数的增加，max_depth 有着比较明显的下降，当 ccp_alpha 参数增加到超过 0.2时，max_depth 直接下降到 0，也就是不建立决策树模型了。

下面继续观察 ccp_alpha 对预测准确率的影响。我们取出各个不同 ccp_alpha 参数训练下的决策树模型，并计算这些模型在训练集和测试集上的预测准确率，如图 5-7 所示。

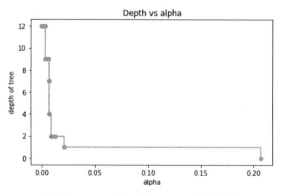

图 5-6　ccp_alpha 和 max_depth 的关系

```
train_scores = [clf.score(Xtrain, ytrain) for clf in clfs]
test_scores = [clf.score(Xtest, ytest) for clf in clfs]


fig, ax = plt.subplots()
ax.set_xlabel("alpha")
ax.set_ylabel("accuracy")
ax.set_title("Accuracy vs alpha for training and testing sets")
ax.plot(ccp_alphas, train_scores, marker='o', label="train",
        drawstyle="steps-post")
ax.plot(ccp_alphas, test_scores, marker='o', label="test",
        drawstyle="steps-post")
ax.legend()
plt.show()
```

从图 5-7 中可知 ccp_alpha 对预测准确率的影响在训练集和测试集上都是比较大的。当 ccp_alpha 较小时，适当提高该参数的值有利于提高测试集上的预测准确率表现，训练集的表现相应下降，但保持与测试集的表现同步，此时的决策树模型是较为理想的。但是当 ccp_alpha 逐步提高时，对模型的复杂度约束过于严格，最终导致模型欠拟合，所以准确率快速下降。

选取图 5-7 中较为理想的参数 ccp_alpha＝0.04 建立决策树模型，并计算该模型在测试集上的预测准确率。最终，模型的预测准确率为 0.8271604938271605。

```
clf = DecisionTreeClassifier(random_state=0, ccp_alpha=0.04)
clf.fit(Xtrain,ytrain)
pred=clf.predict(Xtest)
accuracy_score(ytest, pred)
```

调用 .plot_tree( ) 方法绘制该模型的决策路径，如图 5-8 所示。

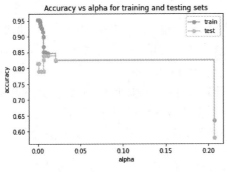

图 5-7　ccp_alpha 对预测准确率的影响

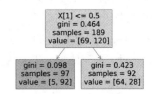

图 5-8　ccp_alpha＝0.04 的决策树路径

```
from sklearn import tree
plt.figure(figsize=(15,10))
tree.plot_tree(clf,filled=True)
```

从图 5-8 中可知在 ccp_alpha＝0.04 的约束下，决策树的复杂度被较好的约束了，树的深度为 1 层，同时获得了较好的模型泛化能力，准确率维持在了 80% 左右。

5.2 随机森林

随机森林本质上可以理解为决策树的并联。其思想就是从总体样本当中随机选取一部分样本进行决策树训练，通过多次这样的决策树训练，就构成了一个随机森林。然后在每一个决策树上进行预测并投票获取平均值作为结果输出，这就极大可能地避免了不好的样本数据造成的偏误，所以随机森林可以提高预测准确度。

5.2.1 随机森林的原理

随机森林是一种集成算法（Ensemble Learning），它运用了 Bagging 算法（袋装法）对弱学习器进行集成，最终结果通过投票或取均值，使得整体模型的结果具有较高的精确度和泛化性能。它可以取得不错成绩，主要归功于"随机"和"森林"这两个关键字，一个使它具有抗过拟合能力，另一个则是借用了基学习器"决策树"的集成。

袋装法也叫自举聚合法（Bootstrap Aggregating），是一种在原始数据集上通过有放回抽样重新选出 k 个新数据集来训练分类器的集成技术。它使用训练出来的分类器的集合来对新样本进行分类，然后用多数投票或者对输出求均值的方法统计所有分类器的分类结果，结果最高的类别即为最终标签。此类算法不仅可以有效降低"误差"，也能够降低"误差"的"方差"。

袋装法有以下几个显著特点。

- 自助法。它通过自助法（Bootstrap）重采样技术，从训练集里面采集固定个数（或比例）的样本，但是每采集一个样本后，都将样本放回。也就是说，之前采集到的样本在放回后有可能继续被采集到。
- 袋外数据验证。在 Bagging 的每轮随机采样中，训练集中大约有一定比例的数据没有被采样集采集中。对于这部分没采集到的数据，常常称之为袋外数据（Out Of Bag，OOB）。这些数据没有参与训练集模型的拟合，因此可以用来检测模型的泛化能力。
- 随机性。对于 Bagging 算法，一般会对样本使用 Boostrap 进行随机采集，每棵树采集相同的样本数量，一般小于原始样本量。这样得到的采样集每次都不同，通过这样的自助法生成 k 个分类树组成随机森林，做到样本随机性。
- 集成输出。Bagging 的集合策略也比较简单，对于分类问题，通常使用简单投票法，得到最多票数的类别或者类别之一为最终的模型输出。对于回归问题，通常使用简单平均法，对 T 个基础决策树模型得到的回归结果进行算术平均从而得到最终的模型输出。

下面，介绍 Bagging 算法（袋装法）流程。

1) for j = 1：Nt，Nt 是决策树总数。

① 产生一个 Bootstrap 样本 S_j。

② 在 S_j 上训练一个决策树 C_j。

2) 对于每一个决策树做如下操作。

① 在对于每个回归模型，设定一个阈值，回归误差大于此阈值的样本记为 -1，小于的

记为 1，由此得出每个模型的识别向量，此向量长度为样本容量。

$$\lambda = \text{quantile}\left\langle \left\{ \left| \frac{y_i - C_j(x_i)}{y_i} \right| \right\}_{i=1}^{N}, 0.75 \right\rangle$$

C_j 是第 j 个模型，每个模型下的回归误差取 0.75 分位数就是阈值 λ，这个分位数可以调整。对于每一个模型的识别向量，样本误差大于阈值的标记为 -1，反之是 1。

② 计算总体的识别向量。

$$c_{ens} = \frac{1}{J} \sum_{j=1}^{J} C_j$$

c_{ens} 是总体的识别向量，C_j 是第 j 个模型的识别向量，J 是分类器的数量。

③ 计算参考向量。

$$c_{ref} = o - \text{dot}(c_{ens}, o) \div \text{norm}(c_{ens})^2 \times c_{ens}$$

其中 o 是所有元素都相等的单位向量，也即元素全为 1 的向量除以它的模，上式可求出参考向量 c_{ref}。

3) 聚合 Nt 个模型。

求 C_j 与 c_{ref} 余弦值，保留余弦值大于 0 的 C_j，因为此时夹角小于 90 度，而其他不适合的决策树则被删除。具体的余弦值限定值可以通过试验调整。

5.2.2　泰坦尼克号的生存分析

在 5.1 节的决策树讲解中对泰坦尼克号的案例做了初步研究，本节内容除了对随机森林算法的用法和重点参数进行讲解之外，还会深入分析泰坦尼克号的案例数据，并尝试做一些特征工程，分析哪一些特征对最终生存率有显著影响。

对案例数据的特征的意义再次重申。

Passenger：乘客编号。

Survived：表示是否获救（0 表示没有获救，1 表示获救）。

Pclass：仓位等级。

Sex：乘客性别。

Age：乘客年龄。

SibSp：该乘客的亲人数量。

Parch：父母和孩子的数量。

Ticket：票的编号。

Fare：船票费。

Cabin：船舱。

Embarked：登船港口。S 是英国南安普敦，C 是法国瑟堡市，Q 是爱尔兰昆士敦（现科克）。

先引入本次研究所需要的库：sklearn 库中有 RandomForestClassifier，这是随机森林的分类模型，sklearn.metrics 中有一系列算法和模型的评价工具，GridSearchCV 是本次研究要用到的网格参数寻优工具。具体代码如下。

```
import numpy as np
import pandas as pd
import re
```

```
import matplotlib.pyplot as plt
import seaborn as sns
from scipy.stats import chi2_contingency
from sklearn.metrics import f1_score, confusion_matrix, classification_
report, roc_auc_score, roc_curve, auc, accuracy_score, precision_score,
recall_score
from sklearn.model_selection import train_test_split, learning_curve
from sklearn.model_selection import cross_val_score
from sklearn.model_selection import GridSearchCV
from sklearn.ensemble import RandomForestClassifier
from subprocess import check_output
```

然后读取泰坦尼克号的案例数据，去掉含有 nan 的行，按照 70%：30% 的比例切分训练集和测试集。

```
titanic_df = pd.read_csv("Titanic_cleaned_data.csv")
titanic_df=titanic_df.dropna()
titanic_df.head()

train, test = train_test_split(titanic_df, test_size=0.3, random_state=1)
```

接下来做一些数据观察。首先，我们最在意的是本次研究的应变量，乘客的生还标签。乘客生还则标记为 1，没有生还则标记为 0。通过 seaborn 库中的 .countplot( ) 函数就可以对生还标签的两种取值进行计数，并绘制柱状图。

```
fig, ax = plt.subplots(figsize=(6,4))
sns.countplot(x='Survived', data=train)
plt.title("Count of Survival")
plt.show()
```

图 5-9 所示的训练集中，生还标签为 1 的数量比 0 的数量更多，总计 189 个标签中 114 个标签为 1，75 个标签为 0。

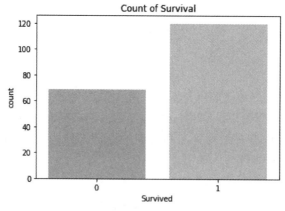

图 5-9　生还标签的分布

下面再打印标签的占比。从图 5-10 中可知，约 63.49% 的标签为 1，剩余约 36.5% 的标签为 0。可见，在本次训练集数据中，标签为 1 的占据了大多数，样本标签的分布是不均匀的。

```
% of passanger survived in train dataset:  63.492063492063494
% of passanger not survived in train dataset: 36.507936507936506
```

图 5-10　生还标签比例

```
n=len(train)
surv_0=len(train[train['Survived']==0])
surv_1=len(train[train['Survived']==1])

print("% of passanger survived in train dataset: ",surv_1* 100/n)
print("% of passanger not survived in train dataset: ",surv_0* 100/n)
```

继续观察数值类的特征，为了保证特征的独立性和有效性，通过计算特征的皮尔森相关系数矩阵来验证特征之间的低相关性。.corr（method=' pearson '）是计算相关系数矩阵的方法，其中 method=' pearson '是指定相关系数的算法，这里采用了皮尔森相关系数。

```
cat=['Pclass','Sex','Embarked']
num=['Age','SibSp','Parch','Fare']

corr_df = train[num]   # New dataframe to calculate correlation between
numeric features
cor= corr_df.corr(method='pearson')
print(cor)
```

图 5-11 所示的 Fare 和 Parch 两个特征的相关系数为 0.4058，达到中度相关，其余特征之间的相关性都在正负 0.4 以下，所以大多数之间的特征相关性都是比较低的，不存在重复冗余特征。

```
            Age      SibSp     Parch      Fare
Age    1.000000 -0.107356 -0.153909  0.000106
SibSp -0.107356  1.000000  0.329154  0.335067
Parch -0.153909  0.329154  1.000000  0.405854
Fare   0.000106  0.335067  0.405854  1.000000
```

图 5-11　数值类特征的皮尔森相关系数矩阵

将上述的矩阵通过 seaborn 的热力图可视化，调用方法是.heatmap（）。热力图的颜色从冷色调到暖色调逐渐变化。越接近红色（暖色），则相关系数的数值越接近于 1，越接近深色（冷色），则数值越接近 0。

```
fig, ax =plt.subplots(figsize=(8, 6))
plt.title("Correlation Plot")
sns.heatmap(cor, mask = np.zeros_like(cor, dtype = np.bool), cmap = sns.
diverging_palette(220, 10, as_cmap=True), square=True, ax=ax)
plt.show()
```

从图 5-12 中可见，Fare 和 Parch 两个特征的热力图色块颜色很谈，对应右侧的 colorbar 大约是 0.4，这与两个特征的相关系数数值相一致。其余特征之间的色块是红色或者深青色，都是接近于 1 和 0 的数值。

在模型建立时，另一个令人比较担心的问题是自变量被隐含地包含在应变量当中，这就意味着我们关注的预测目标某种意义上被自己预测和解释了。犯了这种错误的模型在模型的评价指标的表现上往往十分优秀，但是对于实际的应变量的预测并没有什么用，因为用于预测的隐含了应变量的自变量在现实中很可能是未来数据，在需要预测的时间点无法取得。

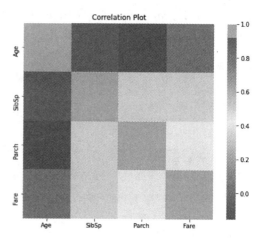

图 5-12 数值类特征的皮尔森相关系数矩阵热力图

针对这个问题，卡方检验可以解决。卡方检验是一种用途很广的计数资料的假设检验方法。它属于非参数检验的范畴，卡方检验就是统计样本的实际观测值与理论推断值之间的偏离程度，实际观测值与理论推断值之间的偏离程度就决定卡方值的大小。如果卡方值越大，二者偏差程度越大，P 值就接近 0；反之，二者偏差越小，P 值就越大；若两个值完全相等时，卡方值就为 0，表明理论值完全符合。

pd.crosstab( ) 是计算两个变量的列联表，本次研究主要计算了应变量 Survived 和 Sex、Embarked、Pclass 三个特征之间的列联表，然后调用 chi2_contingency 计算卡方值和 P 值，P 值越小则意味着 Survived 和相应特征差异越大。

```
csq=chi2_contingency(pd.crosstab(train['Survived'], train['Sex']))
print("P-value: ",csq[1])


csq2=chi2_contingency(pd.crosstab(train['Survived'], train['Embarked']))
print("P-value: ",csq2[1])


csq3=chi2_contingency(pd.crosstab(train['Survived'], train['Pclass']))
print("P-value: ",csq3[1])
```

图 5-13 所示为 Survived 和 Sex、Embarked、Pclass 三个特征之间的 P 值，其中 Survived 和 Sex 特征是有显著差异的。

P 值的结果较为抽象，下面我们绘制 Survived 和相关特征的柱状图或箱线图来可视化分析。.countplot( ) 用于绘制分类柱状图，.boxplot( ) 用于绘制箱线图。

```
P-value:  1.5415828009593818e-19
P-value:  0.8336666897860434
P-value:  0.2940902941904534
```

图 5-13 卡方检验的结果

```
fig, ax=plt.subplots(figsize=(8,6))
sns.countplot(x='Survived', data=train, hue='Sex')
ax.set_ylim(0,500)
plt.title("Impact of Sex on Survived")
plt.show()


fig, ax=plt.subplots(figsize=(8,6))
```

```
sns.countplot(x='Survived', data=train, hue='Embarked')
ax.set_ylim(0,500)
plt.title("Impact of Embarked on Survived")
plt.show()

fig, ax=plt.subplots(figsize=(8,6))
sns.countplot(x='Survived', data=train, hue='Pclass')
ax.set_ylim(0,400)
plt.title("Impact of Pclass on Survived")
plt.show()

fig, ax=plt.subplots(1,figsize=(8,6))
sns.boxplot(x='Survived',y='Fare', data=train)
ax.set_ylim(0,300)
plt.title("Survived vs Fare")
plt.show()
```

图 5-14 所示为 Survived 和 Sex 的分类柱状图，横轴是 Survived 的两类标签，分别是 0 和 1，纵轴是 Sex 在 0 和 1 两类标签上的计数，蓝色是女性的计数，橙色是男性的计数。从图中可以看到，不同性别在 0 和 1 标签上的差别是比较大对，女性在 1 的标签上明显比 0 标签要多得多，这说明女性在泰坦尼克号事件中生存率更高。

图 5-15 为不同登陆码头的乘客在 Survived 两类标签上的分布情况。Embarked 有三个标签，S 是英国南安普敦，C 是法国瑟堡市，Q 是爱尔兰昆士敦（现科克）。这三个标签分布并不均匀，但从图 5-15 中可知，Survived 两类标签上考虑 S、C、Q 的基础计数的话，并无明显差异。

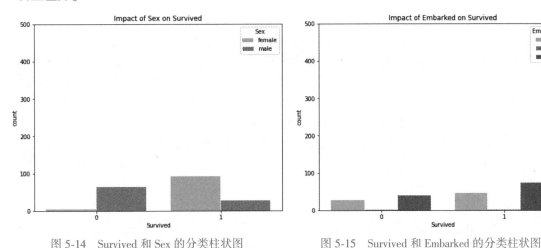

图 5-14　Survived 和 Sex 的分类柱状图　　　　图 5-15　Survived 和 Embarked 的分类柱状图

图 5-16 所示为 Survived 两类标签在 Pclass 上的计数分布情况，从图中可以看到，Pclass 的 1 和 2 在 Survived 标签 1 上的占比要比 0 更高一些，Pclass 的 3 则没有明显区别，这意味着 Pclass 有一定的区分能力。

图 5-17 所示为 Survived 和 Fare 的箱线图。Fare 是数值类型的特征，箱线图刻画了四分位数（某种统种指标）和离群点，在 Survived 等于 0 和等于 1 的标签上，Fare 的两个箱线图中标签 1 上的箱线图的四分位数都比标签 0 的要高，这说明 Fare 中付出更高船票价格的人生存率更高一些。

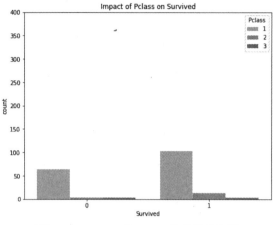

图 5-16 Survived 和 Pclass 的分类柱状图   图 5-17 Survived 和 Fare 的箱线图

然后开始构造"家庭成员数量"家庭成员数量的特征，并将 Cabin 特征二值化。"家庭成员数量"由两个特征加总得到，SibSp 是该乘客的亲人数量，Parch 是父母和孩子的数量，这两者合计为"家庭成员数量"。将这两个特征在训练集和测试集上分别构造一次。

```
train['hasCabin']=train['Cabin'].apply(lambda x: 0 if x==0 else 1)
test['hasCabin']=test['Cabin'].apply(lambda x: 0 if x==0 else 1)


train['FamilyMem']=train.apply(lambda x: x['SibSp']+x['Parch'], axis=1)
test['FamilyMem']=test.apply(lambda x: x['SibSp']+x['Parch'], axis=1)
```

在泰坦尼克号的数据集中，Name 特征记录了乘客的名字，其中名字前往往带有 title，也即头衔，在西方国家，头衔往往象征着乘客对社会身份和地位，因此可能存在一些额外的价值可以挖掘。因此，编写了 get_title() 函数，用来提取 Name 特征中的头衔信息。get_title() 函数运用了正则表达式库 re 中的.search()方法，提取了［A-Za-z］字母后带有.的字段。这是因为 Mr.、Mrs.等头衔后都有.，这一规律可用于提取 title。

```
def get_title(name):
    title_search = re.search(' ([A-Za-z]+) \.', name)
    if title_search:
        return title_search.group(1)
    return ""
```

下面分别对训练集和测试集的 Name 特征提取 Title，并取两个数据集的并集，计算唯一的全部头衔种类。

```
train['title']=train['Name'].apply(get_title)
test['title']=test['Name'].apply(get_title)
```

```
title_lev1=list(train['title'].value_counts().reset_index()['index'])
title_lev2=list(test['title'].value_counts().reset_index()['index'])

title_lev=list(set().union(title_lev1, title_lev2))
print(title_lev)
```

图 5-18 所示为打印的泰坦尼克号数据集中的全部乘客所拥有的头衔种类。除了常见的 Mr.、Miss 等头衔外，还有一些军衔如 Capt 和贵族头衔如 Dona、Countess 等。

```
In [71]: print(title_lev)
['Dona', 'Mr', 'Sir', 'Capt', 'Miss', 'Countess', 'Master', 'Mme', 'Col', 'Dr', 'Mlle', 'Mrs', 'Major', 'Lady']
```

图 5-18　泰坦尼克号中全部的头衔种类

然后，对上述采集的头衔进行简化。将 Lady、Countess、Capt、Col、Don、Dr、Major、Rev、Sir、Jonkheer、Dona 这些全部归入到 Rare，也就是贵族，其余平民头衔不做归类，只是将其标准化为 Miss 和 Mrs。

```
train['title'] = train['title'].replace(['Lady', 'Countess','Capt', 'Col', \
'Don', 'Dr', 'Major', 'Rev', 'Sir', 'Jonkheer', 'Dona'], 'Rare')
train['title'] = train['title'].replace('Mlle', 'Miss')
train['title'] = train['title'].replace('Ms', 'Miss')
train['title'] = train['title'].replace('Mme', 'Mrs')
```

训练集和测试集做相同的处理。

```
test['title'] = test['title'].replace(['Lady', 'Countess','Capt', 'Col', \
'Don', 'Dr', 'Major', 'Rev', 'Sir', 'Jonkheer', 'Master','Dona'], 'Rare')
test['title'] = test['title'].replace('Mlle', 'Miss')
test['title'] = test['title'].replace('Ms', 'Miss')
test['title'] = test['title'].replace('Mme', 'Mrs')
```

现在，处理完的头衔只剩下了 4 个类别：Mr、Mrs、Miss、Rare，其中 Mr、Mrs、Miss 都是平民头衔，Rare 是贵族头衔。

```
train['title']=pd.Categorical(train['title'], categories=['Mr', 'Mrs', 'Miss',
'Rare'])
test['title']=pd.Categorical(test['title'], categories=['Mr', 'Mrs', 'Miss',
'Rare'])
```

最后，将字符串类型的数据特征转化为 category 类型，然后把 category 类型的特征进行哑变量处理，将应变量 Survived 赋值给 y。

```
cols=['Pclass','Sex','Embarked','hasCabin','title']
fcol=['Pclass','Sex','Embarked','hasCabin','title','Age','FamilyMem','Fare']

for c in cols:
```

```
    train[c]=train[c].astype('category')
    test[c]=test[c].astype('category')

train_df=train[fcol]
test_df=test[fcol]

train_df=pd.get_dummies(train_df, columns=cols, drop_first=True)
test_df=pd.get_dummies(test_df, columns=cols, drop_first=True)

y=train['Survived']
```

对处理完的 train_df 切分训练集和测试集，然后指定 n_estimators、max_features、max_depth、criterion 这四个随机森林的参数做网格寻优。这里解释四个参数的意义，n_estimators 是指随机森林中决策树的数量，max_features 是每一颗决策树中用于训练的最多特征数，max_depth 是决策树的深度，criterion 是决策树的优化标准。

然后调用 RandomForestClassifier( ) 建立随机森林模型对象，用 GridSearchCV( ) 对其进行网格寻优，其中 cv = 5 是指 5 折交叉验证。

```
x_train, x_test, y_train, y_test = train_test_split(train_df, y, test_size=0.3,
random_state=1)

rfc=RandomForestClassifier(random_state=1)

param_grid = {
    'n_estimators': [200, 500],
    'max_features': ['auto', 'sqrt', 'log2'],
    'max_depth' : [4,5,6,7,8],
    'criterion' :['gini', 'entropy']
}

CV_rfc = GridSearchCV(estimator=rfc, param_grid=param_grid, cv= 5)
CV_rfc.fit(x_train, y_train)
```

CV_ rfc 是寻优完的对象,. best_ params_ 可以输出最优参数。

```
CV_rfc.best_params_
```

图 5-19 所示为网格寻优的结果。选择 Gini 指数作为寻优标准，决策树深度最大 8 层，自动选择训练特征数量，200 棵决策树，这些是最优的参数组合。

```
{'criterion': 'gini',
 'max_depth': 8,
 'max_features': 'auto',
 'n_estimators': 200}
```

图 5-19　网格寻优结果

我们代入网格寻优的参数结果，建立随机森林对象，并用处理好的训练集数据训练随机森林模型。

```
rfc1=RandomForestClassifier(random_state=1, max_features='auto', n_estima-
tors= 200, max_depth=8, criterion='gini')
```

```
rfc1.fit(x_train, y_train)
```

训练好随机森林模型以后，我们用.feature_importances_输出训练后的随机森林对各个特征的评价，并用柱状图来进行可视化。

```
feature_importances = pd.Series(rfc1.feature_importances_, x_train.columns)
feature_importances.sort_values(inplace=True)
feature_importances.plot(kind = "barh",figsize = (7,6))
```

图 5-20 所示的特征排序展示了本次研究最有趣的结论。泰坦尼克号 1911 年 5 月 31 日下水，该事件距今已经过去了百余年的时间，在百余年后的今天回眸反思，在那一夜生死存亡的关键时刻，到底是什么因素会决定一个人的生死？

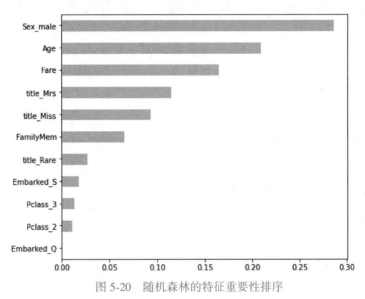

图 5-20　随机森林的特征重要性排序

从图 5-20 中可知，排名最高的特征是 Sex_male（性别），因为性别做了哑变量处理，Sex_male 的得分高也同时意味着 Sex_female 得分高，两者是等价的，所以只取了 Sex_male。结合图 5-14 中 Survived 和 Sex 的分类柱状图可知，在彼时那条摇摇欲坠的泰坦尼克号上，人们践行了"绅士风度"，让女士先行，最大程度地保护了弱者的利益，性别是在该事件中最为显著的有利于生存的特征。其次是 age（年龄），这个特征同样阐释了"老"和"幼"两个弱者的利益。Fare 是船票费用，排名第三，结合图 5-17 中 Survived 和 Fare 的箱线图可知，付了高价格船票的乘客生存率更高，这隐射出了一条令人不得不深思的道理，即使在生死存亡的时刻，"钱"依然发挥着重要的作用。title_Mrs 和 title_Miss 两个特征则印证了"女士优先"原则，这与 Sex_male 特征的结论一致，图中没有出现 title_Mr 也是印证了这一点，说明男性 Mr 不利于生存。FamilyMem 特征是家人的数量，也就是说，家人数量较多的乘客优先生存的几率更高，这反映了在危急时刻家人之间相互协作的可能，"人多力量大"看来并非虚言，即使生死存亡的时刻也依然有效。title_Rare 是贵族头衔，看来除了钱以外，社会地位也有一定的价值，但低于 Fare（船票费）。

经过处理后总计有 Age、FamilyMem、Fare、Pclass_2、Pclass_3、Sex_male、Embarked_Q、Embarked_S、title_Mrs、title_Miss、title_Rare 总计 11 个特征，其中排名前 7 的是 Sex_male、Age、Fare、title_Mrs、title_Miss、FamilyMem、title_Rare，总结一下这 7 个特征背后所反映的价值：Sex_male、Age、title_Mrs、title_Miss 反映了"尊老爱幼""女士优先"这些"道德"价值，这说明在泰坦尼克号上决定生死最重要的价值判断是"道德"，这一点令人敬佩。其次，Fare 反映了财富的力量，金钱的价值也是十分重要的，title_Rare 则反映了社会地位和荣耀。

总结上述分析可知，"道德""财富""地位"这三种价值是决定泰坦尼克号上乘客生死最重要的三种价值。这个案例研究，为我们对未来的人生价值取向提供了深刻的指导。它告诉我们，一个人在任何时候，都应该将"道德"这一精神价值放在首位，而后去追求"财富"和"地位"才是正确的，"生命"的价值虽然与"财富"和"地位"有关，但并不是最重要的东西，我们应当妥善处理"名利"和"道德"的关系，或许是要用一生来度量的问题了。

接下来，在测试集上验证一下模型的预测准确率，调用 accuracy_score 来计算预测准确率，结果是 0.8771929824561403，随机森林模型有 87.7%的预测准确率，这是一个相对较满意的结果。

```
pred=rfc1.predict(x_test)
print("Accuracy for Random Forest on CV data: ",accuracy_score(y_test,pred))
```

不过，87.7%的预测准确率虽然高，但是可能受到不同测试集和训练集切分的数据特殊性的影响，所以为了验证训练数据对模型的鲁棒性，笔者专门编写了 evaluation()，该函数实现输出混淆矩阵、分类预测报告，并在不同训练集和测试集的切分比例下，验证模型预测准确率的鲁棒性。

```
def evaluation(model):

    model.fit(x_train, y_train)
    ypred = model.predict(x_test)

    lr_probs = model.predict_proba(x_test)
    lr_probs = lr_probs[:, 1]
    lr_auc = roc_auc_score(y_test, lr_probs)

    print(confusion_matrix(y_test, ypred))
    print(classification_report(y_test, ypred))

    N, train_score, val_score = learning_curve(model, x_train, y_train,
                                    cv=4, scoring='accuracy',
                                    train_sizes=np.linspace(0.1, 1, 10))

    plt.figure(figsize=(12, 8))
    plt.plot(N, train_score.mean(axis=1), label='train score')
```

```
plt.plot(N, val_score.mean(axis=1), label='validation score')
plt.legend()
plt.show()
```

将随机森林模型 rfc1 代入 evaluation( ) 函数中执行。

```
evaluation(rfc1)
```

图 5-21 所示为混淆矩阵，15 表预测为 0，实际值也为 0，35 表预测是 1，实际值也为 1，其余两种是预测错误的情况。

图 5-22 所示为更加详细的分类预测报告结果。

```
                precision    recall  f1-score   support

             0       0.83      0.79      0.81        19
             1       0.90      0.92      0.91        38

      accuracy                           0.88        57
     macro avg       0.87      0.86      0.86        57
  weighted avg       0.88      0.88      0.88        57
```

```
[[15  4]
 [ 3 35]]
```

图 5-21　随机森林模型的混淆矩阵　　　　　图 5-22　随机森林的分类预测报告

图 5-23 所示为训练集和测试集在不同比例下的随机森林的模型预测准确率表现，训练机的预测准确率一直接近 1，这有过度拟合的可能性，测试集上当训练集比例提高到 70% 以上后，预测准确率就接近 80% 了，这说明模型的准确率还是比较稳定的。

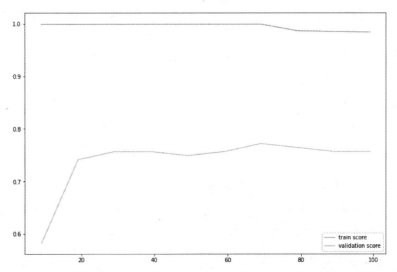

图 5-23　不同训练集和测试集数据比例下的随机森林模型预测准确率

5.3　XGBoost

扫码看视频

XGBoost 是对 GBDT 算法的又一次改进，本节会先通过讲解 GBDT 的算法原理，然后介绍 XGBoost 在 GBDT 上的改进点，最后引出"沪深 300 指数的波动率预测"的案例等一系列环节，详细展示 XGBoost 的 Python 调用方法和实现案例。

5.3.1 XGBoost 的算法原理

Gradient Boost 算法，即梯度提升算法，通常与决策树算法结合，形成 GBDT。Boost 是"提升"的意思，一般 Boosting 算法都是一个迭代的过程，每一次新的训练都是为了改进上一次的结果。而 Gradient Boost 的主要思想是，每一次的计算是为了降低损失函数，而为了降低损失函数，可以在损失函数的负梯度方向上建立一个新的模型。所以说，在 Gradient Boost 中，每个新模型的建立是为了使之前模型的损失函数往梯度方向下降。

由于 GB 算法在每一次迭代中，所训练的目标就是上一次迭代后损失函数的负梯度值，所以随着 GB 算法所采用的损失函数不同，其每一次迭代的学习目标也会有一些差别。这里首先定义损失函数的符号是 $L(y_i, F_m(x_i))$，其中 $F_m(x_i)$ 的意义是在已经进行了 m 次迭代下，这 m 个基分类器加总后的模型 L 的具体形式有多种选择，常见的用于分类问题的损失函数有：有 0-1 对数损失函数、-1-+1 对数损失函数等。假设 h 是我们每次训练的基分类器，则用 h 加总后的模型 F 是：

$$F_m(x) = F_0(x) + h_1(x) + h_2(x) + \cdots + h_{m-1}(x) + h_m(x)$$

$F_0(x)$ 是初始化的基分类器，基分类器 h 的下标表示该基分类器是在第几次迭代中训练得到的。在 GB 算法的迭代过程中我们往往不会直接地把每个基分类器加起来，这样的话会引起整个模型的过拟合。因此每一个基分类器的前面都乘上一个学习率 v 再加到之前的模型中去，这里 v 是一个很小的数（介于 0~1 之间）。加上学习率的目的在于，我们希望每一个基分类器所学习的只是"真相"的一小部分，整个 GB 的模型应该是逐步接近于正确的那个答案，做到"积跬步，以致千里"。如果没有 v，整个模型的损失函数会很快地收敛，这样会导致在训练集上效果特别好，但是在测试集上的效果会明显变差。接下来会细致地介绍 GB 算法的流程。

这里先介绍整个 GB 算法的思想流程。

1. 初始化第一个基分类器

$$F_0(x) = \arg \min_h \sum_{i=1}^{N} L(y_i, h)$$

上式中的 $L(y_i, h)$ 是在第 i 个样本下的损失函数，y_i 是标签或者因变量。由于现在我们在初始化第一个基分类器，参考上文中定义的损失函数 $L(y_i, F_m(x_i))$，所以这个 h 就是所要求解的第一个基分类器。此时初始化的第一个基分类器应该是个数字，也就是说对于任何一个样本，在第一个基分类器上的输出都是这个数字。求解 $F_0(x) = \arg \min_h \sum_{i=1}^{N} L(y_i, h)$。我们使用的方法是对函数 $\sum_{i=1}^{N} L(y_i, h)$ 的变量 h 求一阶导，然后令倒数为 0，求得 h 的值，这个 h 的值就是初始化的基分类器 F_0。

2. 开始进行 M 次迭代

For $\quad m = 1 : M$

1) $\tilde{y}_i = -\left[\dfrac{\partial L(y_i, F(x_i))}{\partial F(x_i)} \right]_{F(x_i) = F_{m-1}(x_i)}$

上式表示对第 $m-1$ 次的迭代结果求负梯度值。我们先根据 $-\dfrac{\partial L(y_i,F(x_i))}{\partial F(x_i)}$ 计算出损失函数负梯度的公式，再把 $F_{m-1}(x_i)$ 的值带入，求得每个样本的负梯度值 $\tilde{y}_i$。

2）训练第 m 个基分类器：

$$a_m = \arg\min_a \sum_{i=1}^{N}\left[\,\tilde{y}_i - h(x_i;a)\,\right]^2$$

上式中 $h(x_i;a)$ 是第 m 次迭代时所要训练的那个基分类器，其中 a 是这个基分类器的参数，该式是求解使得基分类器的预测值与样本负梯度值之差的平方和最小的那个参数 a。也就是说在这一步我们要以每个样本的负梯度为目标来训练基分类器，求解基分类器的参数 a，也就是训练这个基分类器的过程。

3）求最优步长，ρ_m 就是我们所求得的步长：

$$\rho_m = \arg\min_\rho \sum_{i=1}^{N} L(y_i,F_{m-1}(x_i)+\rho h(x_i;a_m))$$

4）把得到的基分类器 h，加入总的模型：

$$F_m(x_i) = F_{m-1}(x_i)+\rho_m h(x_i;a_m)$$

End

之前说过，如果这样直接把基分类器加进去，很容易导致模型学习的速度过快，造成过拟合。为避免过拟合：一是把每个基分类器乘以一个学习率 v 后再放入总的模型里去；二是每次训练基分类器的时候，只使用部分样本来训练基分类器。与 Bagging 算法不同的是，此时采用的样本抽样的方法是不放回抽样的，而 Bagging 中的抽样方法是有放回抽样的。这个抽样比例通常在 0.6~0.8 之间。所以如果考虑加入学习率的话，那么把基分类器加入总模型的式子如下，其中 v 是学习率

$$F_m(x_i) = F_{m-1}(x_i)+v\rho_m h(x_i;a_m)$$

上式完成了 GBDT 的模型迭代式。事实上，如果不考虑工程实现、解决问题上的一些差异，XGBoost 与 GBDT 比较大的不同就是目标函数的定义。XGBoost 的目标函数如下，它增加了 $\Omega(f)$ 这一关于模型复杂度的惩罚项：

$$\text{Obj} = \sum_{i=1}^{n} l(y_i,\hat{y}_i^{(t-1)}+f_t(x_i)) + \Omega(f) + \text{constant}$$

其中 $l(y_i,\hat{y}_i^{(t-1)}+f_t(x_i))$ 可以用泰勒展开。

$$l(y_i,\hat{y}_i^{(t-1)})+g_i f_t+\frac{1}{2}h_i f_t^2(x_i),g_i=\partial_{\hat{y}_i^{(t-1)}}f_t(x_i)l(y_i,\hat{y}_i^{(t-1)}),h_i=\partial_{\hat{y}_i^{(t-1)}}^2 l(y_i,\hat{y}_i^{(t-1)})$$

$\Omega(f)$ 是用来表示模型复杂度的惩罚项，它包含以下两个部分。

$$\Omega(f) = \gamma T + 0.5\lambda \sum_{j=1}^{T}\omega_j^2$$

1）一个是树里面叶子节点的个数 T。

2）一个是树上叶子节点的得分 ω 的 $l2$ 模平方（对 ω 进行 $l2$ 正则化，相当于针对每个叶结点的得分增加 $l2$ 平滑，目的是为了避免过拟合）。

在这种新的定义下，我们可以把之前的目标函数进行如下变形。

$$\text{Obj} = \sum_{i=1}^{n} l(y_i, \hat{y}_i^{(t-1)} + f_t(x_i)) + \Omega(f_t) + \text{constant}$$

$$\text{Obj} \cong \sum_{i=1}^{n} \left[l(y_i, \hat{y}_i^{(t-1)}) + g_i f_t + \frac{1}{2} h_i f_t^2(x_i) \right] + \gamma T + 0.5\lambda \sum_{j=1}^{T} \omega_j^2$$

由于 $l(y_i, \hat{y}_i^{(t-1)})$ 是已知部分，与优化目标无关，所以：

$$\text{Obj} \cong \sum_{i=1}^{n} g_i \omega_q(x_i) + \frac{1}{2} h_i \omega_q^2(x_i) + \gamma T + 0.5\lambda \sum_{j=1}^{T} \omega_j^2$$

$$\text{Obj} = \sum_{j=1}^{T} \left[\left(\sum_{i \in I_j} g_i \omega_j \right) + 0.5 \left(\sum_{i \in I_j} h_i + \lambda \right) \omega_j^2 \right] + \gamma T$$

接着定义：

$$G_j = \sum_{i \in I_j} g_i, H_j = \sum_{i \in I_j} h_i$$

目标函数最终简化为：

$$\text{Obj} = \sum_{j=1}^{T} \left[(G_j \omega_j) + 0.5(H_j + \lambda) \omega_j^2 \right] + \gamma T$$

对 ω_j 求导，令其等于 0，得：

$$\omega_j^* = -\frac{G_j}{H_j + \lambda}$$

代入到目标函数，得到最终的最优解：

$$\text{Obj} = -0.5 \sum_{j=1}^{T} \frac{G_j^2}{H_j + \lambda} + \gamma T$$

5.3.2 沪深 300 指数的波动率预测

本研究针对沪深 300 指数的已实现波动率（Realized Volatility，RV），以日频率 RV 作为预测目标，以一系列日频率的特征作为应变量，对日频率 RV 做一步预测，也即在 T 日收盘时刻，预测 T+1 日的 RV 数值。

本次研究的特征总计有 114 个，主要总结为以下三个大类：RV 不同频率的滞后项，基于 RV 的特征构造，沪深 300 指数期权 6 个不同到期月份合约、不同行权价的隐含波动率及其特征构造。

图 5-24 所示为本次研究输出的简要情况，Date 是 RV 的日频率时间标签，logRV_daily

Date	logRV_daily	x1	x2	x3	x4	x5	x6	x7	x8	x9	x10
2019-12-25	-0.49740904	-0.232520342	-0.08427	0.147798	0.081549	0.125041	0.211295	0.56857	-1.49257	-1.02645	-3.27356
2019-12-26	-0.539444032	-0.182376594	-0.12103	0.115822	0.099586	0.107968	0.203703	0.554914	-0.50668	-1.53225	-2.65962
2019-12-27	-0.200231942	-0.045084961	-0.08286	0.119862	0.065877	0.086937	0.195079	0.542515	-0.40753	-0.4344	-1.86964
2019-12-30	0.272271616	0.064055633	-0.0472	0.1224	0.070683	0.082938	0.186756	0.529388	0.32248	-0.46593	-0.89704
2019-12-31	0.697187796	0.069470273	-0.06683	0.105803	0.081375	0.079881	0.177814	0.515893	-0.95002	-1.38504	-3.1752
2020-1-2	-0.450912444	0.417602808	0.020611	0.135332	0.102454	0.084105	0.170691	0.502029	0.730244	-0.30195	0.437089
2020-1-3	1.034947629	0.450684718	0.035041	0.133236	0.112358	0.086712	0.163803	0.488135	-0.62027	-0.62346	-2.17849
2020-1-6	0.071283327	0.624935869	0.108701	0.155522	0.113304	0.096181	0.156031	0.488135	0.09969	0.531695	0.108741
2020-1-7	1.031988855	0.541471299	0.140436	0.146747	0.085347	0.099057	0.145805	0.458899	-0.24943	-0.73212	-1.42512
2020-1-8	0.231218251	0.662151256	0.184862	0.157063	0.107956	0.104336	0.139701	0.443674	-0.81376	0.259271	-0.59924
2020-1-9	0.553410556	0.68228532	0.282734	0.177037	0.121283	0.108123	0.133916	0.427733	1.020974	-1.44292	1.082532
2020-1-10	1.102648376	0.666445292	0.301486	0.145102	0.137673	0.113259	0.130002	0.411067	-0.84506	-0.7156	-2.328
2020-1-13	-0.085088686	0.456695006	0.326779	0.145857	0.130601	0.116743	0.126876	0.3933	-0.48663	-1.05077	-2.22122
2020-1-14	-0.03628636	0.387222063	0.246866	0.13579	0.132131	0.125983	0.123137	0.374663	-0.98242	-0.33307	-2.70174
2020-1-15	-0.314278621	0.258055511	0.257175	0.139791	0.121454	0.128649	0.118992	0.355085	-1.22195	-0.59393	-2.48536
2020-1-16	-0.166278725	-0.229233997	0.221392	0.119886	0.138475	0.132086	0.115726	0.334588	-1.68023	-1.1103	-3.53139
2020-1-17	-0.662052404	-0.154267964	0.238262	0.142457	0.134808	0.114382	0.317086	-0.18783	-0.91836	-1.51472	

图 5-24 数据初步展示

是研究的应变量，特征 x1~x114 是建模所需的自变量特征。

下面开始研究流程。首先，引入本次研究需要的各类库。其中 XGBRegressor 是本次研究所需要的 XGBoost 模型。Lasso 是用于 114 个特征规约的正则化方法。GridSearchCV 用于 XGBoost 模型模型的参数寻优。

```
#Import libraries:
import pandas as pd
import numpy as np
import xgboost as xgb
from xgboost.sklearn import XGBRegressor #sklearn xgboost
from sklearn import model_selection, metrics
from sklearn.model_selection import GridSearchCV   #Perforing grid search
from sklearn.metrics import mean_squared_error
from sklearn.metrics import r2_score
from sklearn.linear_model import Lasso

import matplotlib.pylab as plt
%matplotlib inline
from matplotlib.pylab import rcParams
rcParams['figure.figsize'] = 12, 4
```

读取实现准备好的 RV 特征集数据，并切分训练集和测试集。由于 RV 是时间序列数据，具有正向的时序性，所以不能使用 sklearn 中 train_test_split 来切分训练集和测试集，因为 train_test_split 会随机抽取数据构造训练集和测试集，从而打乱时序性，从而可能引发"未来数据"问题。所以，本次研究数据集的切分严格按照时序的正向性进行操作，以序号前 400 的"过去"数据作为训练集建模，来预测"未来"的序号 400 以后的数据，这样就可以有效避免拿"未来"数据建模，预测"过去"的情况。

```
data=pd.read_excel('生成 RV 的各类特征因子的结果输出.xlsx')
dtrain=data[:400]
dtest=data[400:]
```

由于本次研究的特征数量比较多，需要对特征进行筛选，选出对预测目标最有用的特征变量建模。Lasso 模型可以用于解决特征筛选的问题。alpha_lasso 用于调节 Lasso 的惩罚力度，惩罚力度越大则被舍弃的特征也会越多，反之则保留的特征越多。

下面的代码，在 coefs_lasso 记录了在遍历不同惩罚力度下，114 个特征的系数情况。

```
alpha_lasso = 10** * np.linspace(-3,1,100)
lasso = Lasso()
coefs_lasso = []

for i in alpha_lasso:
    lasso.set_params(alpha = i)
```

```
lasso.fit(dtrain[predictors], dtrain[dependency])
coefs_lasso.append(lasso.coef_)
```

然后以惩罚力度为横轴，以各个特征的系数为纵轴，绘制特征的系数随惩罚力度变化的曲线图，如图 5-25 所示。

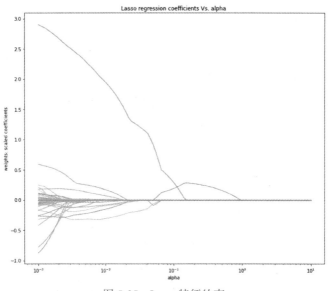

图 5-25　Lasso 特征约束

```
plt.figure(figsize=(12,10))
ax = plt.gca()
ax.plot(alpha_lasso, coefs_lasso)
ax.set_xscale('log')
plt.axis('tight')
plt.xlabel('alpha')
plt.ylabel('weights: scaled coefficients')
plt.title('Lasso regression coefficients Vs.alpha')
plt.show()
```

图 5-25 展示了 114 个特征随着 Lasso 惩罚力度增大的系数变化过程。114 个特征中绝大多数特征的系数接近于 0，只有少数特征有较大数值的系数，而随着惩罚力度增大，最终虽有的特征系数全部归零 0。这也就意味着，我们需要选择一个合适的惩罚力度，适当地舍弃一部分特征。

惩罚力度的选择有一定的主观性，根据对图 5-25 的观察，我们选择 alpha = 10**（-2.5）作为建模的惩罚力度。

下面的代码将筛选后的特征以重要性降序排列，得到了表 5-1 所示的 Lasso 筛选的特征结果。

```
lasso = Lasso(alpha=10** (-2.5))
model_lasso = lasso.fit(dtrain[predictors], dtrain[dependency])
```

```
coef = pd.Series(model_lasso.coef_,index=predictors)
print(coef[coef ! = 0].abs().sort_values(ascending = False))
```

表 5-1 中 feature 列是被选中的特征名称，importance 是该特征的重要性。重要性可以为负数，importance 绝对值越大则特征越重要。

表 5-1　Lasso 筛选的特征结果

feature	importance	feature	importance
x5	0.333364203	x49	−0.043136103
x7	0.01006416	x63	0.015994949
x8	−0.124071851	x66	0.014923928
x9	−0.188514739	x70	−9.35E−05
x10	−0.316927457	x72	0.016802772
x11	−0.253740504	x77	0.000815332
x12	0.014567498	x78	−0.005155543
x13	−0.118589805	x79	0.006397906
x14	2.493626466	x81	−0.016853558
x15	−0.075904612	x83	−0.012121577
x17	−0.081219381	x101	−0.003563093
x18	−0.017267416	x103	0.001826299
x32	0.011395126	x104	−0.004590295
x33	0.176615739	x111	−0.031289612

然后，将表 5-1 中的特征按照其重要性绘制横向柱状图。.barh( )是绘制横向柱状图的函数，如图 5-26 所示。

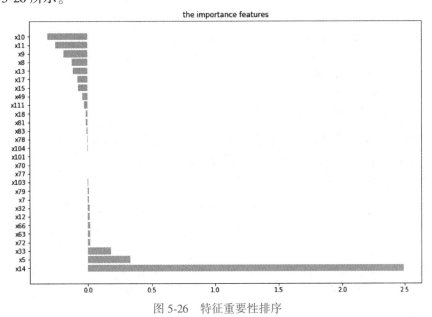

图 5-26　特征重要性排序

```
fea = list(coef[coef ! = 0].index)
a = pd.DataFrame()
a['feature'] = fea
a['importance'] = coef[coef ! = 0].values

a = a.sort_values('importance',ascending = False)
plt.figure(figsize=(12,8))
plt.barh(a['feature'],a['importance'])
plt.title('the importance features')
plt.show()
```

图 5-26 所示为系数不为 0 的所有特征的重要性。其中 x14 和 x10 是最显著的两个特征。总计有 28 个特征经过 Lasso 筛选后被保留。

将上述 28 个特征作为新的特征集，用于接下来 XGBoost 建模。建立一个 param_test 字段，其中 key 是待寻优的 XGBoost 算法参数，value 是一个范围，作为参数寻优的范围。

```
predictors=fea

param_test = {
    'max_depth':range(3,10,2),
    'min_child_weight':range(1,6,2),
    'learning_rate':np.arange(0,1,0.1),
    'n_estimators':range(10,100,10) }
```

调用 GridSearchCV( )进行网格寻优。参数的寻优范围代入 param_test，交叉验证的折数选择 3 折（cv = 3），固定随机种子 seed = 1。.fit( )方法用于代入训练集数据进行参数寻优，最后最优参数组合输出为 gsearch.best_params_，最优参数组合的得分输出为 gsearch.best_score_。

```
gsearch = GridSearchCV(estimator = XGBRegressor(seed=1),
                       param_grid = param_test,cv=3)
gsearch.fit(dtrain[predictors],dtrain[dependency])
print('最佳参数组合:',gsearch.best_params_)
print('最佳参数组合的 score:',gsearch.best_score_)
```

图 5-27 所示为经过网格寻优的最优参数组合，学习率（learning_rate）取 0.3，决策树的数量（n_estimators）为 90 棵，树的最大深度（max_depth）为 5，最小叶子结点的权重阈值（min_child_weight）为 3。在该参数组合下，XGBoost 的最后得分为 0.965997。

最佳参数组合: {'learning_rate': 0.30000000000000004, 'max_depth': 5, 'min_child_weight': 3, 'n_estimators': 90}

图 5-27 网格寻优得到的最优参数组合

为了将 XGBoost 的训练、预测、评价一体化输出，笔者编写了 modelfit 函数。该函数首先基于 dtrain 训练 XGBoost 模型，然后代入 dtest 得到预测结果 dtest_predictions，最后在测试集上计算 MSE、可决系数和预测涨跌胜率三种评价指标。

```
def modelfit(xgb_model, dtrain, dtest, predictors,dependency):

    # train
    xgb_param = xgb_model.get_xgb_params()
    xgtrain = xgb.DMatrix(dtrain[predictors].values, label=dtrain[dependen-
cy].values)
    xgtest = xgb.DMatrix(dtest[predictors].values)
    xgb_model.fit(dtrain[predictors], dtrain[dependency])

    # pred
    dtest_predictions = xgb_model.predict(dtest[predictors])


    # eval
    print ("\n 关于现在这个模型")
    print ("MSE(测试集) : %.4g" % mean_squared_error(dtest[dependency], dtest_
predictions))
    print ("R2 (测试集): %f" % r2_score(dtest[dependency], dtest_predictions))
    win_ratio=sum(np.sign(np.diff(dtest[dependency]))==np.sign(np.diff(dt-
est_predictions)))/len(np.diff(dtest_predictions))
    print ("预测准确率(测试集): %f" % win_ratio)


    # ft-imp
    feat_imp = pd.Series(xgb_model.feature_importances_, index=list(dtest
[predictors].columns)).sort_values(ascending=False)
    plt.figure(figsize=(16,5))
    feat_imp.plot(kind='bar', title='Feature Importances')
    plt.ylabel('Feature Importance Score')
```

代入参数寻优的结果，建立 XGBoost 回归模型，调用 modelfit( ) 输出模型的评价结果，如图 5-28 所示。

```
xgb_model=XGBRegressor(learning_rate=0.3,n_estimators=90,max_depth=5,min_
child_weight=3)
    modelfit(xgb_model, dtrain, dtest, predictors,dependency)
```

图 5-28 展示了 XGBoost 回归模型结果评价。其中 MSE 为 0.1674，可决系数为 0.58，预测涨跌胜率在 70%左右。与学术界 0.1 左右的 MSE 相比，该模型总体上表现差强人意。

关于现在这个模型
MSE(测试集) : 0.1674
R2 (测试集): 0.580290
预测准确率(测试集): 0.705426

图 5-28 XGBoost 回归模型结果评价

最后，再来回顾一下测试集数据上的特征重要性，如图 5-29 所示。最重要的三个特征是 x14、x18 和 x10，其中 x14、x10 与训练集上保持一致，x18 在训练集的特征重要性评分上表现一般，这个结果表明不同的数据集对于特征重要性的结果选择可能会产生变异，但是真正重要的特征能够在多个数据集上表现稳健。这为我们对特征的筛选提供了指导思路，需要对特征的变异性有一定的前瞻性，不能偏信单一数据集上单一特征筛选方法的结论。

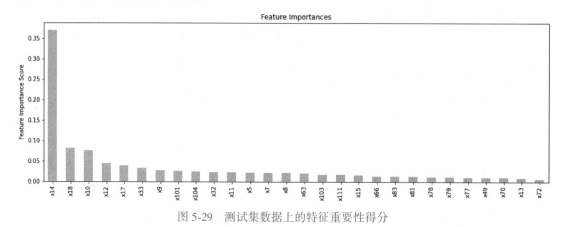

图 5-29　测试集数据上的特征重要性得分

第6章　神 经 网 络

　　神经网络是当前在人工智能领域非常火热的一个分支，该理论提出后，经过了几十年的完善和发展，在理论和实践上都有着激动人心的进步。虽然人工智能目前绝大多数的应用还停留在"感知"阶段，距离"认知"还有一定的距离，但是其发展的趋势令人十分期待。比如，自然语言处理（NLP）、语音识别、图像识别、腿足机器人或无人机等，这几个方向，涵盖了文字、声音、图像、时空等多个方面的"感知"，相应技术的发展正在逐步媲美人类的视力、听力、体力、阅读与沟通能力。本章将会介绍几种经典的神经网络类型，包括多层感知器、深度神经网络、卷积神经网络和循环神经网络。

6.1　多层感知器

　　多层感知器是最简单和最经典的神经网络模型之一，它的经典结构有三层，分别是输入层、隐含层和输出层。不同层之间的神经元是全连接的，也就是上一层的任意神经元与下一层的任意神经元都有连接，连接就意味着"权值"和"偏置"，隐含层和输出层之间还有一个用于输出非线性映射作用的"激活函数"，最常见的是 Sigmoid 函数。本节将以 Python 为平台给出多层感知器的代码实现。

6.1.1　线性可分的二分类案例

　　首先，引入本次案例实现需要的库。其中 perceptron 是 sklearn 中自带的多层感知器模型。

```
import numpy as np
import pandas as pd
import matplotlib.pyplot as plt
from sklearn.model_selection import train_test_split
from sklearn.linear_model import perceptron
from sklearn import metrics
import itertools
```

　　然后，生成随机数据集作为本次研究的案例数据。x1 是横坐标数据，x2 是纵坐标数据，label 是分类标签，此处生成了两类样本，分别是 0 类和 1 类。

```
x1= np.concatenate([np.random.rand(100,1)-3,np.random.rand(100,1)+3],axis=0)
x2= np.concatenate([np.random.rand(100,1)-2,np.random.rand(100,1)+2],axis=0)
label=np.concatenate([np.ones((100,1)),np.zeros((100,1))],axis=0)

data1=np.concatenate([x1,x2,label],axis=1)
data1=pd.DataFrame(data1).reset_index(drop=True)
```

```
feat_cols = ['x1', 'x2','label']
data1.columns=feat_cols
print(data1.head())
```

图 6-1 所示为 data1 的前 5 行，x1 是横坐标数据，x2 是纵坐标数据，label 是类别标签。两个类别分别是由不同参数的均匀分布随机数生成的二维数组。

然后将 data1 切分为训练集和测试集，其中 80% 为训练集，20% 为测试集。此处，横纵坐标为样本特征，label 为样本标签。

```
            x1        x2  label
0  -2.856647 -1.312512    1.0
1  -2.055331 -1.784492    1.0
2  -2.478152 -1.052629    1.0
3  -2.585338 -1.269144    1.0
4  -2.735444 -1.746058    1.0
```

图 6-1　data1 的数据展示

```
Dtrain, Dtest = train_test_split(data1, test_size=0.2, random_state=1)

Xtrain = Dtrain[['x1', 'x2']].values
Xtest = Dtest[['x1', 'x2']].values

ytrain = Dtrain['label'].values
ytest = Dtest['label'].values
```

下面调用 sklearn 中自带的 perceptron 模型，代入 Xtrain, ytrain 到.fit( )方法用以训练多层感知器模型，然后代入 Xtest 获得预测标签，并与真实的预测标签做比较，计算预测准确率，结果显示准确率为100%。

```
p = perceptron.Perceptron(random_state=1)
p.fit(Xtrain, ytrain)
predicts = p.predict(Xtest)
print("Testing accuracy {}".format(metrics.accuracy_score(ytest, pre-
dicts)))
```

下面构造一个二维数据的可视化函数，用以可视化多层感知器的分类结果，并绘制分类边界。pred_func 是训练好的模型的预测函数，其中 X 必须是二维数据特征，y 分别是训练数据和标签。该函数的逻辑是：先取出二维数据特征 X 栅格化，同时计算二维数据特征的网格数据点，然后计算网格上每一个数据点的预测值，并将预测值作为高度、二维数据特征作为平面范围来绘制等高线图，并叠加原数据点的散点图。

```
def plot_decision_boundary(pred_func, X, y):
    # Set min and max values and give it some padding
    x_min, x_max = X[:, 0].min() - .5, X[:, 0].max() + .5
    y_min, y_max = X[:, 1].min() - .5, X[:, 1].max() + .5
    h = 0.01
    # Generate a grid of points with distance h between them
    xx, yy = np.meshgrid(np.arange(x_min, x_max, h), np.arange(y_min, y_max, h))
    # Predict the function value for the whole gid
    Z = pred_func(np.c_[xx.ravel(), yy.ravel()])
    Z = Z.reshape(xx.shape)
    # Plot the contour and training examples
```

```
plt.contourf(xx, yy, Z, cmap=plt.cm.Spectral, alpha=0.5)
plt.scatter(X[:, 0], X[:, 1], c=y, cmap=plt.cm.Spectral, s=42)
```

调用上述 plot_decision_boundary() 函数，可视化本次 data1 的案例数据，可以得到如图 6-2 所示的分类结果，其中左上角和右下角分别是两个类别的散点。

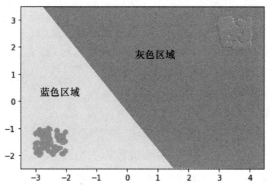

图 6-2　data1 的多层感知器分类结果

```
# Visualize the decision boundary
plot_decision_boundary(lambda x: p.predict(x), Xtrain, ytrain)
```

从图 6-2 中可见 data1 的多层感知器分类结果。灰色和蓝色分别代表两个类别的区域，其中两种色块区域的边界就是类别边界，左下角和右上角的两团散点就是真实数据点，可以看到图中的类别边界十分清晰地描述了两个类别区域。

6.1.2　线性不可分的案例

6.1.1 节中构造的示例数据是两组不同参数均匀分布的随机数，这两组数据的分布参数差异较大，从图 6-2 中也可以看到明显差别，图中的那条边界线也十分清晰，所以分类准确率很高，达到了 100%。但是在现实中，许多数据点杂糅在一起，并不能简单地通过一条分类线进行分类，或者分类线不是一条直线或一条简单的曲线，那么这种情况就被称为线性不可分。下面构造一个线性不可分的数据示例。

```
x1=6* (np.random.rand(100,1)-0.5)
y1=np.sqrt(9-x1* * 2)
x1=np.concatenate([x1,x1],axis=0)
y1=np.concatenate([y1,-y1],axis=0)

x2=2* (np.random.rand(100,1)-0.5)
y2=np.sqrt(1-x2* * 2)
x2=np.concatenate([x2,x2],axis=0)
y2=np.concatenate([y2,-y2],axis=0)

xx= np.concatenate([x1,x2],axis=0)
yy= np.concatenate([y1,y2],axis=0)
```

```
label=np.concatenate([np.array(list(itertools.product([[True]],repeat=
200))).reshape(200,1),np.array(list(itertools.product([[False]],repeat=
200))).reshape(200,1)],axis=0)
data2=np.concatenate([xx,yy],axis=1)

data2=pd.DataFrame(data2).reset_index(drop=True)
data2=pd.concat([data2,pd.DataFrame(label)],axis=1)

feat_cols = ['x1','x2','label']
data2.columns=feat_cols
print(data2.head())
```

上述代码构造了两组不同半径大小的环形数据，分别是以（0，0）为圆心，以1为半径的均匀分布环形随机数据和以3为半径的均匀分布环形随机数据。图6-3所示为data2的部分数据。两个环形数据的标签分别记为True类和False类两类。

```
        x1        x2  label
0  2.313321  1.910116   True
1 -1.828267  2.378537   True
2 -2.528225  1.614954   True
3 -2.012985  2.224385   True
4  0.203833  2.993067   True
```

图6-3 线性不可分的示例数据展示

将 data2 切分为训练集和测试集，20%的数据作为测试集，80%的数据作为训练集。

```
Dtrain2, Dtest2 = train_test_split(data2, test_size=0.2, random_state=1)

Xtrain2 = Dtrain2[['x1','x2']].values
Xtest2  = Dtest2[['x1','x2']].values

ytrain2 = Dtrain2['label'].values
ytest2  = Dtest2['label'].values
```

接下来，以 Xtrain2、ytrain2 来训练多层感知器模型，并应用测试集计算测试集上的分类准确率，结果显示准确率只有 0.3375。然后调用 plot_decision_boundary( ) 函数，观察分类边界。

```
p = perceptron.Perceptron(random_state=1)
p.fit(Xtrain2, ytrain2)
predicts2 = p.predict(Xtest2)
print("Testing accuracy {}".format(metrics.accuracy_score(ytest2,
predicts2)))
# Visualize the decision boundary
plot_decision_boundary(lambda x: p.predict(x), Xtrain2, ytrain2)
```

从如图 6-4 所示的分类图结果来看，多层感知器模型对线性不可分的数据集的分类结果较差，它无法识别两个环形数据集的差异。分类边界横切了两个数据集，所以分类准确率只有 0.3375。

虽然多层感知器的非线性分类能力较差，但是作为一个经典的神经网络模型，有着不可替代的理论价值，下面笔者带领读者深入多层感知器的内部，自主编写一个多层感知器模型，详细讲解其代码实现过程。

首先，设定模型的参数：num_examples 是训练集的样本容量；nn_input_dim 是输入层的维数，这里输入的是二维数据；nn_output_dim 是输出层的维数，这里输出层为两类；epsilon 是用于调节网络节点的权重优化速度的学习率参数；reg_lambda 是对训练过程起约束作用的正则化系数。

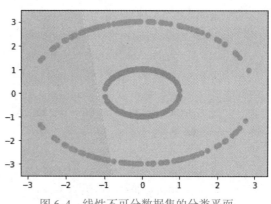

图 6-4　线性不可分数据集的分类平面

```
num_examples = len(Xtrain2) # training set size
nn_input_dim = 2 # input layer dimensionality
nn_output_dim = 2 # output layer dimensionality


# Gradient descent parameters (I picked these by hand)
epsilon = 0.01 # learning rate for gradient descent
reg_lambda = 0.5 # regularization strength
```

以下是笔者自编的多层感知器模型的代码。代码主要是两个函数，一个是训练函数 build_model()，一个是预测函数 predict()。首先讲解训练函数 build_model()，W1 是输入层到隐含层的权重，b1 是相应的偏置，W2 是隐含层到输出层的权重，b2 是相应的偏置。代码 z1 = X.dot（W1）+ b1 意味着数据传递到隐含层，a1 = np.tanh（z1）是将隐含层的输出 z1 代入激活函数 tanh。然后将激活函数的输出 a1 代入 z2 = a1.dot（W2）+ b2 得到了输出层的输出 z2，将 z2 转化为预测标签的概率 probs。delta3[y, :] -= 1 是计算预测误差，dW2、db2、dW1、db1 是根据预测误差计算的权值修正变动。dW2 += reg_lambda * W2，dW1 += reg_lambda * W1 两句代码是增加正则化项。最后 dW2、db2、dW1、db1 乘以学习率并加到前一轮迭代的 W1、b1、W2、b2 上完成了一轮权值误差修正，将这样的迭代持续足够多次，就可以使多层感知器模型的输出结果越来越逼近真实的测试集标签。

预测函数 predict() 的功能相对简单，将测试集特征数据逐层输入到各层权值中计算，得到预测概率 probs，取预测概率大的类别作为最终的预测类别标签。

```
# This function learns parameters for the neural network and returns the model.
# - nn_hdim: Number of nodes in the hidden layer
# - num_passes: Number of passes through the training data for gradient descent
# - print_loss: If True, print the loss every 1000 iterations
def build_model(X, y, nn_hdim):

    # Initialize the parameters to random values.We need to learn these.
    np.random.seed(0)
```

```python
W1 = np.random.randn(nn_input_dim, nn_hdim) / np.sqrt(nn_input_dim)
b1 = np.zeros((1, nn_hdim))
W2 = np.random.randn(nn_hdim, nn_output_dim) / np.sqrt(nn_hdim)
b2 = np.zeros((1, nn_output_dim))

# This is what we return at the end
model = {}

# Gradient descent.For each batch...
for i in range(0, 20000):

    # Forward propagation
    z1 = X.dot(W1) + b1
    a1 = np.tanh(z1)

    if np.mean(abs(a1))>0.999:
        print(i)
        break

    z2 = a1.dot(W2) + b2
    exp_scores = np.exp(z2)
    probs = exp_scores / np.sum(exp_scores, axis=1, keepdims=True)

    # Backpropagation
    delta3 = probs
    delta3[y, :] -= 1
    dW2 = (a1.T).dot(delta3)
    db2 = np.sum(delta3, axis=0, keepdims=True)
    delta2 = delta3.dot(W2.T) * (1 - np.power(a1, 2))
    dW1 = np.dot(X.T, delta2)
    db1 = np.sum(delta2, axis=0)

    # Add regularization terms (b1 and b2 don't have regularization terms)
    dW2 += reg_lambda * W2
    dW1 += reg_lambda * W1

    # Gradient descent parameter update
    W1 += -epsilon * dW1
    b1 += -epsilon * db1
    W2 += -epsilon * dW2
    b2 += -epsilon * db2
```

```
    # Assign new parameters to the model
    model = {'W1': W1, 'b1': b1, 'W2': W2, 'b2': b2}

    return model



# Helper function to predict an output (0 or 1)
def predict(model, x):
    W1, b1, W2, b2 = model['W1'], model['b1'], model['W2'], model['b2']
    # Forward propagation
    z1 = x.dot(W1) + b1
    a1 = np.tanh(z1)
    z2 = a1.dot(W2) + b2
    exp_scores = np.exp(z2)
    probs = exp_scores / np.sum(exp_scores, axis=1, keepdims=True)
    return np.argmax(probs, axis=1)
```

接下来，实际使用一次上述模型。继续代入 Xtrain2、ytrain2，建立一个 5 层隐含层的多层感知器模型，然后计算预测准确率。图 6-5 所示的训练集的预测准确率为 0.521875，测试集的预测准确率为 0.4125。从结果来看比 sklearn 的感知器预测准确率结果 0.3375 略好一些，但总体依然不足。可能是因为自编多层感知器引入了正则化参数，并增加了隐含层层数的结果。

```
    # Build a model with a 5-dimensional hidden layer
    model = build_model(Xtrain2, ytrain2, 5)

    print (" Training  accuracy: { }". format (metrics. accuracy _ score (ytrain2,
predict(model,Xtrain2) )))
    print("Testing accuracy : {}".format(metrics.accuracy_score(ytest2, predict
(model,Xtest2) )))
    # Plot the decision boundary
    plot_decision_boundary(lambda x: predict(model, x), Xtrain2, ytrain2)
    plt.title("Decision Boundary")
```

图 6-6 所示为自编多层感知器的分类平面，从结果来看似乎将所有数据点的预测结果全

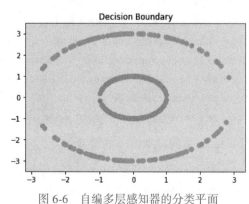

```
Training accuracy: 0.521875
Testing accuracy : 0.4125
```

图 6-5　自编多层感知器的预测准确率　　　　图 6-6　自编多层感知器的分类平面

部分类为一个类别了，因此 0.521875 的准确率是恰好该类别的样本数量，这个结果再一次验证了多层感知器模型在线性不可分问题上的不足。

6.2 深度神经网络

多层感知器虽然有一定的学术价值，但在实践中有着诸多问题，比如小数据集下的过度拟合问题，线性不可分问题，以及随着隐含层的增加引发的梯度消失问题等。深度神经网络在多层感知器的基础上有了进一步的延伸，在经典多层感知器的基础上添加了许多有价值的技术，比如 droupout、优化器的改进和多样化的正则化方法等。在实践中，深度学习已经有了诸多的应用场景，比如图像识别、自动驾驶和金融安全防护等。

本节运用 Ames House Price 数据进行商业分析，将会基于 sklearn 库和 TensorFlow 库讲解深度神经网络模型的建立、训练和预测，并与 XGBoost 模型对比分析，进一步让读者理解深度神经网络模型的优势与劣势。

6.2.1 基于 Ames House Price 数据的 XGBoost 模型案例

首先，加载一些常用的 Python 库。

```python
from __future__ import print_function
import os
import math
import datetime
import numpy as np
import pandas as pd
import matplotlib.pyplot as plt
```

接下来，加载 XGBoost，它是梯度增强树模型的一种实现。XGBoost 提供了一个高效、灵活和可移植的梯度增强框架。

```python
import xgboost as xgb
```

再加载 sklearn 相关库。

```python
from sklearn.model_selection import cross_val_score
from sklearn.model_selection import KFold
from sklearn.model_selection import train_test_split
from sklearn.preprocessing import StandardScaler, MinMaxScaler
from sklearn.preprocessing import OneHotEncoder
from sklearn.impute import SimpleImputer
from sklearn.pipeline import Pipeline
from sklearn.metrics import mean_absolute_error
```

对 pandas 库的显示做一些设置。

```python
pd.set_option('display.max_columns', None)
pd.set_option('display.max_rows', None)
```

现在，可以加载 ames_house_data.csv 文件并定义标签列。需要将该 csv 文件提前放置在工作目录的文件夹下。

```
ames_data_org = pd.read_csv("ames_house_data.csv")
ames_data_org.set_index('PID', inplace=True)
print('Number of records read:', ames_data_org.shape)
```

现在加载了 Ames House Price 数据，打印该数据集的模型（shape），显示该数据集有2930 行、81 列。

我们对该数据集做一些初步观察，先统计一下数据集中的缺失值数量。

```
# Finding column types
ames_data_org.dtypes
# Identification of missing values
missing = ames_data_org.isnull().sum()
missing = missing[missing > 0]
missing.sort_values(ascending=False)
```

图 6-7 所示为按照缺失值数量降序排列的各个列，比如缺失值最多的是 Pool_QC 列，有2917 个缺失值。

```
Pool_QC          2917
Misc_Feature     2824
Alley            2732
Fence            2358
Fireplace_Qu     1422
Lot_Frontage      490
Garage_Yr_Blt     159
Garage_Cond       159
Garage_Qual       159
Garage_Finish     159
Garage_Type       157
Bsmt_Exposure      83
BsmtFin_Type_2     81
Bsmt_Cond          80
Bsmt_Qual          80
BsmtFin_Type_1     80
Mas_Vnr_Type       23
Mas_Vnr_Area       23
Bsmt_Half_Bath      2
Bsmt_Full_Bath      2
Garage_Cars         1
BsmtFin_SF_2        1
BsmtFin_SF_1        1
Bsmt_Unf_SF         1
Total_Bsmt_SF       1
Garage_Area         1
Electrical          1
dtype: int64
```

图 6-7　Ames House Price 数据的缺失值

删除包含大量缺失值的列，然后显示关于每个列的统计信息。

```
ames_data_org.drop(['Pool_QC','Misc_Feature','Alley','Fence','Fireplace_Qu'],
axis=1, inplace=True)
ames_data_org.describe(include='all')
```

选择数字列和几个"有前途"的分类变量列做独热编码。注意：避免出现类不平衡较大的列，即频率近似等于计数的列。

```
ames_data_num = ames_data_org.select_dtypes(include='number')
ames_data_hstyle= pd.get_dummies(ames_data_org['House_Style'], prefix='HStyle')
ames_data_area= pd.get_dummies(ames_data_org['Neighborhood'], prefix='Area')
ames_data = pd.concat([ames_data_num, ames_data_hstyle, ames_data_area], axis=
1, join='inner')
label_col = 'SalePrice'
ames_data.head(10)
```

分割数据集，用于训练、验证和测试，同时也将索引范围分成三部分。

```
train_size, valid_size, test_size = (0.7, 0.3, 0.0)
ames_train, ames_valid = train_test_split(ames_data,
                                           test_size=valid_size,
                                           random_state=2020)
```

将用于训练集和验证集的数据提取为自变量 x 和应变量 y 向量。

```
ames_y_train = ames_train[[label_col]]
ames_x_train = ames_train.drop(label_col, axis=1)
ames_y_valid = ames_valid[[label_col]]
ames_x_valid = ames_valid.drop(label_col, axis=1)

print('Size of training set: ', len(ames_x_train))
print('Size of validation set: ', len(ames_x_valid))
```

执行上述代码，打印显示训练集是 2051，验证集是 879。

下面分别设定 GPU 的模型运行环境和 CPU 的模型运行环境。不过在训练模型之前，需要对数据集的缺失值做一些处理，先使用训练集创建插补模型，并使用它来插补训练数据和验证数据。

```
print('Missing training values before imputation = ', ames_x_train.isnull().
sum().sum())
print('Missing validation values before imputation = ', ames_x_valid.isnull().
sum().sum())


imputer = SimpleImputer(missing_values=np.nan, strategy='mean').fit(ames_x_
train)
ames_x_train = pd.DataFrame(imputer.transform(ames_x_train),
                            columns = ames_x_train.columns, index = ames_x_
train.index)
ames_x_valid = pd.DataFrame(imputer.transform(ames_x_valid),
                            columns = ames_x_valid.columns, index = ames_x_
valid.index)
```

```
    print('Missing training values after imputation = ', ames_x_train.isnull().sum
().sum())
    print('Missing validation values after imputation = ', ames_x_valid.isnull().
sum().sum())
```

打印结果显示，在填补前训练集数据有 472 个缺失值，验证集有 210 个缺失值，填补后两者都显示为 0。

接下来，使用训练集创建一个数据归一化模型，并使用它来归一化训练和验证数据。

```
    scaler = MinMaxScaler(feature_range=(0, 1), copy=True).fit(ames_x_train)
    ames_x_train = pd.DataFrame(scaler.transform(ames_x_train),
                                columns = ames_x_train.columns, index = ames_x_
train.index)
    ames_x_valid = pd.DataFrame(scaler.transform(ames_x_valid),
                                columns = ames_x_valid.columns, index = ames_x_
valid.index)

    print('X train min =', round(ames_x_train.min().min(),4), '; max =', round(ames_
x_train.max().max(), 4))
    print('X valid min =', round(ames_x_valid.min().min(),4), '; max =', round(ames_
x_valid.max().max(), 4))
```

图 6-8 所示为经过归一化后显示的结果，训练集的最大值为 1，最小值为 0，验证集最大值为 1.3333，最小值为 -0.1111。

```
X train min = 0.0 ; max = 1.0
X valid min = -0.1111 ; max = 1.3333
```

图 6-8 归一化后的数据集区间

先以 GPU 模型建立 XGBoost 模型。

```
def basic_model_gpu():
    mod = xgb.XGBRegressor(
        tree_method='gpu_hist',
        gpu_id=0,
        gamma=1,
        n_estimators=10000,
        earning_rate=0.01,
        max_depth=5,
        subsample=0.9,
        random_state=34
    )
    return(mod)
```

现在建立 XGBoost 模型对象。

```
model = basic_model_gpu()
```

此时可以将 XGBoost 模型拟合到训练数据。我们可以注意一下使用 GPU 模式训练模型的速度和时间。

```
eval_set = [(ames_x_train, ames_y_train), (ames_x_valid, ames_y_valid)]
model.fit(ames_x_train, ames_y_train, eval_set=eval_set,
        early_stopping_rounds=30, eval_metric=["rmse", "mae"], verbose=True)
```

训练完成以后，可以评估并报告训练模型的性能，如图 6-9 所示。

```
train_score = mean_absolute_error(ames_y_train, model.predict(ames_x_train))
valid_score = mean_absolute_error(ames_y_valid, model.predict(ames_x_valid))

print('Train Mean:', round(ames_y_train['SalePrice'].mean(), 4))
print('Train MAE: ', round(train_score, 4))
print('Val Mean:', round(ames_y_valid['SalePrice'].mean(), 4))
print('Val MAE: ', round(valid_score, 4))
```

下面来观察训练迭代过程中的损失函数下降过程。plot_hist( )函数实现了在训练集和验证集两数据集上的误差估计，分别绘制了 MAE 和 RMSE 两个指标。

```
Train Mean: 181122.4442
Train MAE:  6209.3171
Val Mean: 180034.4972
Val MAE:  16461.5366
```

图 6-9　GPU 模式训练模型的评价

```
# Plot the learning procedures of the model.

def plot_hist(results, xsize=6, ysize=10):
    # Prepare plotting
    epochs = len(results['validation_0']['mae'])
    x_axis = range(0, epochs)
    fig_size = plt.rcParams["figure.figsize"]
    plt.rcParams["figure.figsize"] = [xsize, ysize]
    fig, axes = plt.subplots(nrows=4, ncols=4, sharex=True)

    # summarize history for MAE
    plt.subplot(211)
    plt.plot(results['validation_0']['mae'])
    plt.plot(results['validation_1']['mae'])
    plt.title('Training vs Validation MAE')
    plt.ylabel('MAE')
    plt.xlabel('Epoch')
    plt.legend(['Train', 'Validation'], loc='upper left')

    # summarize history for RMSE
    plt.subplot(212)
    plt.plot(results['validation_0']['rmse'])
    plt.plot(results['validation_1']['rmse'])
    plt.title('Training vs Validation Loss')
```

```
        plt.ylabel('RMSE')
        plt.xlabel('Epoch')
        plt.legend(['Train', 'Validation'], loc='upper left')

        # Plot it all in IPython (non-interactive)
        plt.draw()
        plt.show()

        return
results = model.evals_result()
plot_hist(results, xsize=8, ysize=12)
```

图 6-10 所示为 XGBoost 随迭代次数的损失函数衰减过程，从图中可以看到，验证集的误差下降过程慢于训练集，可见 XGBoost 的模型拟合能力可能不完全适合于本数据集。

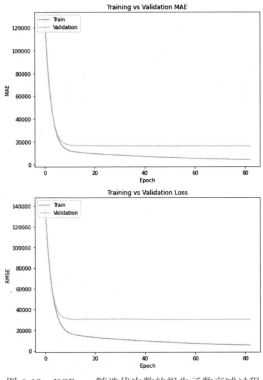

图 6-10　XGBoost 随迭代次数的损失函数衰减过程

我们将 XGBoost 模型的树状决策过程可视化表达出来，如图 6-11 所示。

```
# Plot the XGBoost tree

plt.rcParams['figure.figsize'] = [80, 40]
xgb.plot_tree(model, num_trees=0)
plt.show()
```

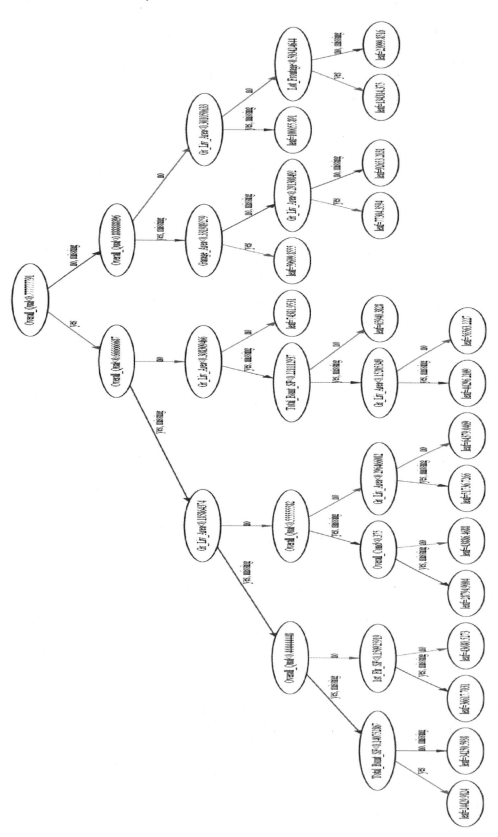

图 6-11 XGBoost 模型的树状决策过程

现在，再创建一个简单的基于 CPU 环境的 XGBoost 模型，然后再次运行进行试验。此处，读者注意一下使用 CPU 训练模型的速度或时间。

```python
def basic_model_cpu():
    mod = xgb.XGBRegressor(
        gamma=1,
        learning_rate=0.01,
        max_depth=5,
        n_estimators=10000,
        subsample=0.9,
        random_state=34
    )
    return(mod)

model_cpu = basic_model_cpu()
model_cpu


model_cpu.fit(ames_x_train, ames_y_train, eval_set=eval_set,
            early_stopping_rounds=30, eval_metric=["rmse", "mae"], verbose=True)


train_score = mean_absolute_error(ames_y_train, model_cpu.predict(ames_x_train))
valid_score = mean_absolute_error(ames_y_valid, model_cpu.predict(ames_x_valid))


print('Train Mean:', round(ames_y_train['SalePrice'].mean(), 4))
print('Train MAE: ', round(train_score, 4))
print('Val Mean:', round(ames_y_valid['SalePrice'].mean(), 4))
print('Val MAE: ', round(valid_score, 4))
```

图 6-12 所示的训练过程中，我们明显感觉基于 CPU 环境的模型训练要显著慢于基于 GPU 环境的模型训练。但对比图 6-12 和图 6-9 结果，两者的模型预测结果差异不大。

```
Train Mean: 181122.4442
Train MAE:    4656.7157
Val Mean: 180034.4972
Val MAE:   14750.1193
```

图 6-12　CPU 模式训练模型的评价

6.2.2　基于 Ames House Price 数据的深度神经网络案例

现在我们已经了解了 XGBoost 模型的性能，接下来引入深度神经网络模型，观察其在训练和预测上的优越性。深度神经网络模型基于 TensorFlow 库进行监理、训练和预测，先将相关库引入。

```python
import tensorflow as tf
from tensorflow.keras import metrics
from tensorflow.keras import regularizers
from tensorflow.keras.models import Sequential
```

```
from tensorflow.keras.layers import Dense, Dropout
from tensorflow.keras.optimizers import Nadam, RMSprop
```

然后对训练集和测试集做相应的数据结构调整，以适应深度神经网络的输入需要。

```
# Convert pandas data frames to np arrays.

arr_x_train = np.array(ames_x_train)
arr_y_train = np.array(ames_y_train)
arr_x_valid = np.array(ames_x_valid)
arr_y_valid = np.array(ames_y_valid)

print('Training shape:', arr_x_train.shape)
print('Training samples: ', arr_x_train.shape[0])
print('Validation samples: ', arr_x_valid.shape[0])
```

调整完的数据结构如图 6-13 所示。

为试验目的创建几个神经网络模型。第一个模型非常简单，由三层 Dense 和 RMSprop 优化器组成。

```
Training shape: (2051, 73)
Training samples:  2051
Validation samples:  879
```

图 6-13　训练集和验证集的数据结构

```
def basic_model_1(x_size, y_size):
    t_model = Sequential()
    t_model.add(Dense(100, activation="tanh", input_shape=(x_size,)))
    t_model.add(Dense(50, activation="relu"))
    t_model.add(Dense(y_size))
    t_model.compile(
        loss='mean_squared_error',
        optimizer=RMSprop(lr=0.001, rho=0.9, epsilon=1e-07, decay=0.0),
        metrics=[metrics.mae])
    return(t_model)
```

第二个模型使用 RMSprop 优化器，由 4 层 Dense 组成，并在第一层使用 0.2 的随机失活。

```
def basic_model_2(x_size, y_size):
    t_model = Sequential()
    t_model.add(Dense(100, activation="tanh", input_shape=(x_size,)))
    t_model.add(Dropout(0.2))
    t_model.add(Dense(180, activation="relu"))
    t_model.add(Dense(20, activation="relu"))
    t_model.add(Dense(y_size))
    t_model.compile(
        loss='mean_squared_error',
        optimizer=RMSprop(lr=0.001, rho=0.9, momentum=0.0, epsilon=1e-07,
decay=0.0,),
```

```
    metrics=[metrics.mae])
    return(t_model)
```

第三个模型是最复杂的，它使用 Nadam 优化器、随机失活和 L1/L2 正则化来进一步扩展了先前的模型。

```
def basic_model_3(x_size, y_size):
    t_model = Sequential()
    t_model.add(Dense(80, activation="tanh", kernel_initializer='normal',
input_shape=(x_size,)))
    t_model.add(Dropout(0.2))
    t_model.add(Dense(120, activation="relu", kernel_initializer='normal',
        kernel_regularizer=regularizers.l1(0.01), bias_regularizer=regular-
izers.l1(0.01)))
    t_model.add(Dropout(0.1))
    t_model.add(Dense(20, activation="relu", kernel_initializer='normal',
        kernel_regularizer=regularizers.l1_l2(0.01), bias_regularizer=regu-
larizers.l1_l2(0.01)))
    t_model.add(Dropout(0.1))
    t_model.add(Dense(10, activation="relu", kernel_initializer='normal'))
    t_model.add(Dropout(0.0))
    t_model.add(Dense(y_size))
    t_model.compile(
        loss='mean_squared_error',
        optimizer=Nadam(learning_rate=0.001, beta_1=0.9, beta_2=0.999, epsi-
lon=1e-07),
        metrics=[metrics.mae])
    return(t_model)
```

现在，使用上述函数之一创建可执行模型。运行下面的代码直到结束以获得结果，然后将 basic_model_1 更改为 basic_model_2 和 basic_model_3 并再次运行代码。比较三个模型产生的结果。

训练前，需要设置回调函数。

```
from tensorflow.keras.callbacks import EarlyStopping

keras_callbacks = [
    EarlyStopping(monitor='val_mean_absolute_error', patience=20, verbose=0)
]
```

拟合模型并记录培训和验证的历史。正如我们所指定的，EarlyStopping with patience = 20，如果运气好的话，训练将在不到 200 个时期内停止。

然后就可以运行下面的代码开始训练模型了。

```
history = model.fit(arr_x_train, arr_y_train,
    batch_size=64,
```

```
    epochs=500,
    shuffle=True,
    verbose=2,
    validation_data=(arr_x_valid, arr_y_valid),
callbacks=keras_callbacks)
```

先运行第一个模型，得到第一个模型的结构、预测误差评价和损失函数随迭代下降过程。

运行下面的代码，获得如图 6-14 所示的模型结构。

```
Model: "sequential"

_____
Layer (type)                 Output Shape              Param #
=================================================================
dense (Dense)                (None, 100)               7400

dense_1 (Dense)              (None, 50)                5050

dense_2 (Dense)              (None, 1)                 51
=================================================================
Total params: 12,501
Trainable params: 12,501
Non-trainable params: 0
_____
```

图 6-14　第一个模型的结构

```
model = basic_model_1(arr_x_train.shape[1], arr_y_train.shape[1])
model.summary()
```

然后开始模型的训练和预测，得到如图 6-15 所示的预测误差评价。

```
Train Mean: 181122.4442
Train MAE: 56667.1094 , Train Loss: 6299886592.0
Val Mean: 180034.4972
Val MAE: 59414.1133 , Val Loss: 6614334976.0
```

图 6-15　第一个模型的预测误差评价

```
# Evaluate and report performance of the trained model

train_score = model.evaluate(arr_x_train, arr_y_train, verbose=0)
valid_score = model.evaluate(arr_x_valid, arr_y_valid, verbose=0)

print('Train Mean:', round(ames_y_train['SalePrice'].mean(), 4))
print('Train MAE: ', round(train_score[1], 4), ', Train Loss: ', round(train_
score[0], 4))
print('Val Mean:', round(ames_y_valid['SalePrice'].mean(), 4))
print('Val MAE:', round(valid_score[1], 4), ', Val Loss:', round(valid_score[0], 4))
```

现在可以绘制训练历史，如图 6-16 所示，误差评价指标是在模型编译时定义的。请注意，图中显示的验证集误差小于训练误差，这非常具有欺骗性。其原因是，训练集误差是针对整个历元计算的（并且在开始时比结束时差得多），而验证误差是从最后一批（模型改进后）得出的。

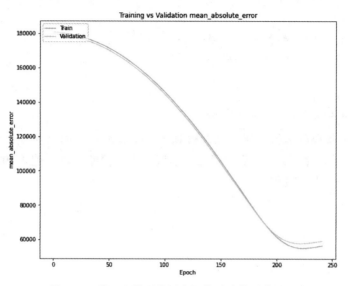

图 6-16　第一个模型的损失函数随迭代下降过程

```
def plot_hist(h, xsize=6, ysize=5):
    # Prepare plotting
    fig_size = plt.rcParams["figure.figsize"]
    plt.rcParams["figure.figsize"] = [xsize, ysize]

    # Get training and validation keys
    ks = list(h.keys())
    n2 = math.floor(len(ks)/2)
    train_keys = ks[0:n2]
    valid_keys = ks[n2:2* n2]

    # summarize history for different metrics
    for i in range(n2):
        plt.plot(h[train_keys[i]])
        plt.plot(h[valid_keys[i]])
        plt.title('Training vs Validation '+train_keys[i])
        plt.ylabel(train_keys[i])
        plt.xlabel('Epoch')
        plt.legend(['Train', 'Validation'], loc='upper left')
        plt.draw()
        plt.show()

    return
```

调用下面的代码绘制如图 6-16 所示的模型。

```
hist = pd.DataFrame(history.history)

# Optionally save history to a CSV file
# hist.to_csv('../logs/model1-hist.csv')

# Plot history
plot_hist(hist, xsize=10, ysize=8)
```

现在重复以上代码的运行，将模型调整到第二个深度神经网络模型。得到图 6-17 所示的第二个模型的结构，图 6-18 所示的第二个模型的预测误差评价，图 6-19 所示的第二个模型的损失函数随迭代下降过程。

```
Model: "sequential_2"

Layer (type)                  Output Shape             Param #
=================================================================
dense_7 (Dense)               (None, 100)              7400

dropout_1 (Dropout)           (None, 100)              0

dense_8 (Dense)               (None, 180)              18180

dense_9 (Dense)               (None, 20)               3620

dense_10 (Dense)              (None, 1)                21
=================================================================
Total params: 29,221
Trainable params: 29,221
Non-trainable params: 0
```

```
Train Mean: 181122.4442
Train MAE: 14538.8027 , Train Loss: 449616160.0
Val Mean: 180034.4972
Val MAE: 16636.2305 , Val Loss: 697639936.0
```

图 6-17　第二个模型的结构　　　　　　　　　图 6-18　第二个模型的预测误差评价

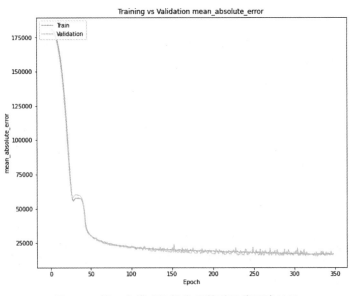

图 6-19　第二个模型的损失函数随迭代下降过程

现在运行第三个模型，同样获得图 6-20 所示的第三个模型的结构，图 6-21 所示的第三个模型的预测误差评价，图 6-22 所示的第三个模型的损失函数随迭代下降过程。

```
Model: "sequential_3"

Layer (type)                 Output Shape               Param #
=================================================================
dense_11 (Dense)             (None, 80)                 5920

dropout_2 (Dropout)          (None, 80)                 0

dense_12 (Dense)             (None, 120)                9720

dropout_3 (Dropout)          (None, 120)                0

dense_13 (Dense)             (None, 20)                 2420

dropout_4 (Dropout)          (None, 20)                 0

dense_14 (Dense)             (None, 10)                 210

dropout_5 (Dropout)          (None, 10)                 0

dense_15 (Dense)             (None, 1)                  11
=================================================================
Total params: 18,281
Trainable params: 18,281
Non-trainable params: 0
```

图 6-20　第三个模型的结构

```
Train Mean: 181122.4442
Train MAE:  14313.1133 , Train Loss:  462223840.0
Val Mean: 180034.4972
Val MAE:  16419.4512 , Val Loss:  731383104.0
```

图 6-21　第三个模型的预测误差评价

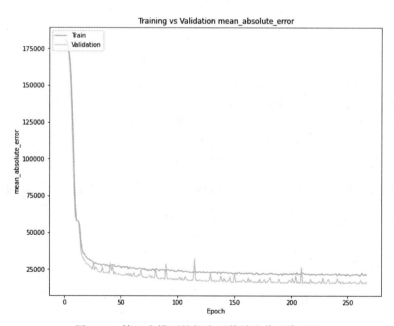

图 6-22　第三个模型的损失函数随迭代下降过程

综合以上三个模型的评价结果，可以看到第三个深度神经网络模型是最优模型。

6.3 卷积神经网络

在本节的内容中，我们将使用经典神经网络框架（TensorFlow 和 Keras）对 mnist 手写字图像数据集进行分类，并展示神经网络的建立过程，详细比较其他算法和卷积神经网络的运行效果，阐释卷积神经网络在图像识别方面的优势。

6.3.1 随机森林识别 mnist 数据集

首先，引入本次案例所需要的库，TensorFlow 是神经网络建立的相关库。

```
import math
import numpy as np
import pandas as pd
import matplotlib.pyplot as plt
import tensorflow as tf
```

以下代码提供了加载三个不同数据集（mnist、fashion_mnist 和 cifar10）的代码。本次案例研究只使用其中 mnist 数据集进行实验。具有多年历史的 mnist 数据集，更详细的介绍请参阅相关资料。

```
from tensorflow.keras.datasets import mnist

# Data parameters
img_rows, img_cols = 28, 28
channels = 1


num_classes = 10
class_names = ['zero', 'one', 'two', 'three', 'four', 'five',
               'six', 'seven', 'eight', 'nine']


# the data, shuffled and split between train and test sets
(x_train, y_train), (x_test, y_test) = mnist.load_data()
```

fashion_mnist 本质上与 mnist 相同，但目标识别对象从数字变成了具体对象。

```
from tensorflow.keras.datasets import fashion_mnist

# Data parameters
img_rows, img_cols = 28, 28
channels = 1


num_classes = 10
class_names = ['T-shirt/top', 'Trouser', 'Pullover', 'Dress', 'Coat',
               'Sandal', 'Shirt', 'Sneaker', 'Bag', 'Ankle boot']
```

```
# the data, shuffled and split between train and test sets
(x_train, y_train), (x_test, y_test) = fashion_mnist.load_data()
```

cifar10 是一个彩色图像数据集，对象主要是飞机、汽车、鸟、狗等动物和物体。

```
from tensorflow.keras.datasets import cifar10

# Data parameters
img_rows, img_cols = 32, 32
channels = 3

num_classes = 10
class_names = ['airplane', 'automobile', 'bird', 'cat', 'deer',
               'dog', 'frog', 'horse', 'ship', 'truck']

# the data, shuffled and split between train and test sets
(x_train, y_train), (x_test, y_test) = cifar10.load_data()
```

本次案例研究对象选择 mnist 数据集，将其划分为训练集和测试集。

```
from tensorflow.keras.utils import to_categorical

# Reshape images for processing
x_train = x_train.reshape(x_train.shape[0], img_rows, img_cols, channels)
x_test = x_test.reshape(x_test.shape[0], img_rows, img_cols, channels)

# Convert pipxel values to 8 bits
x_train = x_train.astype('float32')
x_test = x_test.astype('float32')
x_train /= 255
x_test /= 255

# convert class vectors to binary class matrices
y_train = to_categorical(y_train, num_classes)
y_test = to_categorical(y_test, num_classes)

print('Train shape: x=', x_train.shape, ', y=', y_train.shape)
print('Test shape: x=', x_test.shape, ', y=', y_test.shape)
```

将处理好的训练集可视化进行观察，自编的函数 plot_images( ) 如下。该函数主要实现了对多个图像的子图绘制。

```
# Create a function to plot images.
def plot_images(ims, figsize=(12,12), cols=1, interp=False, titles=None):
```

```
    if type(ims[0]) is np.ndarray:
        if (ims.shape[-1] ! = 3):
            ims = ims = ims[:,:,:,0]
    f = plt.figure(figsize=figsize)
    rows=len(ims)//cols if len(ims) % cols == 0 else len(ims)//cols + 1
    for i in range(len(ims)):
        sp = f.add_subplot(rows, cols, i+1)
        sp.axis('Off')
        if titles is not None:
            sp.set_title(titles[i], fontsize=16)
        plt.imshow(ims[i], interpolation=None if interp else 'none')
```

下面调用 plot_images() 函数绘制前 20 张训练集内的图片，以 5 张图片为一行进行排列。

```
plot_images(x_train[0:20], cols=5)
```

图 6-23 所示为 20 张 mnist 数据集图片，图中展示了形态各异的 10 个手写数字。

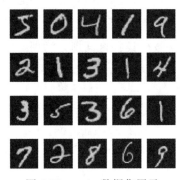

图 6-23　mnist 数据集展示

现在，建立一个随机森林分类器，并用之前切分的训练集来训练。

```
from sklearn.ensemble import RandomForestClassifier

# Data prep - flatten images
x_train_flat = x_train.reshape((len(x_train), -1))
x_test_flat = x_test.reshape((len(x_test), -1))

# Train classifier
clf = RandomForestClassifier(n_jobs=2, random_state=0)
clf.fit(x_train_flat, y_train)
```

训练完模型以后，计算该模型的评价指标，常用的评价指标有预测准确率和混淆矩阵等。

```
from sklearn.metrics import classification_report, accuracy_score
from sklearn.metrics import confusion_matrix, ConfusionMatrixDisplay
```

```
# Get classifer performance
y_train_pred = clf.predict(x_train_flat)
y_test_pred = clf.predict(x_test_flat)
print('\nTrain accuracy = ', accuracy_score(y_train, y_train_pred))
print('Valid accuracy = ', accuracy_score(y_test, y_test_pred))

# Prepare confusion matrix
y_pred_results = [class_names[np.argmax(x)] for x in y_test_pred]
y_true_results = [class_names[np.argmax(x)] for x in y_test]
cm = confusion_matrix(y_true_results, y_pred_results, labels=class_names)

fig_size = plt.rcParams["figure.figsize"]
plt.rcParams["figure.figsize"] = [10, 10]
cm_disp = ConfusionMatrixDisplay(cm, display_labels=class_names)
cm_disp.plot(values_format='d', cmap="viridis", ax=None, xticks_rotation="
vertical")
    plt.show()
```

随机森林算法在训练集上的分类准确率是 100%，测试集上达到了 90.53%。图 6-24 所示为随机森林算法的混淆矩阵，混淆矩阵的横轴是预测标签，纵轴是真实标签，所以矩阵主对角线上的数字意味着算法正确预测了标签。

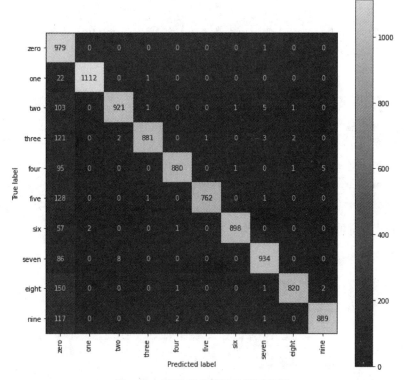

图 6-24　随机森林算法的混淆矩阵

6.3.2 卷积神经网络识别 mnist 数据集

下面建立一个简单的神经网络模型。同样引入 mnist 数据集，并做相应的数据结构预处理，将训练集和测试集分别调整形状为（60000, 784）和（10000, 784）的矩阵。

```
from tensorflow.keras.datasets import mnist
(x_train, _), (x_test, _) = mnist.load_data()

x_train = x_train.astype('float32') / 255.
x_test = x_test.astype('float32') / 255.
x_train = x_train.reshape((len(x_train), np.prod(x_train.shape[1:])))
x_test = x_test.reshape((len(x_test), np.prod(x_test.shape[1:])))
print(x_train.shape)
print(x_test.shape)
```

创建一个简单的神经网络结构，它包含的编码器和解码器是完全连接的单一模型，该模型将输入直接映射到输出层。

```
from tensorflow.keras.layers import Input, Dense
from tensorflow.keras.models import Model
from tensorflow.keras import regularizers

# this is our input placeholder
input_img = Input(shape=(784,))

# "encoded" is the encoded representation of the input using 32 nodes
encoded = Dense(32, activation='relu',
                activity_regularizer=regularizers.l1(0))(input_img)

# "decoded" is the lossy reconstruction of the input
decoded = Dense(784, activation='sigmoid')(encoded)

# this model maps an input to its reconstruction
autoencoder = Model(input_img, decoded)
autoencoder.summary()
```

图 6-25 所示为简单的神经网络结构。

```
Model: "model"

Layer (type)              Output Shape           Param #
=================================================================
input_1 (InputLayer)      [(None, 784)]          0

dense (Dense)             (None, 32)              25120

dense_1 (Dense)          (None, 784)             25872
=================================================================
Total params: 50,992
Trainable params: 50,992
Non-trainable params: 0
```

图 6-25　简单的神经网络结构

接下来，创建并训练模型。此处包含示例的回调函数和模型优化器设置。我们还可以使用不同的优化器及其参数进行试验，更多的关于回调函数和优化器的设置和介绍可以参见 TensorFlow 的官方文档。

回调函数：https：//www.tensorflow.org/api_docs/python/tf/keras/callbacks。

优化器：https：//www.tensorflow.org/api_docs/python/tf/keras/optimizers/。

```python
from tensorflow.keras.callbacks import TensorBoard, EarlyStopping, ModelCheckpoint
from tensorflow.keras.optimizers import SGD, RMSprop, Adadelta, Adam, Nadam

callbacks = [TensorBoard(log_dir='/tmp/autoencoder/simple-4', histogram_freq=1, write_graph=True, write_images=True,
                embeddings_freq=0, embeddings_layer_names=None, embeddings_metadata=None,
                profile_batch = 100000000),
            EarlyStopping(monitor='val_loss', patience=30, verbose=0)]

#We use RMSprop optimizer to train the model
opt_rmsprop = RMSprop(lr=0.001, rho=0.9, momentum=0.0, epsilon=1e-07)
#Other optimiers that can be used instead of RMSprop
#opt_adadelta_1 = Adadelta(lr=0.001, rho=0.95, epsilon=1e-07)
#opt_adadelta_2 = Adadelta(lr=0.05, rho=0.99, epsilon=1e-07)
#opt_adam = Adam(lr=0.001, beta_1=0.9, beta_2=0.999, epsilon=1e-07)

# the model fit x_train and compute the reconstruction error in comparision with
the same input data x_train.
autoencoder.compile(optimizer=opt_rmsprop, loss='binary_crossentropy')
hist = autoencoder.fit(x_train, x_train,
                epochs=500,
                batch_size=256,
                shuffle=True,
                validation_data=(x_test, x_test),
                callbacks=callbacks)
```

下面调用 plot_hist( )来回顾模型的训练过程，该函数实现绘制模型随迭代次数导致其损失函数的下降过程。

```python
def plot_hist(h, xsize=6, ysize=10):

    # Find what measurements were recorded
    meas = h.keys()

    # Prepare plotting
    fig_size = plt.rcParams["figure.figsize"]
```

```
    plt.rcParams["figure.figsize"] = [xsize, ysize]

    # Plot each measurement
    meas_list = []
    for m in meas:
        plt.plot(h[m])
        meas_list.append(m)

    # Add info to the plot
    ylab = ', '
    plt.ylabel(ylab.join(meas_list))
    plt.xlabel('epoch')
    plt.legend(meas_list) #, loc='upper left')
    plt.show()
    return

plot_hist(hist.history, xsize=8, ysize=5)
```

图 6-26 所示为简单的神经网络在 140 次迭代过程中损失函数的衰减过程。可以看到，在最初的几次迭代中，损失函数下降得非常快，之后损失函数下降速度逐渐减缓。训练集和测试集的曲线比较接近，这意味着模型的泛化能力是比较好的。

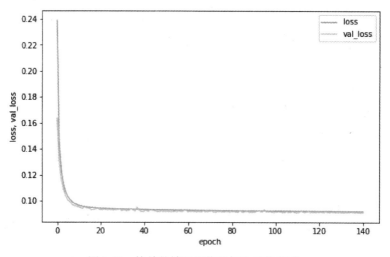

图 6-26　简单的神经网络的损失函数衰减

通过对比真实的测试集标签和预测标签，观察实际的预测效果。plot_image( ) 绘制了测试集图片和预测图片的对比。

```
def plot_image(x_test, decoded_imgs):
    n = 10   # how many digits we will display
    plt.figure(figsize=(20, 4))
```

```
for i in range(n):
    # display original
    ax = plt.subplot(2, n, i + 1)
    plt.imshow(x_test[i].reshape(28, 28))
    plt.gray()
    ax.get_xaxis().set_visible(False)
    ax.get_yaxis().set_visible(False)

    # display reconstruction
    ax = plt.subplot(2, n, i + 1 + n)
    plt.imshow(decoded_imgs[i].reshape(28, 28))
    plt.gray()
    ax.get_xaxis().set_visible(False)
    ax.get_yaxis().set_visible(False)
plt.show()


# encode and decode some digits
# note that we take them from the * test*  set
decoded_imgs = autoencoder.predict(x_test)
plot_image(x_test,decoded_imgs)
```

图 6-27 所示为简单的神经网络的真实测试集和预测结果标签的对比，第一排是真实的测试集图像，第二排是预测结果，可以看到两者是十分接近的，预测结果略有模糊。

图 6-27　简单的神经网络的真实测试集与预测结果标签的对比

我们再建立一个结构更加复杂的神经网络模型，此时的模型是一个含有多层 Dense 的编码器和解码器。

```
input_img = Input(shape=(784,))
encoded = Dense(128, activation='relu')(input_img)
encoded = Dense(64, activation='relu')(encoded)
encoded = Dense(32, activation='relu')(encoded)

decoded = Dense(64, activation='relu')(encoded)
decoded = Dense(128, activation='relu')(decoded)
decoded = Dense(784, activation='sigmoid')(decoded)
```

```
deep_autoencoder = Model(input_img, decoded)
deep_autoencoder.summary()
```

图 6-28 所示为含有 5 个隐含层的神经网络的结构。

```
Model: "model"
_____
Layer (type)                 Output Shape              Param #
=================================================================
input_1 (InputLayer)         [(None, 784)]             0
_____
dense (Dense)                (None, 128)               100480
_____
dense_1 (Dense)              (None, 64)                8256
_____
dense_2 (Dense)              (None, 32)                2080
_____
dense_3 (Dense)              (None, 64)                2112
_____
dense_4 (Dense)              (None, 128)               8320
_____
dense_5 (Dense)              (None, 784)               101136
=================================================================
Total params: 222,384
Trainable params: 222,384
Non-trainable params: 0
_____
```

图 6-28　多隐含层的神经网络模型

接下来，设置回调和优化器，并训练多隐含层的神经网络模型。

```
callbacks = [TensorBoard(log_dir='/tmp/autoencoder/deep-1', histogram_freq=
1, write_graph=True, write_images=True,
            embeddings_freq=0, embeddings_layer_names=None, embeddings_
metadata=None,
            profile_batch = 100000000),
            EarlyStopping(monitor='val_loss', patience=30, verbose=0)]

#We use Adadelta optimizer to train the model here but other optimizers can be
used instead
opt_adadelta_1 = Adadelta(lr=0.001, rho=0.95, epsilon=1e-07)

deep_autoencoder.compile(optimizer = opt_adadelta_1, loss =' binary_
crossentropy')
hist = deep_autoencoder.fit(x_train, x_train,
            epochs=300,
            batch_size=256,
            shuffle=True,
            validation_data=(x_test, x_test),
            callbacks=callbacks)
```

然后调用 plot_hist( )函数绘制多隐含层的神经网络模型的训练过程。

```
plot_hist(hist.history, xsize=8, ysize=5)
```

图 6-29 所示为多隐含层的神经网络模型在训练过程中损失函数下降的过程。由于模型结构更为复杂，所以训练所需要的迭代次数也增加了，但是其损失函数收敛程度却没有图 6-26 中的简单神经网络快。

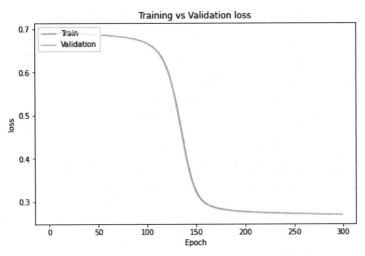

图 6-29　多隐含层的神经网络模型的损失函数衰减

然后用训练好的多隐含层的神经网络模型预测测试集上的标签，如图 6-30 所示。从图 6-30 中可以看到，多隐含层的神经网络模型的预测效果要比简单的神经网络的预测效果反而更差。

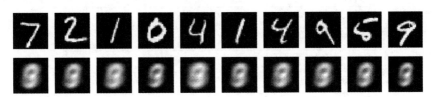

图 6-30　多隐含层的神经网络模型的测试集与预测结果的对比

现在，重新对训练集和测试集修改矩阵结构，以符合二维卷积神经网络的输入要求。

```python
from tensorflow.keras.utils import to_categorical


img_rows = 28
img_cols = 28
img_ch = 1


x_train = x_train.reshape(x_train.shape[0], img_rows, img_cols, img_ch)
x_test = x_test.reshape(x_test.shape[0], img_rows, img_cols, img_ch)
input_shape = (img_rows, img_cols, img_ch)


print(x_train.shape)
print(x_test.shape)
```

首先，建立二维卷积神经网络模型。在此建立的卷积神经网络结构非常复杂，其结构如图 6-31 所示。

```
Model: "model_1"

Layer (type)                    Output Shape              Param #
=================================================================
input_2 (InputLayer)            [(None, 28, 28, 1)]       0

conv2d (Conv2D)                 (None, 28, 28, 16)        160

batch_normalization (BatchNo    (None, 28, 28, 16)        64

leaky_re_lu (LeakyReLU)         (None, 28, 28, 16)        0

max_pooling2d (MaxPooling2D)    (None, 14, 14, 16)        0

conv2d_1 (Conv2D)               (None, 14, 14, 8)         1160

batch_normalization_1 (Batch    (None, 14, 14, 8)         32

leaky_re_lu_1 (LeakyReLU)       (None, 14, 14, 8)         0

max_pooling2d_1 (MaxPooling2    (None, 7, 7, 8)           0

conv2d_2 (Conv2D)               (None, 7, 7, 8)           584

batch_normalization_2 (Batch    (None, 7, 7, 8)           32

leaky_re_lu_2 (LeakyReLU)       (None, 7, 7, 8)           0

max_pooling2d_2 (MaxPooling2    (None, 4, 4, 8)           0

conv2d_3 (Conv2D)               (None, 4, 4, 8)           584

batch_normalization_3 (Batch    (None, 4, 4, 8)           32

leaky_re_lu_3 (LeakyReLU)       (None, 4, 4, 8)           0

up_sampling2d (UpSampling2D)    (None, 8, 8, 8)           0

conv2d_4 (Conv2D)               (None, 8, 8, 8)           584

batch_normalization_4 (Batch    (None, 8, 8, 8)           32

leaky_re_lu_4 (LeakyReLU)       (None, 8, 8, 8)           0

up_sampling2d_1 (UpSampling2    (None, 16, 16, 8)         0

conv2d_5 (Conv2D)               (None, 14, 14, 16)        1168

batch_normalization_5 (Batch    (None, 14, 14, 16)        64

leaky_re_lu_5 (LeakyReLU)       (None, 14, 14, 16)        0

up_sampling2d_2 (UpSampling2    (None, 28, 28, 16)        0

conv2d_6 (Conv2D)               (None, 28, 28, 1)         145
=================================================================
Total params: 4,641
Trainable params: 4,513
Non-trainable params: 128
```

图 6-31　卷积神经网络模型

```
# Model created, note these regularisations:
#  BatchNormalization prevents weight going very large or very small
#  LeakyReLU also ensures that weights do not get stuck in backpropagation
```

```python
from tensorflow.keras.layers import Input, Dense, Conv2D, MaxPooling2D
from tensorflow.keras.layers import UpSampling2D, BatchNormalization, LeakyReLU

input_img = Input(shape=input_shape)

x = Conv2D(16, (3, 3), padding='same')(input_img) # activation='relu'
x = BatchNormalization()(x)
x = LeakyReLU(alpha=.001)(x)
x = MaxPooling2D((2, 2), padding='same')(x)

x = Conv2D(8, (3, 3), padding='same')(x)
x = BatchNormalization()(x)
x = LeakyReLU(alpha=.001)(x)
x = MaxPooling2D((2, 2), padding='same')(x)

x = Conv2D(8, (3, 3), padding='same')(x)
x = BatchNormalization()(x)
x = LeakyReLU(alpha=.001)(x)
encoded = MaxPooling2D((2, 2), padding='same')(x)

# at this point the representation is (4, 4, 8) i.e.128-dimensional
# why is it so large, it should be much smaller for 10 digits?

x = Conv2D(8, (3, 3), padding='same')(encoded)
x = BatchNormalization()(x)
x = LeakyReLU(alpha=.001)(x)
x = UpSampling2D((2, 2))(x)

x = Conv2D(8, (3, 3), padding='same')(x)
x = BatchNormalization()(x)
x = LeakyReLU(alpha=.001)(x)
x = UpSampling2D((2, 2))(x)

x = Conv2D(16, (3, 3))(x)
x = BatchNormalization()(x)
x = LeakyReLU(alpha=.001)(x)
x = UpSampling2D((2, 2))(x)
decoded = Conv2D(1, (3, 3), activation='sigmoid', padding='same')(x)

convol_autoencoder = Model(input_img, decoded)
convol_autoencoder.summary()
```

其次，设置回调和优化器，开始对卷积神经网络训练。

```
callbacks = [TensorBoard(log_dir='/tmp/autoencoder/deep-4', histogram_freq=
1, write_graph=True, write_images=True,
              embeddings_freq=0, embeddings_layer_names=None, embeddings_
metadata=None,
              profile_batch = 100000000),
          EarlyStopping(monitor='val_loss', patience=30, verbose=0)]


opt_nadam = Nadam(lr=0.001, beta_1=0.9, beta_2=0.999, epsilon=1e-07)

convol_autoencoder.compile(optimizer=opt_nadam, loss='binary_crossentropy')
hist = convol_autoencoder.fit(x_train, x_train,
              epochs=200,
              batch_size=128,
              shuffle=True,
              validation_data=(x_test, x_test),
              callbacks=callbacks)
```

然后绘制卷积神经网络的训练过程。图 6-32 所示为卷积神经网络模型的损失函数衰减过程，对比图 6-29 中的多隐含层的神经网络模型的损失函数衰减，卷积神经网络更好地对训练集和验证集数据进行了拟合，loss 最终下降到了 0.08 附近。

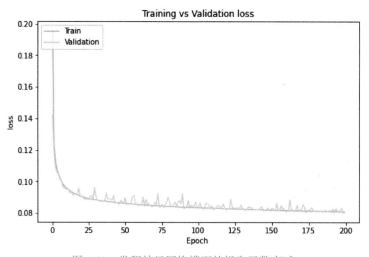

图 6-32　卷积神经网络模型的损失函数衰减

```
# Plot training performance
plot_hist(hist.history, xsize=8, ysize=5)
```

调用测试集测试一下训练好的卷积神经网络模型的性能，并绘制结果对比真实标签。

```
decoded_imgs = convol_autoencoder.predict(x_test)
plot_image(x_test,decoded_imgs)
```

图 6-33 的第一行展示了真实的测试集图像，第二行展示了卷积神经网络预测的图像，可以看到两者十分接近。对比图 6-27 中的简单的神经网络的预测结果可知，卷积神经网络预测性能更强。

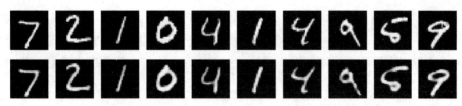

图 6-33　卷积神经网络模型的测试集与预测结果的对比

6.3.3　卷积神经网络识别带有噪声的 mnist 数据集

让我们看看现在卷积神经网络模型是否可以从噪声数字恢复原始图像。先生成一些噪音图像数据。

```
#Introduce some noise in both training and test data sets
noise_factor = 0.5
x_train_noisy = x_train + noise_factor * np.random.normal(loc=0.0, scale=1.0, size=x_train.shape)
x_test_noisy = x_test + noise_factor * np.random.normal(loc=0.0, scale=1.0, size=x_test.shape)

x_train_noisy = np.clip(x_train_noisy, 0., 1.)
x_test_noisy = np.clip(x_test_noisy, 0., 1.)
```

将这些带有噪声的数据可视化展示。

```
#This is what noisy MNIST look like
n = 10
plt.figure(figsize=(20, 2))
for i in range(n):
    ax = plt.subplot(1, n, i+1)
    plt.imshow(x_test_noisy[i].reshape(28, 28))
    plt.gray()
    ax.get_xaxis().set_visible(False)
    ax.get_yaxis().set_visible(False)
plt.show()
```

图 6-34 所示为带有噪声的 mnist 数据，可以看到图像上有许多雪花点。

图 6-34　带有噪声的 mnist 数据

将训练好的卷积神经网络用以预测带有噪声的图像。

```
decoded_noisy_imgs = convol_autoencoder.predict(x_test_noisy)
plot_image(x_test_noisy,decoded_noisy_imgs)
```

图 6-35 所示为卷积神经网络模型对有噪声的测试集与预测结果的对比，可以看到对于有噪声的图像，即使是图 6-32 中表现优越的卷积神经网络，预测结果也不太乐观。这就促使我们进一步思考在卷积神经网络中增加滤波层等方法，对带有噪声的图像数据进行训练和预测。

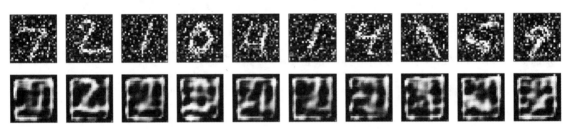

图 6-35　卷积神经网络模型对有噪声的测试集与预测结果的对比

扩展用于特征检测的滤波器的数量并在噪声数据上重新训练卷积神经网络可以让它从噪声图像重建测试数据。我们在下面的代码中演示了这一点。

```
# Deep autoencoder with extra kernels:
input_img = Input(shape=input_shape)

x = Conv2D(32, (3, 3), padding='same')(input_img) # activation='relu'
x = MaxPooling2D((2, 2), padding='same')(x)

x = Conv2D(32, (3, 3), padding='same')(x)
encoded = MaxPooling2D((2, 2), padding='same')(x)

# at this point the representation is (7, 7, 32)

x = Conv2D(32, (3, 3), padding='same')(encoded)
x = UpSampling2D((2, 2))(x)

x = Conv2D(32, (3, 3), padding='same')(x)
x = UpSampling2D((2, 2))(x)
decoded = Conv2D(1, (3, 3), activation='sigmoid', padding='same')(x)

autoencoder = Model(input_img, decoded)
autoencoder.summary()
```

图 6-36 所示为具有噪声滤波功能的卷积神经网络模型的结构。

我们再一次设置回调函数和优化器，训练具有噪声滤波功能的卷积神经网络模型。

```
Model: "model_2"

Layer (type)                 Output Shape            Param #
=================================================================
input_3 (InputLayer)         [(None, 28, 28, 1)]     0

conv2d_7 (Conv2D)            (None, 28, 28, 32)      320

max_pooling2d_3 (MaxPooling2 (None, 14, 14, 32)      0

conv2d_8 (Conv2D)            (None, 14, 14, 32)      9248

max_pooling2d_4 (MaxPooling2 (None, 7, 7, 32)        0

conv2d_9 (Conv2D)            (None, 7, 7, 32)        9248

up_sampling2d_3 (UpSampling2 (None, 14, 14, 32)      0

conv2d_10 (Conv2D)           (None, 14, 14, 32)      9248

up_sampling2d_4 (UpSampling2 (None, 28, 28, 32)      0

conv2d_11 (Conv2D)           (None, 28, 28, 1)       289
=================================================================
Total params: 28,353
Trainable params: 28,353
Non-trainable params: 0
```

图 6-36　具有噪声滤波功能的卷积神经网络模型

```
callbacks = [EarlyStopping(monitor='val_loss', patience=20, verbose=0)]

opt_rmsprop = RMSprop(lr=0.005, rho=0.95, momentum=0.01, epsilon=1e-07)

autoencoder.compile(optimizer=opt_rmsprop, loss='binary_crossentropy')
hist = autoencoder.fit(x_train_noisy, x_train,
                epochs=100,
                batch_size=128,
                shuffle=True,
                validation_data=(x_test_noisy, x_test),
                callbacks=callbacks)
```

将具有噪声滤波功能的卷积神经网络模型的训练过程可视化展示，如图 6-37 所示。

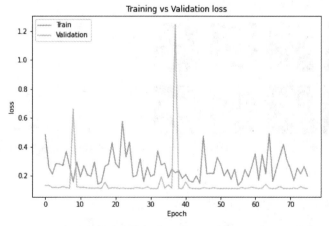

图 6-37　具有噪声滤波功能的卷积神经网络模型的损失函数衰减

```
plot_hist(hist.history, xsize=8, ysize=5)
```

训练完具有噪声滤波功能的卷积神经网络模型后，再看看现在是否可以从噪声中恢复原始图像。此时先得到具有噪声滤波功能的卷积神经网络模型对带有噪声的测试集的预测数据。

```
# encode and decode some digits from the test set
decoded_noisy_imgs = autoencoder.predict(x_test_noisy)
```

绘制没有噪声的原始测试集数据，如图 6-38 所示。

```
#Original images
plot_images(x_test[0:10], cols=5, xsize=12, ysize=5)
```

再绘制在该原始测试集上加上噪声的数据，如图 6-39 所示。

图 6-38　没有噪声的原始测试集数据　　　　　图 6-39　带有噪声的原始测试集数据

```
#Images with injected noise
plot_images(x_test_noisy[0:10], cols=5, xsize=12, ysize=5)
```

现在可以绘制具有噪声滤波功能的卷积神经网络模型对带有噪声的测试集的预测数据了，如图 6-40 所示。

```
#Denoised images
plot_images(decoded_noisy_imgs[0:10], cols=5, xsize=12, ysize=5)
```

编制两个函数分别用于计算原始图像和预测图像的 MAE，该指标是误差衡量指标。分别计算原始图像对带有噪声图像的 MAE 和原始图像对去噪后图像的 MAE，会发现去噪后图像的 MAE 从 0.20401 降低到了 0.04641，如图 6-41 所示，这意味着此处构建的具有噪声滤波功能的卷积神经网络模型是十分有效的。

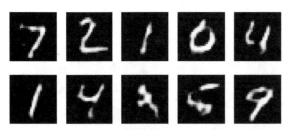

```
Original vs noisy MAE    =    0.20401
Original vs denoised MAE =    0.04641
```

图 6-40　具有噪声滤波功能的卷积神经网络　　　　图 6-41　原始图像和预测图像的误差
　　　　模型对带有噪声的测试集的预测数据

```
def mae_images(images1, images2):
    return np.abs(np.subtract(images1, images2)).mean()
```

6.4 循环神经网络

本节讲解神经网络模型的另一种经典形式——循环神经网络,并以美股的日频率数据作为研究对象,着重介绍时间序列分析中十分经典的一种循环神经网络——GRU 模型。本节案例围绕着 GRU 模型建立、训练和预测逐步展开。

6.4.1 时间序列的可视化与特征分析

首先,引入本次研究所需要的库,其中 GRU 是 Keras 模块中的对象。

```
import matplotlib.pyplot as plt
import seaborn as sns
import numpy as np
import pandas as pd
import os
import math
from sklearn.preprocessing import StandardScaler, MinMaxScaler
from sklearn.preprocessing import OneHotEncoder
from sklearn.impute import SimpleImputer
import tensorflow as tf
from tensorflow.keras import metrics
from tensorflow.keras import regularizers
from tensorflow.keras.models import Sequential
from tensorflow.keras.layers import Input, Dense, GRU, Embedding, BatchNormalization
from tensorflow.keras.layers import Conv2D, MaxPooling2D, Dropout, Flatten, Activation
from tensorflow.keras.optimizers import Adam, Nadam, RMSprop, SGD, Adadelta
from tensorflow.keras.callbacks import EarlyStopping, ModelCheckpoint, TensorBoard, ReduceLROnPlateau
from tensorflow.keras.backend import square, mean
from tensorflow.keras.models import load_model
```

然后加载本次研究需要的数据 Stocks.csv。打印数据集的前 5 行,图 6-42 所示为美股数据的基本情况,其中 Date 一列是相关股票的日期,从图中可以看到采集的价格数据是以每日中午 12 点为准的记录。

```
              Date    Day      HPQ  ...      ADBE       AMZN       AAPL
0  1/4/10 12:00 AM  14612  23.819256  ...  37.090000  133.899994  30.572857
1  1/5/10 12:00 AM  14613  23.919165  ...  37.700001  134.690002  30.625713
2  1/6/10 12:00 AM  14614  23.696640  ...  37.619999  132.250000  30.138571
3  1/7/10 12:00 AM  14615  23.705723  ...  36.889999  130.000000  30.082857
4  1/8/10 12:00 AM  14616  23.882833  ...  36.689999  133.520004  30.282858

[5 rows x 10 columns]
```

图 6-42 观察 Stocks.csv 数据集

```
stock = pd.read_csv('Stocks.csv')
print('Stock data shape: ', stock.shape)
print('Date from: ', stock['Date'].min(), 'to: ', stock['Date'].max())
stock.head()
```

此处以苹果公司的股票价格为例，绘制线形图，如图 6-43 所示。

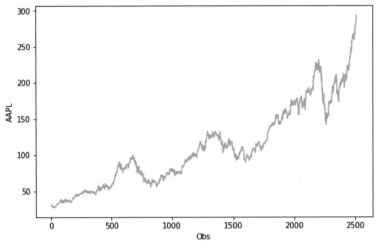

图 6-43　苹果公司股票走势

```
plt.plot(stock.AAPL)
plt.xlabel('Obs')
plt.ylabel('AAPL')
```

现在从美股数据集中切分自变量和应变量。以 HPQ，GOOGL，MSFT，IBM，INTC，ADBE，AMZN 作为自变量，以 AAPL 为应变量构建模型的数据集，并观察自变量的统计性描述，如图 6-44 所示。

```
               HPQ         GOOGL   ...          ADBE          AMZN
count  2516.000000   2516.000000   ...   2516.000000   2516.000000
mean     16.078941    652.111853   ...    104.480763    676.207079
std       4.776089    328.755875   ...     84.966762    580.440707
min       5.317893    218.253250   ...     22.690001    108.610001
25%      12.189729    317.869110   ...     34.274999    227.597496
50%      15.887779    570.769989   ...     72.904999    375.140015
75%      19.865320    947.542480   ...    143.597496    967.847488
max      26.420000   1362.469971   ...    331.200012   2039.510010

[8 rows x 7 columns]
```

图 6-44　自变量的统计性描述

```
target_stock = ['AAPL']
measurements = ['HPQ','GOOGL','MSFT','IBM','INTC','ADBE','AMZN']
target_meas = ['MaxTemp']
horizon = 2
```

```
# Select stock
sel_stock = stock[measurements]
df_targets= stock[target_stock]
print('Selected stock: ', ', '.join(target_stock))
print('Selected data shape: ', sel_stock.shape)
sel_stock.describe(include='all')
```

现在对选中的自变量数据做一些常规的数据预处理。首先，观察是否存在空值，按照空值数量降序排列，如图 6-45 所示。

```
print('Records: \t', len(sel_stock))
missing = sel_stock.isnull().sum()
print(missing.sort_values(ascending=False))
```

现在开始切分训练集和测试集，70%的数据切分为训练集，剩余 30%是测试集。打印切分后的结果，看到 2514 个样本中，1759 个样本是训练集，755 个是测试集，如图 6- 46 所示。

```
Records:     2516
AMZN    0
ADBE    0
INTC    0
IBM     0
MSFT    0
GOOGL   0
HPQ     0
dtype: int64
```

```
Original x shape: (2514, 7) , New x shape: (1759, 7) (755, 7)
Original y shape: (2514, 1) , New y shape: (1759, 1) (755, 1)
```

图 6-45　观察股票的空值　　　　　图 6-46　训练集和测试集样本规模

```
# Correct predictors x and targets/labels y for the horizon shift
x_data = sel_stock.values[0:-horizon]
y_data = df_targets.values[:-horizon]

# Calculate training and testing partition sizes
num_data = len(x_data)
train_split = 0.7
num_train = int(train_split * num_data)
num_test = num_data - num_train

# Define boundaries for training and testing
x_train = x_data[0:num_train]
x_test = x_data[num_train:]
y_train = y_data[0:num_train]
y_test = y_data[num_train:]

# Identify time events to be used in training
num_x_events = x_data.shape[1]
```

```
num_y_events = y_data.shape[1]

    print("Original x shape:", x_data.shape, ", New x shape:", x_train.shape, x_
test.shape)
    print("Original y shape:", y_data.shape, ", New y shape:", y_train.shape, y_
test.shape)
```

下一步是运用 MinMaxScaler( ) 函数对训练集和测试集的特征进行归一化处理。图 6-47 所示为特征归一化前后的比较，归一化后训练集和测试集的数值范围被映射到 0~1 区间。

```
Before train x scaling - Min: 5.317893028259277 , Max: 844.3599853515625
Before test x scaling - Min: 14.579999923706055 , Max: 2039.510009765625
After train x scaling - Min: 0.0 , Max: 1.0
After test x scaling - Min: 0.0 , Max: 1.0
```

图 6-47　特征归一化前后比较

```
    print("Before train x scaling - Min:", np.min(x_train), ", Max:", np.max(x_
train))
    print("Before test x scaling - Min:", np.min(x_test), ", Max:", np.max(x_test))
    x_scaler = MinMaxScaler(feature_range=(0, 1), copy=True)
    x_train_scaled = x_scaler.fit_transform(x_train).clip(0, 1)
    x_test_scaled = x_scaler.transform(x_test).clip(0, 1)
    print("After train x scaling - Min:", np.min(x_train_scaled), ", Max:", np.max
(x_train_scaled))
    print("After test x scaling - Min:", np.min(x_test_scaled), ", Max:", np.max(x_
test_scaled))
```

同理，对预测标签 y 也进行归一化处理，结果如图 6-48 所示。

```
Before train y scaling - Min: 27.43571472167969 , Max: 133.0
Before test y scaling - Min: 115.81999969482422 , Max: 289.9100036621094
After train y scaling - Min: 0.0 , Max: 1.0
After test y scaling - Min: 0.8372555617661721 , Max: 2.4863928955556895
```

图 6-48　预测标签的归一化处理对比

```
    print("Before train y scaling - Min:", np.min(y_train), ", Max:", np.max(y_
train))
    print("Before test y scaling - Min:", np.min(y_test), ", Max:", np.max(y_test))
    # y_scaler = MinMaxScaler(feature_range=(0, 1), copy=True)
    y_scaler = x_scaler
    y_train_scaled = y_scaler.fit_transform(y_train)
    y_test_scaled = y_scaler.transform(y_test)
    print("After train y scaling - Min:", np.min(y_train_scaled), ", Max:", np.max
(y_train_scaled))
    print("After test y scaling - Min:", np.min(y_test_scaled), ", Max:", np.max(y_
test_scaled))
```

6.4.2　GRU 网络结构设计

数据集处理完后，可以开始着手设计 GRU 模型的结构了。首先定义一个训练所需要的损失函数。loss_mse_warmup( )函数的功能是将去掉的一部分热启动所需消耗数据后的剩余数据进行 mse 评价。

```
# The shape of both input tensors are: [batch_size, sequence_length, num_y_
events]
def loss_mse_warmup(y_true, y_pred):
    # Ignore the "warmup" parts of the sequences
    y_true_slice = y_true[:, warmup_steps:, :]
    y_pred_slice = y_pred[:, warmup_steps:, :]
    mse = mean(square(y_true_slice - y_pred_slice))
    return mse
```

然后设计 GRU 模型，此处以 Sequential 模型为基础，增加 GRU 层和 BatchNormalization 层。

```
def rnn_model_gru_sigmoid_1(num_x_events, num_y_events):
    model = Sequential()
    model.add(GRU(units=128,
                  return_sequences=True,
                  input_shape=(None, num_x_events,)))
    model.add(BatchNormalization())
    model.add(GRU(units=64,
                  return_sequences=True))
    model.add(BatchNormalization())
    model.add(Dense(num_y_events, activation='sigmoid'))
    model.summary()
    return(model)
```

再定义一系列的回调函数，用以记录和控制模型的训练过程。

```
path_checkpoint = './gru_checkpoints/'

callback_checkpoint = ModelCheckpoint(filepath=path_checkpoint,
        monitor='val_loss',
        verbose=1,
        save_weights_only=True,
        save_best_only=True)

callback_early_stopping = EarlyStopping(monitor='val_loss',
        patience=10, verbose=1)

callback_tensorboard = TensorBoard(log_dir='./gru_logs/',
        histogram_freq=0,
```

```
                    write_graph=False)


    # This callback reduces the learning-rate if the validation-loss has not im-
proved as defined by 'patience'.
    # The learning-rate will be reduced by a 'factor' (by multiplying) but no more
than 'min_lr'.
    callback_reduce_lr = ReduceLROnPlateau(monitor='val_loss',
            factor=0.3,
            min_lr=1e-4,
            patience=5,
            min_delta = 1e-3,
            verbose=1)


    keras_callbacks = [
            callback_early_stopping,
            #callback_tensorboard,
            callback_reduce_lr,
            callback_checkpoint
    ]
```

接着定义一系列的优化器函数以备用。

```
    opt_sgd_1 = SGD(lr=0.01, momentum=0.1, nesterov=False)
    opt_sgd_2 = SGD(lr=0.05, momentum=0.1, nesterov=False) # Good results
with ReduceLROnPlateau
    opt_rmsprop_1 = RMSprop(lr=0.005, rho=0.9, decay=0.05, epsilon=1e-07)
    opt_rmsprop_2 = RMSprop(lr=0.01, rho=0.9, decay=0.1, epsilon=1e-07)
    opt_adadelta_1 = Adadelta(lr=0.001, rho=0.95, epsilon=1e-07)
    opt_adadelta_2 = Adadelta(lr=0.01, rho=0.99, epsilon=1e-07)
    opt_adam_1 = Adam(lr=0.001, beta_1=0.9, beta_2=0.999, epsilon=1e-07)
    opt_adam_2 = Adam(lr=0.005, beta_1=0.85, beta_2=0.999, epsilon=1e-07)
    opt_nadam = Nadam(lr=0.001, beta_1=0.7, beta_2=0.95, epsilon=1e-07)
```

最后设置网络结构，代入优化器和评价矩阵，并且初始化 GRU 模型。编译后的 GRU 模型如图 6-49 所示。

```
Model: "sequential_3"

Layer (type)                   Output Shape              Param #
=================================================================
gru_6 (GRU)                    (None, None, 128)         52608

batch_normalization_6 (Batch   (None, None, 128)         512

gru_7 (GRU)                    (None, None, 64)          37248

batch_normalization_7 (Batch   (None, None, 64)          256

dense_3 (Dense)                (None, None, 1)           65
=================================================================
Total params: 90,689
Trainable params: 90,305
Non-trainable params: 384
```

图 6-49　GRU 模型的结构

```
# Start collecting history, in case we train the model iteratively
rnn_hist = start_hist()


model = rnn_model_gru_sigmoid_1(num_x_events, num_y_events)
model.compile(loss=loss_mse_warmup, optimizer=opt_rmsprop_2, metrics=[met-
rics.mae])
```

6.4.3　模型训练与预测

编译完模型，接下来就可以开始设定模型训练所需要的参数了。其中 batch_size 是批处理数据的大小。

```
#Process 30 sequences before updating the model.
batch_size = 30
#The length of each time series sequences/input dimenions.
sequence_length = 50
#Train times for model
epochs = 100
```

再定义一个批生成器，把时间序列数据按照 sequence_length 打包成 batch_size 个包，用以后续的模型训练。

```
def batch_generator(batch_size, sequence_length):
    while True:
        # Allocate a new array for the batch of input-events.
        x_shape = (batch_size, sequence_length, num_x_events)
        x_batch = np.zeros(shape=x_shape, dtype=np.float16)


        # Allocate a new array for the batch of output-events.
        y_shape = (batch_size, sequence_length, num_y_events)
        y_batch = np.zeros(shape=y_shape, dtype=np.float16)


        # Fill the batch with random sequences of data.
        for i in range(batch_size):
            # Get a random start-index.
            # This points somewhere into the training-data.
            idx = np.random.randint(num_train - sequence_length)


            # Copy the sequences of data starting at this index.
            x_batch[i] = x_train_scaled[idx:idx+sequence_length]
            y_batch[i] = y_train_scaled[idx:idx+sequence_length]


        yield (x_batch, y_batch)
```

初始化这个批生成器。

```
generator = batch_generator(batch_size=batch_size, sequence_length=sequence_
length)
```

然后定义验证集数据。

```
validation_data = (np.expand_dims(x_test_scaled, axis=0),
                   np.expand_dims(y_test_scaled, axis=0))
```

代入之前生成的批生成器、训练迭代次数、验证集数据和回调函数，开始训练模型。

```
perform_indics = model.fit(x=generator,
        epochs=epochs,
        steps_per_epoch=steps_per_epoch,
        validation_data=validation_data,
        callbacks=keras_callbacks,
        verbose=2
        )
```

定义 collect_hist( )函数，该函数是将训练时打包处理的数据生成的片段历史记录重新连接起来变成连续完成的时间序列。

```
# Adds more performance indicators to history
def collect_hist(accum_hist, next_hist):
    # Get all keys
    keys = list(next_hist.keys())
    for k in keys:
        if k in accum_hist:
            accum_hist[k].extend(next_hist[k])
        else:
            accum_hist[k] = next_hist[k]
    return accum_hist
```

调用 collect_hist( )函数，生成完成的训练历史记录。

```
# Add performance history
rnn_hist = collect_hist(rnn_hist, perform_indics.history)
```

定义 plot_hist( )函数，该函数用于绘制训练集和验证集在随模型训练迭代次数变化中的损失函数衰减过程，其中绘制的图像指标由传入的历史数据决定。

```
def plot_hist(h, xsize=6, ysize=5):
    # Prepare plotting
    fig_size = plt.rcParams["figure.figsize"]
    plt.rcParams["figure.figsize"] = [xsize, ysize]

    # Get training and validation keys
    ks = list(h.keys())
    n2 = math.floor(len(ks)/2)
```

```
    train_keys = ks[0:n2]
    valid_keys = ks[n2:2* n2]


    # summarize history for different metrics
    for i in range(n2):
        plt.plot(h[train_keys[i]])
        plt.plot(h[valid_keys[i]])
        plt.title('Training vs Validation '+train_keys[i])
        plt.ylabel(train_keys[i])
        plt.xlabel('Epoch')
        plt.legend(['Train', 'Validation'], loc='upper left')
        plt.draw()
        plt.show()


    return


plot_hist(rnn_hist, xsize=10, ysize=8)
```

本次模型训练代入的默认评价指标是由 loss_mse_warmup( ) 函数定义的 MSE，另一个是由 metrics 参数设定的 MAE，调用 plot_hist( ) 函数后就生成了这两张图，分别为如图 6-50 所示的 MSE 和如图 6-51 所示的 MAE。从图中可以看到，验证集的误差比训练集的误差高一些。

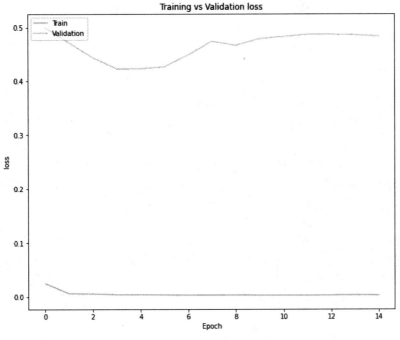

图 6-50　默认损失函数的衰减过程

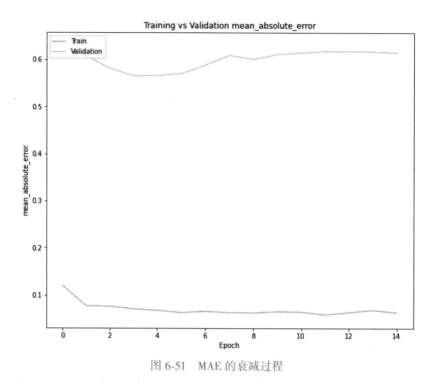

图 6-51　MAE 的衰减过程

　　为了进一步观察模型训练和预测的情况，将训练和预测的时间序列绘制出来进行观察。首先绘制在训练集上的模型预测结果。

```
x = x_train_scaled
y_true = y_train_scaled

# Input-events for the model.
x = np.expand_dims(x, axis=0)

# Use the model to predict the output-events.
y_pred = model.predict(x)

# Get the true output-event from the data-set.
event_true = y_true
print(event_true.shape)

# For each output-event.
# Get the output-event predicted by the model.
event_pred = y_pred
event_pred=event_pred.reshape(np.size(event_true))

# Make the plotting-canvas bigger.
```

```
plt.figure(figsize=(15,5))

# Plot and compare the two events.
plt.plot(event_true, label='true')
plt.plot(event_pred, label='pred')

# Plot grey box for warmup-period.
p = plt.axvspan(0, warmup_steps, facecolor='black', alpha=0.15)

plt.legend()
plt.show()
```

图 6-52 所示为 GRU 模型在训练集上的时间序列拟合情况，从图上看变色线对灰色线的拟合情况尚可，基本围绕着灰色线的趋势变化。

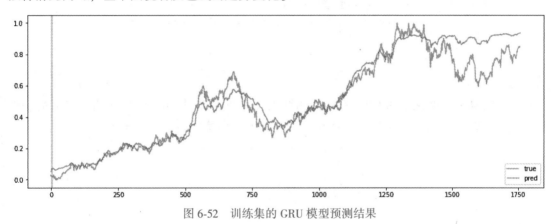

图 6-52　训练集的 GRU 模型预测结果

现在再把测试集的数据输入到训练好的 GRU 模型中预测，并与真实的预测集标签进行比较。

```
x = x_test_scaled
y_true = y_test_scaled

# Input-events for the model.
x = np.expand_dims(x, axis=0)

# Use the model to predict the output-events.
y_pred = model.predict(x)

# Get the true output-event from the data-set.
event_true = y_true
print(event_true.shape)
```

```
# For each output-event.
# Get the output-event predicted by the model.
event_pred = y_pred
event_pred=event_pred.reshape(np.size(event_true))


# Make the plotting-canvas bigger.
plt.figure(figsize=(15,5))


# Plot and compare the two events.
plt.plot(event_true, label='true')
plt.plot(event_pred, label='pred')


# Plot grey box for warmup-period.
p = plt.axvspan(0, warmup_steps, facecolor='black', alpha=0.15)


plt.legend()
plt.show()
```

图 6-53 所示为测试集的 GRU 模型预测结果，从图中看到 GRU 模型在测试集上的表现不佳，这也基本符合图 6-50 和图 6-51 中测试集误差和训练集误差的差异。

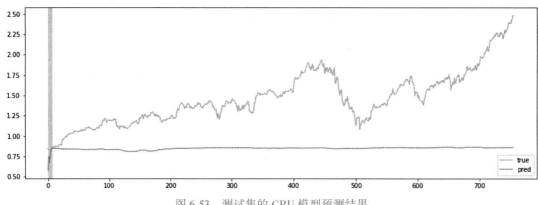

图 6-53　测试集的 GRU 模型预测结果

第 7 章　自然语言处理

本章介绍基于 Python 的 nltk 包进行自然语言处理（NLP）相关的研究和分析，包括常见的文本数据处理技术，文本数据的分析、挖掘和可视化，以及文本主题建模。这几方面由浅入深逐步体现了人工智能算法在文本数据方面的感知和认知。

7.1　常用的文本处理技巧

本节主要讲解针对本文数据的一些常用处理技巧，在讲解本文处理之前，在 Python 命令提示符中运行以下两个命令，安装 nltk 包，并下载相关的文本数据集。

```
import nltk
nltk.download('book')
```

将数据下载到本地计算机上后，就可以加载其中的一些数据。

```
from nltk.book import *
```

7.1.1　文本数据展示和基本性质观察

任何时候用户想要了解这些文本，只需要在 Python 提示符下输入它们的名称并打印，如图 7-1 所示。

```
<Text: Moby Dick by Herman Melville 1851>
<Text: Sense and Sensibility by Jane Austen 1811>
```

图 7-1　nltk 文本

```
print(text1)
print(text2)
```

除了简单地阅读文本外，还有许多方法可以检查文本的上下文。关联视图展示了给定单词的每一次出现，以及一些上下文。

此处，我们在 text1 中通过调用 .concordance( ) 方法，然后输入 monstrous 来查找"怪物"一词。

```
text1.concordance("monstrous")
```

图 7-2 所示为返回的在 text1 中查找 monstrous 的结果。

```
Displaying 11 of 11 matches:
ong the former , one was of a most monstrous size . ... This came towards us ,
ON OF THE PSALMS . " Touching that monstrous bulk of the whale or ork we have r
ll over with a heathenish array of monstrous clubs and spears . Some were thick
d as you gazed , and wondered what monstrous cannibal and savage could ever hav
that has survived the flood ; most monstrous and most mountainous ! That Himmal
they might scout at Moby Dick as a monstrous fable , or still worse and more de
th of Radney .'" CHAPTER 55 Of the Monstrous Pictures of Whales . I shall ere l
ing Scenes . In connexion with the monstrous pictures of whales , I am strongly
ere to enter upon those still more monstrous stories of them which are to be fo
ght have been rummaged out of this monstrous cabinet there is no telling . But
of Whale - Bones ; for Whales of a monstrous size are oftentimes cast up dead u
```

图 7-2　monstrous 相关的语句

一致性允许我们在上下文中看到单词。例如，看到 monstrous 出现在___Pictures 和___ size 等上下文中。在类似的语境中，还有哪些词出现？可以通过在相关文本的名称后面添加类似的术语，然后调用.similar( )来找到相关的单词。

```
text1.similar("monstrous")
text2.similar("monstrous")
```

图 7-3 所示为在 text1 和 text2 中与同时 monstrous 出现的相关词汇。可以看到以副词和形容词为主。请注意，对于不同的文本会得到不同的结果。text1 的作者使用这个词与 text2 的作者完全不同。在 text2 中，monstrous 具有积极的含义，有时像 very 这个词一样充当强化词。

```
In [3]: text1.similar("monstrous")
true contemptible christian abundant few part mean careful puzzled
mystifying passing curious loving wise doleful gamesome singular
delightfully perilous fearless

In [4]: text2.similar("monstrous")
very so exceedingly heartily a as good great extremely remarkably
sweet vast amazingly
```

图 7-3　.similar( )调用结果展示

common_contexts 方法允许在全文中查找两个词或多个词共享的上下文，例如 monstrous 和 very。

```
text2.common_contexts(["monstrous", "very"])
```

上述代码运行结果返回了am_ glad a_pretty a_lucky is_pretty be_ glad。"高兴""幸运"这些词都是积极意义的。由此可见，在 text2 中 monstrous 相关的词汇以具有积极意义的为主。

离散图用于确定一个单词在文本中的位置，每个条带代表该单词出现的位置，每一行代表整个文本，如图 7-4 所示。

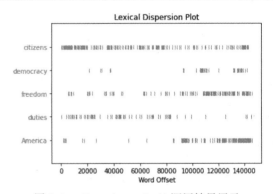

图 7-4　.dispersion_ plot( )调用结果展示

```
text4.dispersion_plot(["citizens", "democracy", "freedom", "duties", "America"])
```

在语言处理中经常需要频率分布，nltk 为它们提供了内置支持。此处使用频率表查找 Moby Dick 中最常用的 20 个单词（即 Top20 高频词），如图 7-5 所示。

```
fdist1 = FreqDist(text1)
fdist1.most_common(20)
import matplotlib.pyplot as plt


plt.figure(figsize=(10, 5))
```

```
fdist1.plot(50,cumulative=False)
plt.show()
```

图 7-6 所示为将 Moby Dick 中的 Top20 高频词进行了可视化展示。可以看到，高频词汇的频率呈现幂律下降的趋势。

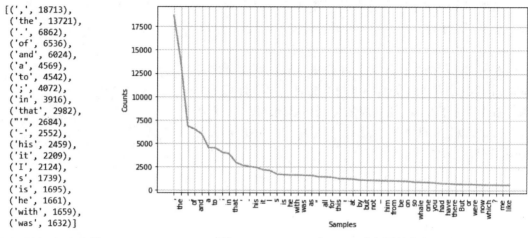

```
[(',', 18713),
 ('the', 13721),
 ('.', 6862),
 ('of', 6536),
 ('and', 6024),
 ('a', 4569),
 ('to', 4542),
 (';', 4072),
 ('in', 3916),
 ('that', 2982),
 ("'", 2684),
 ('-', 2552),
 ('his', 2459),
 ('it', 2209),
 ('I', 2124),
 ('s', 1739),
 ('is', 1695),
 ('he', 1661),
 ('with', 1659),
 ('was', 1632)]
```

图 7-5　Moby Dick 中的
Top20 高频词

图 7-6　Moby Dick 中 Top20 高频词的分布

在 text1 中查找长度超过 15 个字符的单词，输出如图 7-7 所示。

```
V = set(text1)
long_words = [w for w in V if len(w) > 15]
sorted(long_words)
```

我们也可以做联立查询，比如从聊天语料库（text5）中查找单词长度超过 7 个字符的所有单词，同时要求这些单词出现超过 7 次，如图 7-8 所示。

```
['CIRCUMNAVIGATION',
 'Physiognomically',
 'apprehensiveness',
 'cannibalistically',
 'characteristically',
 'circumnavigating',
 'circumnavigation',
 'circumnavigations',
 'comprehensiveness',
 'hermaphroditical',
 'indiscriminately',
 'indispensableness',
 'irresistibleness',
 'physiognomically',
 'preternaturalness',
 'responsibilities',
 'simultaneousness',
 'subterraneousness',
 'supernaturalness',
 'superstitiousness',
 'uncomfortableness',
 'uncompromisedness',
 'undiscriminating',
 'uninterpenetratingly']
```

```
['#14-19teens',
 '#talkcity_adults',
 '(((((((((((',
 '........',
 'Question',
 'actually',
 'anything',
 'computer',
 'cute.-ass',
 'everyone',
 'football',
 'innocent',
 'listening',
 'remember',
 'seriously',
 'something',
 'together',
 'tomorrow',
 'watching']
```

图 7-7　text1 中长度超过 15 个字母的单词

图 7-8　text5 中频率和字母长度超过 7 的单词

```
fdist5 = FreqDist(text5)
sorted([w for w in set(text5) if len(w) > 7 and fdist5[w] > 7])
```

7.1.2 多个语料库的深入分析

条件频率分布是频率分布的子集概念，每个频率分布基于不同的条件。常见的条件通常是文本的类别（Categories）。

在下面的示例中，计算条件频率分布，其中条件是 brown 语料库的类别，并且对于每个条件，可以计算单词数。首先看一下 brown 语料库的类别和单词，图 7-9 所示为 brown 语料库的类别，总计 15 种。图 7-10 所示为 brown 语料库的单词列表。

```
['adventure',
 'belles_lettres',
 'editorial',
 'fiction',
 'government',
 'hobbies',
 'humor',
 'learned',
 'lore',
 'mystery',
 'news',
 'religion',
 'reviews',
 'romance',
 'science_fiction']
```

图 7-9 brown 语料库的类别

```
['The', 'Fulton', 'County', 'Grand', 'Jury', 'said', ...]
```

图 7-10 brown 语料库的单词列表

```
from nltk.corpus import brown

#list categories in Brown corpus
brown.categories()

#list words in brown corpus
brown.words()
```

然后计算每一个类别下 brown 语料库的单词频率。

```
#Create conditional frequency distribution of words
#with respect to categories
cfd = nltk.ConditionalFreqDist(
    (category, word)
    for category in brown.categories()
    for word in brown.words(categories=category))


cfd.items()
```

由于 brown 语料库的类别较多，此处挑选 adventure 和 belles_lettres 两个类别的条件频率分布来观察一下。图 7-11 所示为这两个类别下单词的频率计数。

```
In [10]: cfd['adventure']
Out[10]: FreqDist({'.': 4057, ',': 3488, 'the': 3370, 'and': 1622, 'a': 1354, 'of': 1322, 'to': 1309, '``':
998, "''": 995, 'was': 914, ...})

In [11]: cfd['belles_lettres']
Out[11]: FreqDist({'the': 9726, ',': 9166, '.': 6397, 'of': 6289, 'and': 4282, 'to': 4084, 'a': 3308, 'in':
3089, 'that': 1896, 'is': 1799, ...})
```

图 7-11 adventure 和 belles_lettres 的单词条件频率分布

```
# Let access the a condition and see that each is just a frequency distribution:
cfd['adventure']
cfd['belles_lettres']
```

条件频率分布的用法是多样的，除了简单统计类别条件下的单词计数以外，还可以做一些深入的分析，例如要了解英文中的情态动词 can、could 等在各个类别的文集中的使用情况，那么可以在条件频率分布中调用.tabulate( )输出这些词的计数表格，如表 7-1 所示。

```
cfd = nltk.ConditionalFreqDist(
        (category, word)
        for category in brown.categories()
        for word in brown.words(categories=category))

categories = ['news','religion','hobbies','science_fiction','romance','humor']
modals = ['can','could','may','might','must','will']
cfd.tabulate(conditions=categories, samples=modals)
```

表 7-1　情态动词在各个文集中的统计

	can	could	may	might	must	will
news	93	86	66	38	50	389
religion	82	59	78	12	54	71
hobbies	268	58	131	22	83	264
science_fiction	16	49	4	12	8	16
romance	74	193	11	51	45	43
humor	16	30	8	8	9	13

nltk 也收录了古腾堡数据集中的部分文本，其中包含 25000 本免费电子书，详细内容可以在网站 http://www.gutenberg.org/ 中获取。图 7-12 所示为 nltk 中收录的 gutenberg 数据集的文本。

```
import nltk
#List text file in Gutenberg corpus
nltk.corpus.gutenberg.fileids()
```

```
['austen-emma.txt',
 'austen-persuasion.txt',
 'austen-sense.txt',
 'bible-kjv.txt',
 'blake-poems.txt',
 'bryant-stories.txt',
 'burgess-busterbrown.txt',
 'carroll-alice.txt',
 'chesterton-ball.txt',
 'chesterton-brown.txt',
 'chesterton-thursday.txt',
 'edgeworth-parents.txt',
 'melville-moby_dick.txt',
 'milton-paradise.txt',
 'shakespeare-caesar.txt',
 'shakespeare-hamlet.txt',
 'shakespeare-macbeth.txt',
 'whitman-leaves.txt']
```

下面对这些文本做一些分析。挑出这些文本中的第一篇 austen-emma.txt，给它起一个简短的名字为 emma，然后找出其中包含了多少个单词，输出显示这个文集共有 192427 个单词。

图 7-12　nltk 收录中古腾堡数据集中的文本

```
emma = nltk.corpus.gutenberg.words('austen-emma.txt')
print('emma contains :', len(emma),'words')
```

　　下面编写一个简短的程序来显示关于每个文本的其他信息，方法是遍历与前面列出的古腾堡文件标识符相对应的 fileid 的所有值，然后计算每个文本的统计数据，包括字符数、单词数、句子数和词汇数。图 7-13 所示为古腾堡数据集的各个文本中的这 4 项指标。

```
887071 192427 7752 7344 austen-emma.txt
466292 98171 3747 5835 austen-persuasion.txt
673022 141576 4999 6403 austen-sense.txt
4332554 1010654 30103 12767 bible-kjv.txt
38153 8354 438 1535 blake-poems.txt
249439 55563 2863 3940 bryant-stories.txt
84663 18963 1054 1559 burgess-busterbrown.txt
144395 34110 1703 2636 carroll-alice.txt
457450 96996 4779 8335 chesterton-ball.txt
406629 86063 3806 7794 chesterton-brown.txt
320525 69213 3742 6349 chesterton-thursday.txt
935158 210663 10230 8447 edgeworth-parents.txt
1242990 260819 10059 17231 melville-moby_dick.txt
468220 96825 1851 9021 milton-paradise.txt
112310 25833 2163 3032 shakespeare-caesar.txt
162881 37360 3106 4716 shakespeare-hamlet.txt
100351 23140 1907 3464 shakespeare-macbeth.txt
711215 154883 4250 12452 whitman-leaves.txt
```

图 7-13　古腾堡数据集的各个文本中各类单词计数

```
from nltk.corpus import gutenberg

for fileid in gutenberg.fileids():
    #raw() function gives us the contents of the file withoutany linguistic processing
    num_chars = len(gutenberg.raw(fileid))
    #words() function divides the text up into its words.
    num_words = len(gutenberg.words(fileid))
    #sents() function divides the text up into its sentences.
    num_sents = len(gutenberg.sents(fileid))
    #compute vocabulary of document
    num_vocab = len(set([w.lower() for w in gutenberg.words(fileid)]))
    print(int(num_chars), int(num_words), int(num_sents),
            int(num_vocab), fileid)
```

　　此处打印 emma 这篇文集的前 5 个句子，图 7-14 所示为输出结果，前 5 句话的单词被拆分为列表输出。

```
['VOLUME', 'I']
['CHAPTER', 'I']
['Emma', 'Woodhouse', ',', 'handsome', ',', 'clever', ',', 'and', 'rich', ',', 'with', 'a', 'comfortable',
'home', 'and', 'happy', 'disposition', ',', 'seemed', 'to', 'unite', 'some', 'of', 'the', 'best',
'blessings', 'of', 'existence', ';', 'and', 'had', 'lived', 'nearly', 'twenty', '-', 'one', 'years', 'in',
'the', 'world', 'with', 'very', 'little', 'to', 'distress', 'or', 'vex', 'her', '.']
['She', 'was', 'the', 'youngest', 'of', 'the', 'two', 'daughters', 'of', 'a', 'most', 'affectionate', ',',
'indulgent', 'father', ';', 'and', 'had', ',', 'in', 'consequence', 'of', 'her', 'sister', "'", 's',
'marriage', ',', 'been', 'mistress', 'of', 'his', 'house', 'from', 'a', 'very', 'early', 'period', '.']
```

图 7-14　emma 文本的前 5 句话

```
# Access the first five sentences in a document:
emma =  gutenberg.sents('austen-emma.txt')
```

```
for eachsentence in emma[1:5]:
        print(eachsentence)
```

nltk 还收录了少量网络文本（webtext），其中包括 Firefox（火狐）论坛的内容、图书信息、电影剧本、个人广告和商品评论等内容。图 7-15 所示为 webtext 中这些文本的前 45 个词。

```
firefox.txt -- Cookie Manager: "Don't allow sites that set r ...
grail.txt -- SCENE 1: [wind] [clop clop clop]
KING ARTHUR ...
overheard.txt -- White guy: So, do you have any plans for this ..
pirates.txt -- PIRATES OF THE CARRIBEAN: DEAD MAN'S CHEST, b ...
singles.txt -- 25 SEXY MALE, seeks attrac older single lady, ...
wine.txt -- Lovely delicate, fragrant Rhone wine. Polishe ...
```

图 7-15　webtext 的内容展示

```
from nltk.corpus import webtext
for fileid in webtext.fileids():
        print(fileid, '--', webtext.raw(fileid)[:45], '...')
```

nltk 中还收录了路透社语料库，包含 10788 份新闻文档，总约 130 万字。这些文件分为两组共 90 个主题，用于算法模型的"训练"和"测试"。比如，文件 ID 为 test/14826 的文本是从测试集中提取的文档。下面的代码可以输出路透社数据集的主题和类别。

```
from nltk.corpus import reuters
reuters.fileids()
reuters.categories()
```

另一个值得介绍的是美国总统就职演讲语料库，该语料库由 55 篇文本组成，每一篇都代表一篇总统演讲。这个集合的一个有趣特性是它的时间维度。下面的代码提取了每一篇总统演讲标题的前四位字符，它们记录了总统演讲的年份，从 1789 年到 2009 年，横跨了 2 个多世纪。

```
from nltk.corpus import inaugural
inaugural.fileids()

[fileid[:4] for fileid in inaugural.fileids()]
```

让我们看看"美国"和"公民"这两个词随着时间的推移是如何使用的。下面的代码使用 w.lower( ) 将就职语料库中的单词转换为小写，再使用 .startswith( ) 检查它们是否以目标单词 america 或 citizen 开头。然后将符合目标单词的演讲标题加入条件频率分布，最后将总统演讲稿中句子里面包含 america 和 citizen 的次数在各年份的数量进行可视化绘图，如图 7-16 所示。

```
cfd = nltk.ConditionalFreqDist(
        (target, fileid[:4])
        for fileid in inaugural.fileids()
```

```
        for w in inaugural.words(fileid)
        for target in ['america', 'citizen']
        if w.lower().startswith(target))

#Set the size of the figure
import matplotlib.pyplot as plt
plt.figure(figsize=(15, 7))

#Plot word frequency
cfd.plot()
```

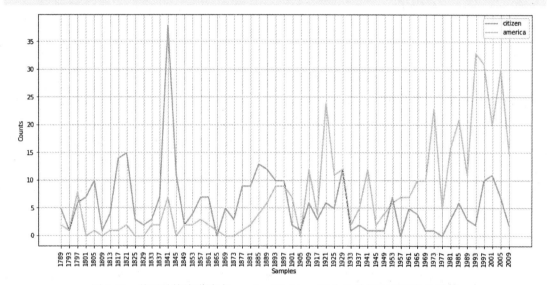

图 7-16   美国总统演讲稿中 america 和 citizen 开头的单词在各年份的数量

许多语言处理任务涉及模式匹配。例如，可以使用 endswith（'ed'）查找以 ed 结尾的单词。正则表达式提供了一种更强大、更灵活的方法来描述我们感兴趣的字符模式。要在 Python 中使用正则表达式需要导入 re 库。我们还需要一个想搜索单词的列表。在本例中将使用单词语料库。下面的代码先引入语料库并将每一个单词小写化。

```
import re
from nltk.corpus import words
wordlist = [w for w in words.words('en') if w.islower()]
```

使用正则表达式'ed＄'查找以 ed 结尾的单词。re.search（p，s）函数用于检查是否可以在字符串 s 中的某个位置找到模式 p。下面的代码将返回全部在单词语料库中以 ed 结尾的单词。

```
[w for w in wordlist if re.search('ed$', w)]
```

通配符（.）表示与任何单个字符匹配。假设在纵横字谜中有一个八个字母的单词的空间，其中 j 是第三个字母，t 是第六个字母。现在从单词语料库中寻找合适的单词，返回以下单词结果：

'abjectly ', ' adjuster ', ' dejected ', ' dejectly ', ' injector ', ' majestic ', ' objectee ', ' objector ',
' rejecter ', ' rejector ', ' unjilted ', ' unjolted ', ' unjustly '。

上述总计 13 个词，每一个都满足"j 是第三个字母，t 是第六个字母"这个条件。

```
[w for w in wordlist if re.search('^..j..t..$', w)]
```

值得一提的是，^表示一个单词的开头，正如 $ 表示结尾一样。现在筛选以 g 或 h 或 i 开头，m 或 n 或 o 为第二个字母，j 或 l 或 k 为第三个字母，d 或 e 或 f 结尾的长度为四个字母并结尾的单词，运行结果返回 gold、golf、hold、hole 符合条件。

```
# Searching for words with the same sequence:
[w for w in wordlist if re.search('^[ghi][mno][jlk][def]$', w)]
```

接下来，再介绍一些文本数据的处理技巧。首先，需要定义本节中使用的数据。

```
raw = '''Online activities such as articles, website text, blog posts, \
social media posts are generating unstructured textual data. \
Corporate and business need to analyze textual data to understand \
customer activities, opinion, and feedback to successfully derive their business.'''
print(raw)
```

然后引入 word_tokenize 模块，对 raw 字符串进行切分，返回 raw 字符串的句子中的各个单词，结果如图 7-17 所示。

```
['Online', 'activities', 'such', 'as', 'articles', ',', 'website', 'text', ',', 'blog', 'posts', ',',
'social', 'media', 'posts', 'are', 'generating', 'unstructured', 'textual', 'data', '.', 'Corporate',
'and', 'business', 'need', 'to', 'analyze', 'textual', 'data', 'to', 'understand', 'customer',
'activities', ',', 'opinion', ',', 'and', 'feedback', 'to', 'successfully', 'derive', 'their', 'business',
'.']
```

图 7-17　word_tokenize 的返回结果

```
from nltk.tokenize import word_tokenize
tokens = word_tokenize(raw)
print(tokens)
```

一个英文单词由后缀、前缀和词根组合构成，词根化是将一个词还原为词根的过程。使用 PorterStemmer( ) 函数执行词根分析。

```
from nltk import PorterStemmer
porter = PorterStemmer()
[porter.stem(t) for t in tokens]
```

运行上述代码以后，得到了一系列单词词根化后的结果，比如：online 词根化后是 onlin，activities 词根化后是 activ，articles 词根化后为 articl 等。

还可以使用 sent_tokenize( ) 函数将原始文本拆分成句子，下面的代码对变量名为 raw 的字符串进行句子切分，如图 7-18 所示。

```
['Online activities such as articles, website text, blog posts, social media posts are generating
unstructured textual data.',
 'Corporate and business need to analyze textual data to understand customer activities, opinion, and
feedback to successfully derive their business.']
```

图 7-18　利用 sent_tokenize( ) 拆分句子

```
from nltk.tokenize import sent_tokenize
sents =  sent_tokenize(raw)
[s for s in sents]
```

在文本中有一些词汇是被视为噪声的停用词。一些文本可能包含停用词，如 is、am、are、this、a、an、the 等，如图 7-19 所示。nltk 中含有一些停用词模块，用于删除文本数据中的停用词，我们需要创建一个 nltk 列表，并从这些词中筛选标记列表。

```
{'off', "you've", 'why', 'or', 'aren', 'couldn', 'hers', 'of', 'isn', 'being', 'yourselves', 'did',
"mightn't", 'through', 'nor', 'can', 'out', "you'd", 'was', 'mightn', 'that', 'once', 'do', 'won', 'few',
'yours', 'has', 'after', 'mustn', 'which', 'ourselves', "hasn't", 'it', 'there', 'the', "she's", 'if',
'be', 'm', 'shan', 'between', 'most', 'up', "wasn't", 'now', 'for', 'from', 'under', 'because', 'd',
'same', 'ma', "mustn't", 'been', 'then', 'his', 'to', 'some', "couldn't", 'on', 'an', 'ours', 'what',
'weren', 'during', 'not', 'themselves', 'she', 'with', 'doing', 'but', 'hasn', "aren't", 'does', 'haven',
'is', 'a', 'against', 'than', 'own', 'very', 'all', "you're", 'myself', 'how', 'other', 'again', 'you',
'whom', 'were', 'himself', 'these', 'o', 'into', 'they', 'y', "you'll", 'have', 'me', 've', 'until',
'such', 'hadn', "shouldn't", "won't", 'should', 'further', 'where', 'we', 'as', 'll', 'any', 'doesn',
"isn't", 'shouldn', 'this', 'wasn', "should've", 'when', 'our', 'he', 'wouldn', 'needn', 'am', 'theirs',
'at', 'more', 'ain', "wouldn't", 'are', 'having', 'yourself', 'didn', 'their', 'i', 'here', 'just',
"doesn't", 'so', 'while', 'herself', 'no', "hadn't", 'those', "haven't", 'its', 'in', 'below', 'who',
"shan't", 'about', 'above', 'itself', 'only', 'had', 'your', 'down', 'over', 'her', "that'll", 's', 're',
'and', 'my', 'each', "needn't", 'too', "didn't", "weren't", "it's", 'both', 'will', 'by', 't', 'them',
'him', 'don', 'before', "don't"}
```

图 7-19　nltk 中的停用词

```
from nltk.corpus import stopwords
stop_words=set(stopwords.words("english"))
print(stop_words)
filtered_sent=[]
for w in tokens:
    if w not in stop_words:
        filtered_sent.append(w)
print("Tokenized Sentence:",tokens)
print("Filterd Sentence:",filtered_sent)
```

运行上述代码，对比 raw 的文本中删除停用词前后的情况，如图 7-20 所示。

```
Tokenized Sentence: ['Online', 'activities', 'such', 'as', 'articles', ',', 'website', 'text', ',', 'blog',
'posts', ',', 'social', 'media', 'posts', 'are', 'generating', 'unstructured', 'textual', 'data', '.',
'Corporate', 'and', 'business', 'need', 'to', 'analyze', 'textual', 'data', 'to', 'understand', 'customer',
'activities', ',', 'opinion', ',', 'and', 'feedback', 'to', 'successfully', 'derive', 'their', 'business',
'.']
Filterd Sentence: ['Online', 'activities', 'articles', ',', 'website', 'text', ',', 'blog', 'posts', ',',
'social', 'media', 'posts', 'generating', 'unstructured', 'textual', 'data', '.', 'Corporate', 'business',
'need', 'analyze', 'textual', 'data', 'understand', 'customer', 'activities', ',', 'opinion', ',',
'feedback', 'successfully', 'derive', 'business', '.']
```

图 7-20　删除停用词的文本对比

用 word_tokenize( ) 切分字符串以后，还可以用 .join( ) 连起来。

```
print(tokens)
''.join(tokens)
```

将单词分类为词类并对其进行相应标记的过程称为词类标记、词性标记或简单标记。词类也称为词汇类别。用于特定任务的标记集合称为标记集。pos_tag( )，是处理一系列单词并为每个单词附加词性标记的模块。

```
import nltk
text = nltk.word_tokenize("And now for something completely different")
nltk.pos_tag(text)
```

上述代码对一句话"And now for something completely different"中的每一个单词标注了词性，如图 7-21 所示。

这里我们看到，And 的标记为 CC，是连词；now 的标记为 RB，是副词；for 的标记为 IN，是介词；something 的标记为 NN，是名词；different 的标记为 JJ，是形容词。

```
[('And', 'CC'),
 ('now', 'RB'),
 ('for', 'IN'),
 ('something', 'NN'),
 ('completely', 'RB'),
 ('different', 'JJ')]
```

图 7-21　词性标注示例

下面看另一个例子，这次包括一个同音异义词 permit。

```
text = nltk.word_tokenize("They refuse to permit us to obtain the refuse per-
mit")
nltk.pos_tag(text)
```

在这个例子中，permit 出现了两次，但是两次的作用在句子中是不同的，第一次作为动词，第二次作为名词，如图 7-22 所示。

除了可以根据语义让 nltk 自动判断词性，也可以在 nltk 中的约定某一个单词的词性，通过对某一个词进行标记实现，由词和标记组成的元组表示。我们可以用 .tag.str2tuple( ) 来表示创建这些特殊元组之一。

```
[('They', 'PRP'),
 ('refuse', 'VBP'),
 ('to', 'TO'),
 ('permit', 'VB'),
 ('us', 'PRP'),
 ('to', 'TO'),
 ('obtain', 'VB'),
 ('the', 'DT'),
 ('refuse', 'NN'),
 ('permit', 'NN')]
```

图 7-22　同音异义词
permit 的词性标注

```
tagged_token = nltk.tag.str2tuple('fly/NN')
tagged_token
```

运行上述代码后，得到元组"('fly', 'NN')"。
还可以直接从一个字符串构造一系列词性标注。

```
sent = "'The/AT grand/JJ jury/NN commented/VBD on/IN a/AT number/NN of/IN. \
other/AP topics/NNS ,/, AMONG/IN them/PPO the/AT Atlanta/NP and/CC \
Fulton/NP-tl County/NN-tl purchasing/VBG departments/NNS which/WDT it/PPS \
said/VBD "/" ARE/BER well/QL operated/VBN and/CC follow/VB generally/RB \
accepted/VBN practices/NNS which/WDT inure/VB to/IN the/AT best/JJT \
interest/NN of/IN both/ABX governments/NNS "/" ./."
sent.split()


[nltk.tag.str2tuple(t) for t in sent.split()]
```

上述代码返回了每一个单词和它的词性作为元组的列表输出。如 ('The', 'AT')，('grand', 'JJ')，('jury', 'NN') 等。

7.2　文本分析和挖掘

本节将介绍文本分析和挖掘的相关技术，包括文本分析和可视化、文本分类和情感挖掘等内容。

我们将使用 Womens Clothing E-Commerce Reviews.csv 数据集（可在 Kaggle 或 Cloud Deakin 下载），该数据集主要记录了在电商平台上抓取的女性衣物销售和评论等数据，下面将探索文本数据、可视化数字和分类属性。

7.2.1　Women's Clothing E-Commerce Reviews 数据集的分析与观察

图 7-23 所示为该数据集的概览。

```
   Unnamed: 0  Clothing ID  Age  ...     Division Name Department Name  Class Name
0           0          767   33  ...          Initmates       Intimate   Intimates
1           1         1080   34  ...            General        Dresses     Dresses
2           2         1077   60  ...            General        Dresses     Dresses
3           3         1049   50  ...     General Petite        Bottoms       Pants
4           4          847   47  ...            General           Tops     Blouses
```

图 7-23　观察 Women's Clothing E-Commerce Reviews 数据

```python
import pandas as pd
df = pd.read_csv('Womens Clothing E-Commerce Reviews.csv')
df.head()
```

在对数据进行简要检查后，发现需要进行一系列数据预处理，如，删除 Unnamed 列，删除 Title 列，删除缺失 Review Text 的行，需要为 Review Text 长度特征创建新的列，为 Review Text 的字数特征创建新的列。

下面先做删除不必要列和空行的操作。

```python
df.drop('Unnamed: 0', axis=1, inplace=True)
df.drop('Title', axis=1, inplace=True) # Remove the "Title" feature
df = df[~df['Review Text'].isnull()] #Remove the rows where "Review Text" were
missing.
```

由于该数据集来源于互联网，所以 Review Text 的文本数据中带有一些特殊字符，通过定义一个 preprocess( ) 函数对文本数据进行清洗。

```python
#Defind a function to clean text
def preprocess(ReviewText):
    ReviewText = ReviewText.str.replace("(<br/>)", "")
    ReviewText = ReviewText.str.replace('(<a).*(>).*(</a>)', ')
    ReviewText = ReviewText.str.replace('(&amp)', ')
    ReviewText = ReviewText.str.replace('(&gt)', ')
    ReviewText = ReviewText.str.replace('(&lt)', ')
    ReviewText = ReviewText.str.replace('(\xa0)', '')
    return ReviewText
```

然后调用 preprocess( ) 对 Review Text 进行清洗，并计算 Review Text 的长度和字数作为新的特征列。

```python
df['Review Text'] = preprocess(df['Review Text']) #Clean text
#Create new feature for the length of the review.
```

```
df['review_len'] = df['Review Text'].astype(str).apply(len)
#Create new feature for the word count of the review.
df['word_count'] = df['Review Text'].apply(lambda x: len(str(x).split()))
df.head()
```

再对 Age 绘制频率分布图，观察电商消费的网购者主要分布在哪些年龄段。

```
from matplotlib import pyplot

# Histogram plot of age distribution:
pyplot.hist(df['Age'], bins=10, rwidth=0.9, color ='red')
pyplot.suptitle('Reviewers Age Distribution')
pyplot.xlabel('Age')
pyplot.ylabel('Count');
```

电商消费的主要人群在 40 岁左右，整体呈现钟形分布，且右尾较长，这意味着也有一部分老年人是网购消费者，如图 7-24 所示。

接下来再观察 Rating 的分布情况。对 Rating 列进行分组，然后统计每一个 Rating 组内 Clothing ID 的计数，并对每一个 Rating 组内的 Clothing ID 的计数绘制柱状图，如图 7-25 所示。

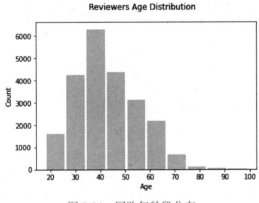

图 7-24　网购年龄段分布

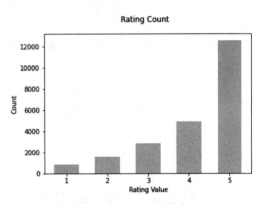

图 7-25　Rating 的分布

```
RatingCount = df.groupby('Rating').count()[['Clothing ID','Age','Review Text']]
pyplot.bar(RatingCount.index.values,RatingCount['Clothing ID'], color ='blue',
width=0.6)
pyplot.suptitle('Rating Count')
pyplot.xlabel('Rating Value')
pyplot.ylabel('Count') ;
```

继续观察评论的长度和评论的单词数之间的关系。以评论长度为横轴，单词数为纵轴绘制散点图，散点为橘色星号，设置透明度为 0.3。

```
pyplot.figure(figsize=(13, 7))
pyplot.scatter(df['review_len'],df['word_count'], color ='orange', marker='*',
alpha=0.3)
```

```
pyplot.suptitle('Review Length VS.Word Count')
pyplot.xlabel('Review Length')
pyplot.ylabel('Word Count') ;
```

我们可以看到，评论的长度和评论的单词数之间有着相对明显的正相关关系，如图 7-26 所示。

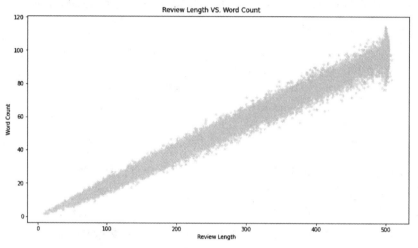

图 7-26　评论长度与评论单词数的散点图

按照商品的类别和评分分组，继续观察。

```
DivisionRating = df.groupby(['Division Name','Rating']).count()['Clothing ID']
UnstackedDR  = DivisionRating.unstack(level=0)
print('RATING COUNT BY DIVISION NAME \n', UnstackedDR ,'\n')
```

图 7-27 所示为横轴是商品类别，纵轴是商品评分的图表。情况和图 7-25 基本一致，也是随着评分的上升，样本数上升；而三个类别中 General 最多，General Petite 次之，Initmates 最少。

上述三个类别的评分增长情况同样也可以通过可视化来展现。利用 pyplot.subplots ( ) 绘制三个子图，分别为三个类别的评分增长过程，如图 7-28 所示。

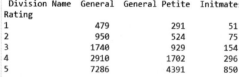

Division Name Rating	General	General Petite	Initmates
1	479	291	51
2	950	524	75
3	1740	929	154
4	2910	1702	296
5	7286	4391	850

图 7-27　商品类别和评分的统计

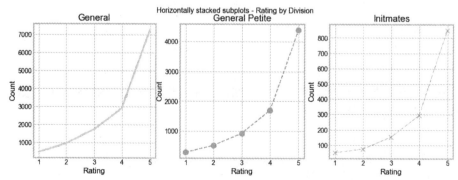

图 7-28　三个商品类别的评分

```
#Create a figure with three sub-figures
fig, ax = pyplot.subplots(1, 3, figsize=(15,5))
fig.suptitle('Horizontally stacked subplots - Rating by Division', fontsize=16)

#Plot rating for each division in each of the sub-figures
ax[0].plot(UnstackedDR[UnstackedDR.keys()[0]])
ax[0].set_xlabel('Rating')
ax[0].set_ylabel('Count')
ax[0].set_title(UnstackedDR.keys()[0])

ax[1].plot(UnstackedDR[UnstackedDR.keys()[1]],
           color='red', marker='o', linestyle='dashed', linewidth=2, marker-
size=12)
ax[1].set_xlabel('Rating')
ax[1].set_ylabel('Count')
ax[1].set_title(UnstackedDR.keys()[1])

ax[2].plot(UnstackedDR[UnstackedDR.keys()[2]],
           color='green', marker='x', linestyle='-.', linewidth=1, markersize=10)
ax[2].set_xlabel('Rating')
ax[2].set_ylabel('Count')
ax[2].set_title(UnstackedDR.keys()[2]);
```

　　三个类别的评分也可以叠加绘制在一张图中。图 7-29 所示为重绘的图 7-28，分别对应图 7-28 中的三列。

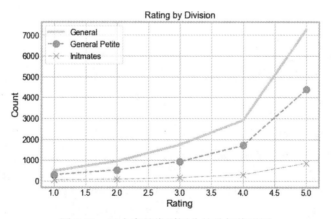

图 7-29　三个商品类别评分的叠加线形图

　　pyplot.plot( ) 是绘制线形图的函数，用不同的线型和颜色（linestyle 控制线型，color 控制颜色）对三个类别的评分叠加绘制在图 7-29 中，并用.legend( ) 加以标记。

```
# Multiple plots
# Multiple plots of rating distributions for divisions in the same figure:
```

```
#Create a new figure
pyplot.figure(figsize=(8,5))
pyplot.title('Rating by Division', fontsize=16)
pyplot.xlabel('Rating')
pyplot.ylabel('Count')
#Get the key values for division names
LabelValues = UnstackedDR.keys();


#Plot the first line
pyplot.plot(UnstackedDR[LabelValues[0]],label=LabelValues[0])
#Plot the second line
pyplot.plot(UnstackedDR[LabelValues[1]],
            color='red', marker='o', linestyle='dashed',
              linewidth=2, markersize=12,label=LabelValues[1])
#Plot the third line
pyplot.plot(UnstackedDR[LabelValues[2]],
            color='green', marker='x', linestyle='-.',
              linewidth=1, markersize=10,label=LabelValues[2])
#Show legend
pyplot.legend();
```

再介绍第三种形式：叠加柱状图。在本例中，General，General Petite，Initmates 三个类别的评分样例数量是依次增加的，所以可以将数量少的类别覆盖在数量多的类别上。pyplot.bar()提供了这样的绘制功能。

```
#Create a new figure
pyplot.figure(figsize=(8,5))
pyplot.title('Stacked Bar Chart - Rating by Division', fontsize=16)
pyplot.xlabel('Rating')
pyplot.ylabel('Count')


#Get the Rating values
RatingValues = UnstackedDR.index.values
#Plot the charts
pyplot.bar(RatingValues, UnstackedDR[LabelValues[0]],label=LabelValues[0])
pyplot.bar(RatingValues, UnstackedDR[LabelValues[1]], color='red', label=LabelValues[1])
pyplot.bar(RatingValues, UnstackedDR[LabelValues[2]], color='green', label=LabelValues[2])
pyplot.legend();
```

图 7-30 所示为叠加柱状图的效果。数量最少的 Initmates 显示在最下面的绿色柱上，其次是红色柱 General Petite，最顶层的是数量最多的 General。

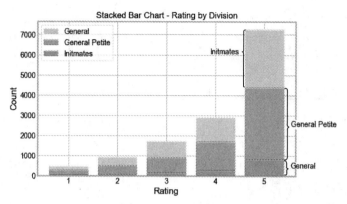

图 7-30　三个类别评分的叠加柱状图

　　下面介绍箱线图的用法。首先获取 Department Name，包括：Intimate、Dresses、Bottoms、Tops、Jackets、Trend，然后将各个部门的消费者年龄加入列表，最后调用 pyplot.boxplot( ) 绘制箱线图，如图 7-31 所示。

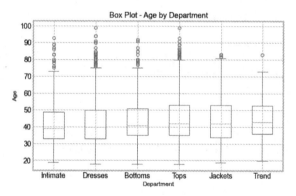

图 7-31　各个部门年龄数据的箱线图

```
# Box plot
# Box plots for reviewer age by department:

#Get name of departments - not including null (nan) value.
DepartmentNames = df[ ~df['Department Name'].isnull()]['Department Name'].unique()

#Construct a list of Age data for departments
AgeData = [ ]
for i in range(len(DepartmentNames)):
        AgeData.append(df.loc[df['Department Name'] == DepartmentNames[i]]['Age'])

#Create a new figure
pyplot.figure(figsize=(8,5))
pyplot.title('Box Plot - Age by Department', fontsize=15)
```

```
pyplot.xlabel('Department', fontsize=12)
pyplot.ylabel('Age', fontsize=12)
pyplot.boxplot(AgeData, labels = DepartmentNames);
```

7.2.2　基于词向量模型的分类预测

文本分类是文本挖掘的重要任务之一，这是一种有监督的方法，表现为识别给定文本的类型或类别，如博客、书籍、网页、新闻、文章和推文。它在当今的计算机世界中有多种应用，如垃圾邮件检测、CRM 服务中的任务分类、电子零售商网站上的产品分类、搜索引擎网站内容分类和客户反馈情感等。

在本案例中将建立一个分类模型，预测是否会根据客户的评论来对其推荐相关联的商品。我们利用的词袋模型（BoW）是从文本中提取特征的最简单方法之一。BoW 将文本中的单词转化为数值矩阵，进而将文本数据转化为数值数据，便于下一步继续利用各类传统算法和模型进行预测。

```
from sklearn.feature_extraction.text import CountVectorizer
from nltk.tokenize import RegexpTokenizer

#tokenizer to remove unwanted elements from out data like symbols and numbers
token = RegexpTokenizer(r'[a-zA-Z0-9]+')
cv = CountVectorizer(lowercase=True,stop_words='english',ngram_range = (1,
1),tokenizer = token.tokenize)

text_counts = cv.fit_transform(df['Review Text'])
print('Bag of Word Matrix size: ', text_counts.shape)
print('Data in the first row:\n', text_counts[1,:])
```

对上述代码做以下讲解：RegexpTokenizer( )调用正则表达式取出不需要的字符，在这里只保留了大小写字母、数字等。CountVectorizer( )用于建立词向量模型，其中参数设定为将字母小写化，以及去除英文停用词和 RegexpTokenizer( )设定的文本清洗项。.fit_transform( )是将评论数据转化为数值矩阵。图 7-32 所示为词袋矩阵规模和第一列的具体内容。

接下来，将上述生成的文本数值矩阵 text_counts 切分为训练集和测试集，其中训练集 70%，测试集 30%。然后引入多项式朴素贝叶斯算法进行训练和预测，其中训练目标是 Recommended IND 这个二分类变量。

```
Bag of Word Matrix size:  (22641, 13875)
Data in the first row:
  (0, 7264)    2
  (0, 4036)    1
  (0, 10359)   2
  (0, 11306)   1
  (0, 9350)    1
  (0, 5729)    1
  (0, 11644)   1
  (0, 7343)    1
  (0, 5424)    1
  (0, 3702)    1
  (0, 1444)    2
  (0, 8441)    1
  (0, 8373)    1
  (0, 8899)    3
  (0, 1844)    1
  (0, 453)     1
  (0, 512)     1
  (0, 6993)    1
  (0, 5934)    1
  (0, 6672)    1
  (0, 7144)    1
  (0, 6760)    1
  (0, 3538)    1
  (0, 12693)   1
  (0, 7679)    1
  (0, 12695)   1
```

图 7-32　词袋矩阵规模和第一列展示

```
from sklearn.model_selection import train_test_split

X_train, X_test, y_train, y_test = train_test_split(
    text_counts, df['Recommended IND'], test_size=0.3, random_state=1)

# Train and evaluate Naive Bayes classifier:

from sklearn.naive_bayes import MultinomialNB
from sklearn import metrics

# Model Generation Using Multinomial Naive Bayes
clf = MultinomialNB().fit(X_train, y_train)
predicted= clf.predict(X_test)

print("MultinomialNB Accuracy:", round(metrics.accuracy_score(y_test, pre-
dicted),3))
    print("Confusion Matrix: \n",metrics.confusion_matrix(y_test, predicted))
```

图 7-33 所示为多项式朴素贝叶斯的二分类预测结果,公布了预测准确率和混淆矩阵。其中预测准确率高达 87.9%,混淆矩阵也验证了该准确率的可靠性。

```
MultinomialNB Accuracy: 0.879
Confusion Matrix:
[[ 838  473]
 [ 346 5136]]
```

图 7-33 多项式朴素贝叶斯的
预测结果展示

上述结果还有进一步优化的可能。因为 text_counts 是一个稀疏矩阵,所以可以通过进一步萃取其有效信息作为训练数据,提高模型训练的效率并缩短训练时间。下面介绍三种在训练特征选择、规约、萃取上的常用技巧。

统计测试可用于选择与输出变量具有最强关系的特征。scikit 学习库提供了 SelectKBest 类,可与一系列不同的统计测试一起使用,以选择特定数量的功能。调用以下代码,规约后的特征矩阵从(22641,13875)缩小到(22641,100),大量无效特征被删除。

```
from sklearn.feature_selection import SelectKBest

#Get the target label
Target = df['Recommended IND']
#We will select the top 100 features
test = SelectKBest(k=100)
#Fit the function for ranking the features by score
fit = test.fit(text_counts, Target)
UnivariateFeatures = fit.transform(text_counts)
print('Reduced Data Set size:',UnivariateFeatures.shape)
```

递归特征消除(RFE)方法通过递归删除属性并在保留的属性上构建模型来工作。它使用精度度量根据特征的重要性对特征进行排序。然后给出所有变量的排序,1 是最重要的。它还提供了特征有效性的判断,"真"是相关特征,"假"是无关特征。

图 7-34 所示为对输入的经过 SelectKBest 筛选后的 UnivariateFeatures 特征再一次进行逐个判断，最终选择了排名前 20 的特征，并给出了每一个特征的"真"或"假"判断，以及所有特征有效性的排序。

```
Num Features: 20
Selected Features: [False  True False False False  True False False False False  True False
 False False  True  True False False False  True False  True  True False
 False False False False False False False False False False False False
  True False  True  True False False False False False False False False
 False False False False False False False False False False False False
 False  True  True  True False False False False False  True False False
 False False  True False False False False False False False False False
 False  True False False  True False  True False False False False False
 False False False  True]
Feature Ranking: [75   1 25 51 57   1   2 65 56 42   1 32 31 39   1   1 49 71 73   1   4   1   1 27
 23 69 41 50   8 30 74 33 10 48 58 17   1 44   1   1 14 43 34 63 13 79 51 80
 59 54 77 66 18 55 35 68 22 20 29 38 78   1   1   1   3 19   7   6 15   1 11 26
 53 16   1   5 24 67 46 47 40   9 70 81 28   1 60 72   1 37   1 12 36 61 64 76
 45 62 52   1]
Reduced Data Set size: (22641, 20)
```

图 7-34   递归特征消除算法的特征判断结果

主成分分析（PCA）使用线性代数将数据集转换为压缩形式。第 2 章讲过，它被认为是一种数据缩减技术。主成分分析的一个特性是，可以选择变换结果中的维数或主成分数，这就使得用户可以做特征的萃取和压缩。同样，基于 UnivariateFeatures 并调用以下代码做进一步处理。

```python
from sklearn.decomposition import PCA
pca = PCA(n_components=10)
fit = pca.fit(UnivariateFeatures.todense())
print("Explained Variance: % s", fit.explained_variance_ratio_)


PCA_feature = pca.fit_transform(UnivariateFeatures.todense())
print('Reduced Data Set size:', PCA_feature.shape)
```

图 7-35 所示为 UnivariateFeatures 再一次经过萃取后的结果，这次只保留了 10 个特征，PCA 也给出了这 10 个特征在整体特征解释度上的评价。

```
Explained Variance: %s [0.08631146 0.0788807  0.06755477 0.05639372 0.04874568 0.04624671
 0.03777839 0.03132626 0.03037047 0.02899266]
Reduced Data Set size: (22641, 10)
```

图 7-35   PCA 的特征萃取结果

现在，基于上述三个缩减特征集再一次基于逻辑斯谛回归做一次训练和预测。

```python
#Place your solution here
from sklearn.linear_model import LogisticRegression
from sklearn import metrics


def evaluation(feature_set, Target):
    X_train, X_test, y_train, y_test = train_test_split(
        feature_set, Target, test_size=0.3, random_state=123)
    clf = LogisticRegression(solver='liblinear').fit(X_train, y_train)
```

```
    predicted= clf.predict(X_test)
    return metrics.accuracy_score(y_test, predicted)

print('UnivariateFeatures Accuracy:', round(evaluation(UnivariateFeatures,
Target),3))
    print('rfeFeature Accuracy:', round(evaluation(rfeFeature,Target),3))
    print('PCA_feature Accuracy:', round(evaluation(PCA_feature,Target),3))
```

图 7-36 所示为三种算法处理后特征集的预测结果，可以看到 UnivariateFeatures 结果甚至
比单纯利用全特征集的多项式朴素贝叶斯法还略好一些，预测

准确率达到了 88.3%。rfeFeature 和 PCA_feature 由于进行了进一

```
UnivariateFeatures Accuracy: 0.883
rfeFeature Accuracy: 0.859
PCA_feature Accuracy: 0.829
```

步的数据压缩，把特征维数从 13875 压缩到了 20 和 10 个，所

以多少会有一些有效信息损失，但是准确率依然没有下降太多，

图 7-36   三种算法处理后

特征集的预测结果

还是维持在了 80% 以上。

7.2.3   基于词汇的情感分析

基于词汇的情感分析方法使用每一个单词的情感极性得分标注各种单词来确定给定内容
的综合情感评估得分。nltk.sentiment 提供了情感强度分析器模块，它允许直接从自然文本中
估计设置。

首先，从 nltk 库导入相关模块。

```
import nltk
from nltk.sentiment.vader import SentimentIntensityAnalyzer
```

然后，初始化情感分析模块，并用一个评论数据进行尝试。

```
#Initialize an instance of SentimentIntensityAnalyzer
sid = SentimentIntensityAnalyzer()


message_text = df['Review Text'][1]
print('Review Comment:\n', message_text)
```

将评论数据 message_text 输入 sid.polarity_scores( ) 获得情感极性分析得分。然后打印结
果，compound 表示情感的混合性，neg 表示情感的消极程
度，pos 表示情感的积极程度，neu 表示情感的中立性。

```
compound: 0.9729
neg: 0.0
neu: 0.664
pos: 0.336
True Recommedation Label was:  1
```

图 7-37 所示的结果显示 message_text 的情感极性中 pos 得分
0.336 分，neu 得分 0.664 分，compound 得分 0.9729 分，真

实的推荐标签是 1（即 "推荐"）。

图 7-37   message_text 的情感极性

```
#Estimate sentiment scores
scores = sid.polarity_scores(message_text)
for key in sorted(scores):
        print('{0}: {1} \n'.format(key, scores[key]), end='')
print('True Recommedation Label was: ', df['Recommended IND'][1])
```

另一种基于多维度的情感分析也是一种实用的文本分析技术，它将文本分解为多个维度，然后为每个维度分配情感极性得分（正面、负面或中性）。

在本案例中将根据特定的服装特征（如颜色、材质和尺寸）计算情感得分。首先，引入 SentimentIntensityAnalyzer，并准备评论文本。

```
from nltk.tokenize import sent_tokenize
from nltk.sentiment.vader import SentimentIntensityAnalyzer
#A sample review comment
ReviewComment = 'the color is really nice charcoal with shimmer, and went well
with pencil skirts, \
flare pants, etc.the material feels very cheap and disapointing. on it will
cause it to rip the fabric.\
pretty disappointed as it was going to be my christmas dress this year! \
needless to say it will be going back.Material is bad, the size is verys mall and
uncomfortable.\
with a leg opening the size of my waist and hem line above my ankle, and front
pleats to make me fluffy, \
i think you can imagine that it is not a flattering look.In generall, Hate the ma-
terial, Love the color.'
print(ReviewComment)
```

对 ReviewComment 进行情感极性分析，结果如图 7-38 所示。

```
OVERALL SENTIMENT SCORE:
    {'neg': 0.126, 'neu': 0.77, 'pos': 0.104, 'compound': -0.3738}
```

图 7-38　ReviewComment 的情感极性分析

```
#Check the overall sentiment
sid = SentimentIntensityAnalyzer()
OverallSen = sid.polarity_scores(ReviewComment)
print('OVERALL SENTIMENT SCORE: \n', OverallSen)
```

从图 7-38 中可见，ReviewComment 这段文字的结果主要是中性为主，略偏向于消极。

逐句计算每一句话的情感极性。调用 sent_tokenize( ) 切分 ReviewComment 为单个句子，然后遍历每一个句子计算情感极性得分。

```
#Compute Sentiment Score by text trunk
from nltk.tokenize import sent_tokenize

ReviewComment=ReviewComment.replace(',','.')
sents =  sent_tokenize(ReviewComment)
scores = []
for s in range(len(sents)):
        scores.append(sid.polarity_scores(sents[s]))
[s for s in scores] #Show sentiment score of individual trunks
```

图 7-39 所示为 ReviewComment 每一个句子的情感极性分析结果。可以看到，虽然整体结果是偏向于 neg 的，但是每一个句子中可能存在 pos 的句子。

```
[{'neg': 0.0, 'neu': 0.694, 'pos': 0.306, 'compound': 0.4754},
 {'neg': 0.0, 'neu': 0.741, 'pos': 0.259, 'compound': 0.2732},
 {'neg': 0.0, 'neu': 1.0, 'pos': 0.0, 'compound': 0.0},
 {'neg': 0.0, 'neu': 1.0, 'pos': 0.0, 'compound': 0.0},
 {'neg': 0.0, 'neu': 1.0, 'pos': 0.0, 'compound': 0.0},
 {'neg': 0.176, 'neu': 0.625, 'pos': 0.198, 'compound': 0.1007},
 {'neg': 0.0, 'neu': 1.0, 'pos': 0.0, 'compound': 0.0},
 {'neg': 0.636, 'neu': 0.364, 'pos': 0.0, 'compound': -0.5423},
 {'neg': 0.302, 'neu': 0.698, 'pos': 0.0, 'compound': -0.3818},
 {'neg': 0.0, 'neu': 1.0, 'pos': 0.0, 'compound': 0.0},
 {'neg': 0.109, 'neu': 0.891, 'pos': 0.0, 'compound': -0.2411},
 {'neg': 0.0, 'neu': 1.0, 'pos': 0.0, 'compound': 0.0},
 {'neg': 0.649, 'neu': 0.351, 'pos': 0.0, 'compound': -0.5719},
 {'neg': 0.0, 'neu': 0.323, 'pos': 0.677, 'compound': 0.6369}]
```

图 7-39　ReviewComment 逐句情感极性分析

下面开始进行多维度情感极性分析。设定三个维度，分别是颜色（color）、材质（material）、尺寸（size），然后将所有句子输入到 aspect_ sentiment()函数中，检查每一个句子中是否存在 color、material、size 这三个关键字，如果存在则将这个句子的情感极性得分记录到这个维度中，最后计算三个维度的平均 pos 和 neg 得分。

```
color:   [0.492, 0.0]
material: [0.0, 0.325]
size:    [0.0, 0.151]
```

结果如图 7-40 所示，在这段话中每行两个数字，第 1 个数字代表积极得分，第 2 个数字代表消极得分 color 的得分是积极的，但是 material 和 size 是消极的，所以总体得分是偏向于消极的。

图 7-40　多维度情感极性评分结果

```
from statistics import mean
#Define function to compute sentiment score for aspect
def aspect_sentiment(aspect,sents,scores):
    AspSen = []
        for s in range(len(sents)):
            #Check if the aspect is mentioned in the text trunk
            Index = sents[s].find(aspect)
            if Index > 0:
                AspSen.append(scores[s])
        Pos = [AspSen[x]['pos'] for x in range(len(AspSen))]
        Neg = [AspSen[x]['neg'] for x in range(len(AspSen))]
        #Return average of sentiment scores of aspect
        return [round(mean(Pos),3), round(mean(Neg),3)]

print('color:', aspect_sentiment('color',sents,scores))
print('material:', aspect_sentiment('material',sents,scores))
print('size:', aspect_sentiment('size',sents,scores))
```

一旦从每个评论或句子中估计出情感得分，就需要对各个产品、维度进行汇总，以提供总体情感的总结。在本案例中，我们将计算服装数据集中每个项目类别的文本中表达的总体情感得分。下面的程序对 Review Text 列的所有评论数据逐一进行情感极性分析，并设定了 0.3 的阈值，只有积极或消极情感得分在 0.3 分以上才会被标记为 1，否则为 0。

```
PostiveIndex = [ ]    #Index to indicate positive sentiment.
NegativeIndex = [ ] #Index to indicate negative sentiment.
df=df.reset_index(drop=True)
for r in range(len(df['Review Text'])):
    rev = df['Review Text'][r]
    # Compute Sentiment Score for each review
    SentimentScores = sid.polarity_scores(rev)
    # Generate sentiment index based on sentiment score, We set 0.3 as threshold
for strong sentiments
    if SentimentScores['pos']>0.3:
        PostiveIndex.append(1)
    else:
        PostiveIndex.append(0)

    if SentimentScores['neg']>0.3:
        NegativeIndex.append(1)
    else:
        NegativeIndex.append(0)

#Add sentiment indixes to the original data frame.
df['Positive'] = PostiveIndex
df['Negative'] = NegativeIndex
df.head()
```

现在，统计一下各个商品类别的评论的积极和消极计数。程序按照 Class Name 分组，并加总之前统计的 Positive 和 Negative 计数，然后对比评论总数，得到了如图 7-41 所示的统计图表。

Class Name	Positive	Negative	Total
Blouses	784	7	2983
Casual bottoms	0	0	1
Chemises	1	0	1
Dresses	1241	5	6145
Fine gauge	253	3	1059
Intimates	53	1	147
Jackets	136	0	683
Jeans	313	1	1104
Knits	1435	8	4626
Layering	34	0	132
Legwear	43	0	158
Lounge	171	0	669
Outerwear	47	0	319
Pants	324	1	1350
Shorts	81	1	304
Skirts	232	2	903
Sleep	70	1	214
Sweaters	310	1	1380
Swim	78	0	332
Trend	14	0	118

图 7-41　各个类别的商品评论情感积极或消极统计

```
#Count Positive and Negative Reviews by Class Name
SentimentCountByClass = df.groupby('Class Name').sum()[['Positive','Negative']]
```

```
CountByClass = df.groupby('Class Name').count()[['Clothing ID']]
SentimentCountByClass["Total"] = CountByClass['Clothing ID']
SentimentCountByClass
```

下面，重点关注 Blouses、Dresses、Fine gauge、Jeans、Knits、Pants 这 6 个类别的积极评论占比情况。如图 7-42 所示，我们可以看到即使积极评论总数较多的商品，其积极评论数量在总体评论数量中的占比依然是不高的，大约不到 30%，这说明大多数消费者并不热衷于进行评论。

```
#Select some items and plot proportion of reviews with respect to positive sen-
timents
SelectedItemClass = SentimentCountByClass.loc[['Blouses','Dresses','Fine
gauge','Jeans','Knits','Pants'], :]
PositivePercentage = [];
for i in range(len(SelectedItemClass)):
    PositivePercentage.append(SelectedItemClass.iloc[i]['Positive']/Se-
lectedItemClass.iloc[i]['Total'])

pyplot.bar(SelectedItemClass.index,PositivePercentage, color='blue', width=
0.6)
pyplot.xlabel('Class Name')
pyplot.ylabel('Positive Proportion')
pyplot.suptitle('Proportion of Positive Reviews');
```

从图 7-42 中还可以看到，Knits（针织品）和 Jeans（牛仔裤）从顾客那里获得了最积极的情绪反馈。那么接下来，我们将深入比较所有客户对服装店针织品和牛仔裤的"颜色""材质"和"尺寸"的总体正面和负面情绪。

首先定义一个 aspect_sentiment() 函数，该函数实现如下功能：该函数输入评论文本数据和所关注的维度，将评论文本数据切分为单个句子，并在句子中寻找是否符合关注的维度，如果符合，则进行情感极性评分，然后计算这个评论的平均积极消极得分，最后设置 0.3 的得分阈值，如果该评论的平均积极或消极得分超过 0.3，则将该评论的积极或消极标记为 1，否则标记为 0。

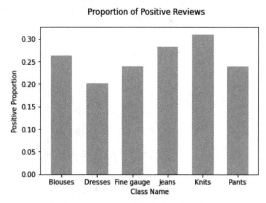

图 7-42　6 个类别的积极评论占比

```
#Define a function to compute overall sentiment by aspect
def aspect_sentiment(aspect,reviewtext):
    PositiveIndex = []
    NegativeIndex = []
    # For each review in the data set
```

```
for rev in (reviewtext):
    try:
        sens =  sent_tokenize(rev)
    except:
    continue
#Compute sentiment scores by each sentence.
ReviewLevelSentiment = []
for s in range(len(sens)):
    IndexAspect = sens[s].find(aspect)
    if IndexAspect > 0:
        ReviewLevelSentiment.append(sid.polarity_scores(sens[s]))


#Aggregate sentiment scores for each review
try:
    Pos = mean([ReviewLevelSentiment[x]['pos'] for x in range(len(Re-
viewLevelSentiment))])
    Neg = mean([ReviewLevelSentiment[x]['neg'] for x in range(len(Re-
viewLevelSentiment))])
    except:
    Pos = 0
    Neg = 0


# Generate sentiment index based on sentiment score, We set 0.3 as threshold
for strong sentiments
    if Pos > 0.3:
        PositiveIndex.append(1)
    else:
        PositiveIndex.append(0)


    if Neg > 0.3:
        NegativeIndex.append(1)
    else:
        NegativeIndex.append(0)


return [round(sum(PositiveIndex)/len(reviewtext),3), round(sum(NegativeIn-
dex)/len(reviewtext),3)]
```

设定三个维度 color、material、size，然后分别考察针织品和牛仔裤的维度情感极性得分。

```
#Define Aspects to compute sentiment
aspects = ['color','material','size']
```

```
#Extract Reviews for Jeans only and compute aspect sentiments
print('Sentiment proportions for Jeans:')
JeanReviews = df.loc[df['Class Name'] == 'Jeans']
SentimentScoresJeans = []
for a in range(len(aspects)):
    SentimentScoresJeans.append(aspect_sentiment(aspects[a],JeanReviews
['Review Text']))
    print(aspects[a])
    print(SentimentScoresJeans[a])

print('-----------------------------')
#Extract Reviews for Knits only and compute aspect sentiments
print('Sentiment proportions for Knits:')
KnitReviews = df.loc[df['Class Name'] == 'Knits']
SentimentScoresKnits = []
for a in range(len(aspects)):
    SentimentScoresKnits.append(aspect_sentiment(aspects[a],KnitReviews
['Review Text']))
    print(aspects[a])
    print(SentimentScoresKnits[a])
```

图 7-43 所示的牛仔裤的 color 和 material 是积极的，size 也以积极为主；针织品的 color 积极得分最高，其次是 size 和 material。

进一步，把针织品和牛仔裤的维度情感极性得分通过绘制柱状图可视化表达，即分别绘制针织品和牛仔裤的积极得分柱状图和消极得分柱状图，如图 7-44所示。

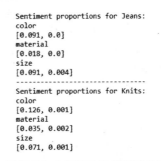

图 7-43　针织品和牛仔裤的维度情感极性得分

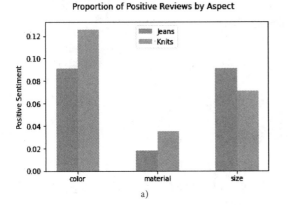

a)

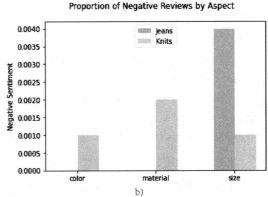

b)

图 7-44　针织品和牛仔裤的维度情感极性得分柱状图

```
import numpy

PosJeans = [SentimentScoresJeans[x][0] for x in range(len(SentimentScoresJeans))]
NegJeans = [SentimentScoresJeans[x][1] for x in range(len(SentimentScoresJeans))]

PosKnits = [SentimentScoresKnits[x][0] for x in range(len(Sentim-
entScoresKnits))]
NegKnits = [SentimentScoresKnits[x][1] for x in range(len(Sentim-
entScoresKnits))]

ind = numpy.arange(len(aspects))  # the x locations for the groups
width = 0.27        # the width of the bars

#Plot figure for positive reviews
figPo = pyplot.figure()
ax = figPo.add_subplot(111)

rectsPosJeans = ax.bar(aspects, PosJeans, width, color='b')
rectsPosKnits = ax.bar(ind+width, PosKnits, width, color='g')

ax.set_ylabel('Positive Sentiment')
ax.set_xticks(ind+0.5* width)
ax.legend( (rectsPosJeans[0], rectsPosKnits[0]), ('Jeans','Knits'),loc=
'upper center')
pyplot.suptitle('Proportion of Positive Reviews by Aspect');

#Plot figure for negative reviews
figNe = pyplot.figure()
ax = figNe.add_subplot(111)

rectsNegJeans = ax.bar(aspects, NegJeans, width, color='r')
rectsNegKnits = ax.bar(ind+width, NegKnits, width, color='y')

ax.set_ylabel('Negative Sentiment')
ax.set_xticks(ind+0.5* width)
ax.legend( (rectsNegJeans[0], rectsNegKnits[0]), ('Jeans','Knits'),loc=
'upper center')
pyplot.suptitle('Proportion of Negative Reviews by Aspect');
```

对于这两种服装产品，顾客更倾向于表达他们对"颜色"和"尺寸"的情感，而不是对"材料"的情感；与牛仔裤相比，针织品在"颜色"和"材质"方面更受欢迎，牛仔裤比针织品更受"尺寸"的青睐，见图 7-44a。

客户没有对牛仔裤的"颜色"和"材质"两方面表达负面情绪；然而，他们经常对自己的"尺寸"表达负面情绪；而客户对针织品的三个方面都表示了一些负面情绪，见图 7-44b。这个结果可能的业务影响有：服装企业如果想提高顾客对该产品的满意度，就应该注重改善牛仔裤的"尺寸"方面；而对于针织品应注意所有三个方面（颜色、材质和尺寸），以提高客户对针织品的满意度。

7.3　主题建模

本节内容主要围绕着主题建模（Topic Modelling）相关的知识点展开，会重点讲解潜在语义分析（Latent Semantic Analysis，LSA）、sklearn 库中的 Latent Dirichlet Allocation（LDA）和 gensim 库中的 LdaModel。通过本节的学习，读者可以了解这三种文本分析模型各自的优点和缺点。

7.3.1　潜在语义分析

下面以 Kaggle（全球顶级的权威性数据科学竞赛平台）竞赛的经典数据集 Airport 评论数据集为例展开介绍。

```
import pandas as pd
df = pd.read_csv('airport.csv',engine='python')
df.head()
```

图 7-45 所示为 Airport 评论数据集的前 5 行，最后一列 recommended 是预测标签。对 overall_rating 列绘制柱状图，之后观察评分的分布。

```
#Place your solution here
from matplotlib import pyplot

pyplot.hist(df['overall_rating'].dropna(), bins=10, rwidth=0.9, color ='red')
pyplot.title('Airport Rating Distribution')
pyplot.xlabel('Rating')
pyplot.ylabel('Count')
pyplot.show()
```

图 7-46 所示为 Airport 评论数据集中评论的评分信息的分布情况，图中显示 1~5 分占分布的主要部分，6~10 分是少部分。

潜在语义分析可以利用单词周围的上下文来捕获文档中的隐藏概念，也称为主题（Topic）。在本节中将使用奇异值分解（SVD）执行 LSA。可以使用 scipy 库快速演示 SVD 计算。下面生成一个 3 行 2 列的矩阵 A，然后调用 svd( ) 对 A 进行 SVD 分解，生成三个矩阵 U、Sigma、VT，如图 7-47 所示。

	airport_name	...	recommended
0	aalborg-airport	...	1
1	aalborg-airport	...	1
2	aalborg-airport	...	1
3	aalborg-airport	...	0
4	aalborg-airport	...	0

图 7-45　Airport 评论数据集

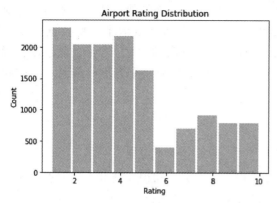

图 7-46　overall_rating 的分布柱状图

```
Original Matrix A:
 [[2 0]
 [1 3]
 [4 3]]
Matrix U:
 [[-0.25219323  0.63795518 -0.72760688]
 [-0.46844422 -0.73842122 -0.48507125]
 [-0.84673407  0.21851155  0.48507125]]
Matrix Sigma:
 [5.88003516 2.10361274]
Matrix VT:
 [[-0.74145253 -0.67100532]
 [ 0.67100532 -0.74145253]]
```

图 7-47　矩阵的 SVD 分解

```
from numpy import array
from scipy.linalg import svd
# define a matrix
A = array([[2, 0], [1, 3], [4, 3]])
print('Original Matrix A: \n', A)
# SVD
U, Sigma, VT = svd(A)
print('Matrix U: \n', U)
print('Matrix Sigma: \n', Sigma)
print('Matrix VT: \n', VT)
```

现在，将 SVD 分解应用于实际数据集。假设有 m 个文本文档，其中 n 个唯一术语（单词）。首先生成具有 TF-IDF 格式的 m * n 形状的文档矩阵。然后，将使用奇异值分解（SVD）将上述矩阵的维数降低到 k（所需主题数）维数。主题的数量 k 必须先验指定。

首先，加载所需的库。

```
import numpy as np
import matplotlib.pyplot as plt
import seaborn as sns
pd.set_option("display.max_colwidth", 200)
```

接下来，将通过删除标点符号、数字、特殊字符和短词来清洗文本数据，因为它们通常不包含太多信息。之后，使所有文本字母都小写化，以消除区分大小写的限制。

```
from nltk.stem import PorterStemmer #Stemming Package
import re   #Regular expression operation package


porter = PorterStemmer()


documents = df['content']
Cleaned_doc = []
for r in range(len(documents)):
```

```
        review = documents[r]
        try:
            # removing everything except alphabets
            review = re.sub('[^A-Za-z]', '', review)
            # make all text lowercase
            review = review.lower()
            # apply tokenization
            Tokens = review.split()
            # apply stemming operation (Optional)
            #for t in range(len(Tokens)):
            #    Tokens[t] = porter.stem(Tokens[t])
            # removing short words
            Filtered_token = [w for w in Tokens if len(w)>3]
            review = ''.join(Filtered_token)
        except:
            continue
        #Save cleaned text
        Cleaned_doc.append(review)
        print('-[Review Text]: ', review)
```

然后，我们需要从文本数据中删除停止词，因为它们大多杂乱无章，几乎不包含任何信息。

```
from nltk.corpus import stopwords
stop_words = stopwords.words('english')


# Remove Stop Words
for r in range(len(Cleaned_doc)):
    each_item = []
    for t in Cleaned_doc[r].split():
        if t not in stop_words:
            each_item.append(t)
    Cleaned_doc[r] = ''.join(each_item)
    print('-[Cleaned Text]: ', Cleaned_doc[r])
```

继续使用 sklearn 的 TfidfVectorizer 创建文档矩阵对象，然后将之前清洗完的文档数据 Cleaned_doc 转化为数值矩阵，最后得到了矩阵规模为（17721,1000）的数值矩阵 A。

```
from sklearn.feature_extraction.text import TfidfVectorizer
vectorizer = TfidfVectorizer(max_features = 1000, # keep top 1000 terms
                             max_df = 0.5, smooth_idf =True)
A = vectorizer.fit_transform(Cleaned_doc)
A.shape # check shape of the document-term matrix
```

我们可以使用全部特征构成的矩阵进行下一步的建模和计算，但这需要占用相当多的计算资源。因此，将特征的数量从 1000 开始进一步压缩。

TfidfVectorizer 是将每个术语或文档转化为一行向量，从而得到了前面创建的矩阵 A。我们将使用 sklearn 的 TruncatedSVD 来执行矩阵 A 的奇异值分解。TruncatedSVD 类似于普通奇异值分解的，但它允许我们保留矩阵的重要信息而舍弃不必要的冗余信息，这便于进行下一步分析。使用 n_components 参数可以指定特征的数量，此处尝试将压缩后的数值矩阵 A 设置为 20 个特征。

```
from sklearn.decomposition import TruncatedSVD

# SVD represent documents and terms in vectors
svd_model = TruncatedSVD(n_components=20, algorithm='randomized', n_iter=100, random_state=122)
svd_model.fit(A)
print("Number of Components:", len(svd_model.components_))
```

现在的 svd_model 是矩阵 A 经过 TruncatedSVD 后的对象，下面观察被保留的 20 个 components 的权重是多少。图 7-48 所示为 20 个 components 的权重，可以看到，第一个 components 的权重有着显著的重要性，其余 components 的重要性则基本持平。

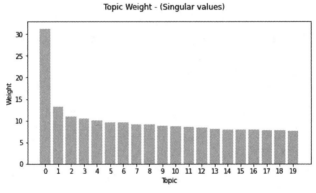

图 7-48　奇异值分解后被保留的 20 个特征的权重

```
from matplotlib import pyplot
#Singular values on diagonal matrix - weight of topic
TopicWeight = svd_model.singular_values_

#visualize the weights
pyplot.figure(figsize=(8, 4))
pyplot.bar([x for x in range(len(TopicWeight))],TopicWeight)
pyplot.suptitle('Topic Weight - (Singular values)')
pyplot.xlabel('Topic')
pyplot.ylabel('Weight')
pyplot.xticks([x for x in range(len(TopicWeight))]);
```

svd_model 的 component 是当前的主题，它是一系列的重要单词，可以使用 svdmodel.

components 访问它们，在这里其长度是 1000，通过打印 svd_model.components_ 可以观察相关的基本信息。

```
print('Length of each component: ', len(svd_model.components_[0]))
print('Value of  the first component (Weights of words): \n', svd_model.components_
[1])
```

最后，遍历 20 个 components 中的每个 component，并打印排名 top5 的最重要的单词，这些单词意味着这个 components 所代表的主题。

```
#Get the list of terms
terms = vectorizer.get_feature_names()

#Retrieve the 5 most popular terms in each topic
for i, comp in enumerate(svd_model.components_):
    terms_comp = zip(terms, abs(comp))
    sorted_terms = sorted(terms_comp, key= lambda x:x[1], reverse=True)[:5]
    print("Topic "+str(i)+": ")
    for t in sorted_terms:
        print(t[0], ':', '{0:.3f}'.format(t[1]))
    print(" ")
```

图 7-49 所示为 20 个 components 中前 3 个 components 的 top5 主题词，数值代表这个主题词在该 components 中的权重。

```
Topic 0:
terminal : 0.207
security : 0.190
check : 0.161
flight : 0.158
staff : 0.148

Topic 1:
flight : 0.236
terminal : 0.227
clean : 0.219
good : 0.219
queue : 0.186

Topic 2:
terminal : 0.725
staff : 0.277
international : 0.192
domestic : 0.179
free : 0.130
```

图 7-49　components 的主题词

使用 WordCloud 可以将主题中的单词可视化。

```
# Import the wordcloud library
from wordcloud import WordCloud
import math

# Initiate a figure for word clouds
rows = math.ceil(len(svd_model.components_)/4)
```

```python
fig, ax = pyplot.subplots(rows, 4, figsize=(15,2.5* rows))
[axi.set_axis_off() for axi in ax.ravel()]

for i, comp in enumerate(svd_model.components_):
    terms_comp = zip(terms, abs(comp))
    sorted_terms = sorted(terms_comp, key= lambda x:x[1], reverse=True)[:5]
    # convert to dictionary type - keep top 10 words
    Word_Frequency = dict(sorted_terms[0:10])
    # generate word cloud
     wordcloud = WordCloud(background_color="white").generate_from_frequencies(Word_Frequency)
    # visualize word cloud in figure
    subfig_Row = math.floor(i/4)
    subfig_Col = math.ceil(i% 4)
    ax[subfig_Row,subfig_Col].imshow(wordcloud)
    ax[subfig_Row,subfig_Col].set_title("Topic {}".format(i+1))

plt.show()
```

图 7-50 所示为 20 个 components 中 top5 的主题词构成的主题（Topic），主题词的权重越大，则其展示在词云中的字体也越大。

图 7-50　20 个 components 主题词云图

7.3.2　sklearn 库的 LDA 模型

下面继续介绍主题建模技术，采用 sklearn 库中提供的 Latent Dirichlet Allocation（LDA）

模型，来发现文本数据中的主题。其完整文档可从 https：//scikit-learn.org/0.16/modules/gen-erated/sklearn.lda.LDA.html 查询。

我们可以使用与前文中相同的预处理文档 Cleaned_doc，但是对于 LDA，最好使用文本频率表示，而不是词频-逆文本频率（TF-IDF）表示，因为 LDA 计算基于单词出现的概率。count_data 是转化为文本频率表示的数值矩阵。

```
from sklearn.feature_extraction.text import CountVectorizer
count_vectorizer = CountVectorizer()# Fit and transform the processed titles
count_data = count_vectorizer.fit_transform(Cleaned_doc)
count_data
```

Cleaned_doc 中有 17721 篇文档，经过 count_vectorizer 转换后共计生成了 21822 列，每一列分别对应一个单词（terms），所以 count_data 是 17721 * 21822 的数值矩阵，现在将每一行向量按照文档总数加总，这样就得到了一行代表每一个单词的数值向量，其数值大小意味着文本频率的高低，可以视为该单词的重要性。然后按照重要性排序，输出前 40 个单词的柱状图，如图 7-51 所示。

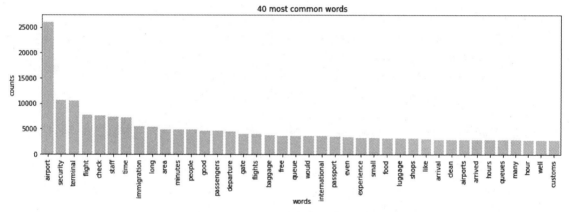

图 7-51　基于词文本频率的前 40 个词

```
# Visualise the most common words:
terms = count_vectorizer.get_feature_names()

# Count the popularity of words
total_counts = np.zeros(len(terms))
for t in count_data:
    total_counts+=t.toarray()[0]

count_dict = (zip(terms, total_counts))
count_dict = sorted(count_dict, key=lambda x:x[1], reverse=True)[0:40] #Take
the top 40 words

words = [w[0] for w in count_dict]
```

```
counts = [w[1] for w in count_dict]
x_pos = np.arange(len(words))

plt.figure(2, figsize=(15, 4))
plt.subplot(title='40 most common words')
sns.set_context("notebook", font_scale=1.25, rc={"lines.linewidth": 2.5})
sns.barplot(x_pos, counts, palette='husl')
plt.xticks(x_pos, words, rotation=90)
plt.xlabel('words')
plt.ylabel('counts')
plt.show()
```

"机场（airport）""安全（security）"和"终端（terminal）"等频繁出现的词语对主题发现没有任何帮助，因为大多数评论都会包含这些词语，这是由语境导致的，所以这种频繁出现的词应该被丢弃。此外，在整个数据集中出现次数很少的词也应该被丢弃，因为它们没有什么分析价值。

```
#Remove highly frequent (Greater than 20%) and infrequent words (less than 1%)
keepIndex = [];
for t in range(len(total_counts)):
    if total_counts[t] < 1000 and total_counts[t] > 50:
        keepIndex.append(t)

print('Number of Terms Remained: ', len(keepIndex))

#Save the remain ing term and frequency data
ReducedTerm = [terms[t] for t in keepIndex]
ReducedCount = count_data[:,keepIndex]
ReducedCount
```

经过上述的文本清洗后 ReducedCount 剩下 2082 个词，现在 ReducedCount 是 17721 ∗ 2082 的数值矩阵，此时可以开始建立 LDA 模型了。设定 10 个 Topic，其中 lda.components_ 是主题词分布，它是 10 ∗ 2082 的矩阵，代表了 10 个 Topic 下各个词的频率高低。

```
# LDA Modeling
# Train an LDA model with 10 topics:

from sklearn.decomposition import LatentDirichletAllocation as LDA

# Tweak the two parameters below
number_topics = 10

lda = LDA(n_components=number_topics, n_jobs=-1)
lda.fit(ReducedCount)
```

```
#Trained LDA model
lda.components_
```

现在将 lda.components_ 进行归一化，就可以得到每一个词的主题概率。

```
#Word Probablities in Topics
Word_Topics_Pro = lda.components_ / lda.components_.sum(axis=1)[:, np.newax-
is]
print(Word_Topics_Pro)
```

将 Word_Topics_Pro 对应的 Topic 逐一遍历，然后输出 top5 的主题词并打印。图 7-52 所示为前三个主题的主题词及其概率。

```
for topic_idx, topic in enumerate(Word_Topics_Pro):
    print("\nTopic #%d:" % topic_idx)
    count_dict = (zip(ReducedTerm, topic))
    count_dict = sorted(count_dict, key=lambda x:x[1], reverse=True)[0:5]
    for w in count_dict:
        print(w[0], ': {0:.3f}'.format(w[1]))
```

下面将词的概率表和词拼成 DataFrame 格式，这样就得到了 10 个主题与 2082 个词的关系了，如图 7-53 所示。

```
Topic #0:
aircraft : 0.011
passenger : 0.006
space : 0.006
ryanair : 0.005
stairs : 0.005

Topic #1:
hand : 0.009
process : 0.009
screening : 0.008
connection : 0.007
missed : 0.006

Topic #2:
signage : 0.017
english : 0.016
signs : 0.012
confusing : 0.009
speak : 0.008
```

	aberdeen	able	abroad	...	zealand	zone	zurich
0	0.000002	0.001489	0.000002	...	0.000002	0.000109	0.000002
1	0.000032	0.000915	0.000002	...	0.000002	0.000547	0.000002
2	0.000003	0.000174	0.000397	...	0.000003	0.000003	0.001849
3	0.000002	0.001172	0.000002	...	0.000002	0.000745	0.000005
4	0.001114	0.000719	0.000002	...	0.000002	0.000796	0.000238
5	0.000003	0.002019	0.000328	...	0.000725	0.000332	0.000003
6	0.000002	0.000546	0.000476	...	0.000002	0.002021	0.000082
7	0.000054	0.002774	0.000029	...	0.000632	0.000435	0.000002
8	0.000002	0.000954	0.000118	...	0.000002	0.000005	0.000002
9	0.000003	0.002473	0.000047	...	0.000003	0.000003	0.000529

图 7-52　LDA 模型下各个 Topic 中 top5 的主题词　　　　图 7-53　10 个主题与 2082 个词

```
# View full Word Probabilities by Topic Matrix
df_topic_keywords = pd.DataFrame(Word_Topics_Pro)
df_topic_keywords.columns = ReducedTerm
df_topic_keywords
```

计算单个文档的主题分布，调用 .transform( ) 计算 17720 篇评论的 ReducedCount 在 10 个主题上的概率，如图 7-54 所示。

	0	1	2	...	7	8	9
0	0.006251	0.006251	0.006252	...	0.006251	0.006251	0.006251
1	0.005265	0.005265	0.005264	...	0.005265	0.005265	0.005264
2	0.010001	0.010001	0.010001	...	0.010000	0.010003	0.010005
3	0.005883	0.005883	0.005883	...	0.005883	0.005885	0.005884
4	0.012504	0.460136	0.012501	...	0.012503	0.012502	0.012501
...	...	...	...	...	...	...	...
17716	0.003126	0.003126	0.050596	...	0.246578	0.003126	0.195594
17717	0.004348	0.004348	0.793874	...	0.004348	0.171335	0.004349
17718	0.765606	0.003847	0.203617	...	0.003847	0.003847	0.003847
17719	0.007144	0.007143	0.125360	...	0.007143	0.007143	0.007143
17720	0.007145	0.007145	0.007144	...	0.007145	0.007144	0.007145

图 7-54　17720 篇评论的主题概率

```
# View full Topic Probabilities by Document Matrix
TopicDis_Doc = lda.transform(ReducedCount)
df_document_topics = pd.DataFrame(TopicDis_Doc)
df_document_topics
```

接下来，提取前 5 篇评论观察它们在 10 个主题上的概率分布，图 7-55 所示的横轴是 10 个 Topic，纵轴是 5 篇评论在各个主题上的概率。

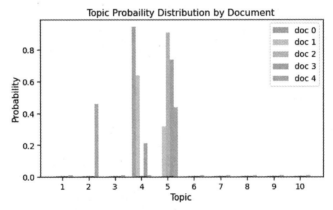

图 7-55　评论在 10 个主题上的概率分布

```
# Compute the topic distribution for some reviews:
TopicDis_Doc = TopicDis_Doc[0:5]
print('Topic Probablity distribution by Document: \n', TopicDis_Doc)
# Get the topic index
Bar_index = np.asarray(range(1,number_topics+1))


#Create a new figure
pyplot.figure(figsize=(9,5))
pyplot.title('Topic Probaility Distribution by Document', fontsize=16)
pyplot.xlabel('Topic')
pyplot.ylabel('Probability')


width = 0.15
```

```
for i in range(0,5):
        pyplot.bar(Bar_index + i* width, TopicDis_Doc[i].tolist(), width,
label='doc' + str(i))

    pyplot.xticks(Bar_index + 2* width, Bar_index)
    pyplot.legend()
    pyplot.show();
```

商业营销通常对消费者反馈的评论主题很感兴趣，可以通过归一化某一组评论中各个主题的概率来计算关于评论的主题概率分布。为了给读者进行演示，下面计算并显示了评论的主题概率分布。

```
import numpy as np

#Get the word count of document written by people from United Kingdom
ReducedTerm_Selected = ReducedCount[np.where(df['author_country'] == 'United
Kingdom')]
#Compute topic distribution for each document
TopicDis_Doc = lda.transform(ReducedTerm_Selected)

#Compute overall topic distribution for all each documents
Overall_Topic_Dis = sum(TopicDis_Doc)/sum(sum(TopicDis_Doc))



#Visualize topic distributions of review groups
pyplot.figure(figsize=(7,4))
pyplot.title('Topic Distribution of Document Group', fontsize=16)
pyplot.xlabel('Topic')
pyplot.ylabel('Probability')
pyplot.bar(Bar_index, Overall_Topic_Dis.tolist(), 0.3, label='United
Kingdom')
pyplot.xticks(Bar_index, Bar_index)
pyplot.legend()
pyplot.show();
```

图 7-56 所示的众多评论集中在主题 1 和主题 7 上，其余几个主题的概率分布比较均匀。

此时就产生了一个有趣的问题，主题建模中的一个重要问题是选择最佳的主题数（即 k）是多少呢？我们可以通过主题"一致性得分（Coherence Score）"来评估主题模型的质量，从而引出下一小节内容。一般来说，一个更好的模型会得到更高的分数。

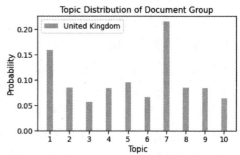

图 7-56　评论的主题概率分布

7.3.3 gensim 库的 LDA 模型

虽然 sklearn 库可以使用 LDA 模块构建主题模型，但它不提供计算主题一致性的功能。我们可以探索一个名为 gensim 的替代库，该库可用于构建 LDA 模型，并使用一致性得分（Coherence Score）评估模型质量。有关 gensim 软件包的完整文档可从以下网站访问：https://radimrehurek.com/gensim/models/ldamodel.html。

如果这个库在当前的 Python 环境中还不可用，则需要先安装 gensim 软件包。安装 Gensim 软件包后只需对其运行一次即可正常使用。

```
! pip install Cython
! pip install gensim
```

我们可以使用预处理的文档 Cleaned_doc 来代入 gensim 库训练 LDA 模型。由于该库中的 LDA 模块要求输入数据采用特殊格式，因此需要应用几个操作来准备输入数据。

首先，过滤 Cleaned_doc 中的评论，仅保留在单词选择部分中先前简化过的单词Reduced Term。

```
Cleaned_doc_new = []
print('CLEANED TEXT NEW: ')
for r in range(len(Cleaned_doc)):
    each_item = []
    for t in Cleaned_doc[r].split():
        #Keep only terms included in ReducedTerm
        if t in ReducedTerm:
                each_item.append(t)
    Cleaned_doc_new.append(each_item)
    print(Cleaned_doc_new[r])
```

接下来，按照 gensim 库中 LDA 模块的所需格式构建单词的字典，生成的 id2word 格式是"单词：序号"。

```
import gensim.corpora as corpora

# Construct term dictionary in the format "Term: Index"
id2word = corpora.Dictionary(Cleaned_doc_new)
print(id2word.token2id)
```

然后，基于计算出的字典 id2word，将 Cleaned_doc_new 转换为词袋。Corpus 格式采用（单词索引，频率）格式。例如，(3,5) 表示索引位置 3 处的术语在当前文档中出现 5 次。

```
#Bag of Word Representation
Corpus = [id2word.doc2bow(text) for text in Cleaned_doc_new]
print(Corpus)
```

有了 Corpus 和 id2word 作为数据输入，就可以建立 LDA 模型了。此处设定 10 个主题，并固定随机种子。图 7-57 所示为 LDA 模型的 10 个主题输出，每一个主题都由关键的单词及其权重构成。

```
[(0,
  '0.007*"station" + 0.007*"public" + 0.007*"breeze" + 0.007*"transport" + '
  '0.006*"usually" + 0.006*"takes" + 0.006*"connection" + 0.006*"desks" + '
  '0.005*"selection" + 0.005*"star"'),
 (1,
  '0.011*"airside" + 0.009*"signage" + 0.008*"signs" + 0.008*"counters" + '
  '0.007*"options" + 0.006*"connection" + 0.006*"landside" + 0.006*"passenger"'
  '+ 0.006*"lots" + 0.005*"lack"'),
 (2,
  '0.011*"smoking" + 0.007*"english" + 0.007*"wifi" + 0.007*"room" + '
  '0.006*"process" + 0.006*"looking" + 0.006*"extremely" + 0.005*"seem" + '
  '0.005*"rather" + 0.005*"china"'),
 (3,
  '0.008*"toronto" + 0.008*"missed" + 0.007*"asked" + 0.006*"canada" + '
  '0.005*"customer" + 0.005*"officers" + 0.005*"agent" + 0.005*"process" + '
  '0.005*"employees" + 0.005*"waited"'),
 (4,
  '0.009*"dulles" + 0.007*"access" + 0.007*"rome" + 0.006*"changi" + '
  '0.005*"hong" + 0.005*"kong" + 0.005*"singapore" + 0.005*"signs" + '
  '0.005*"japan" + 0.005*"london"'),
 (5,
  '0.008*"information" + 0.007*"buses" + 0.006*"expect" + 0.006*"aircraft" + '
  '0.006*"vienna" + 0.005*"basic" + 0.005*"compared" + 0.005*"often" + '
  '0.004*"inside" + 0.004*"signage"'),
 (6,
  '0.009*"water" + 0.009*"excellent" + 0.008*"prices" + 0.007*"spacious" + '
  '0.007*"level" + 0.007*"narita" + 0.006*"restaurant" + 0.006*"drinks" + '
  '0.006*"comfortable" + 0.005*"cafe"'),
 (7,
  '0.007*"station" + 0.006*"late" + 0.006*"rental" + 0.005*"park" + '
  '0.005*"within" + 0.005*"shuttle" + 0.005*"minute" + 0.005*"morning" + '
  '0.005*"aircraft" + 0.005*"easyjet"'),
 (8,
  '0.006*"hand" + 0.006*"stansted" + 0.005*"right" + 0.005*"ticket" + '
  '0.005*"machine" + 0.005*"luton" + 0.005*"things" + 0.004*"come" + '
  '0.004*"thing" + 0.004*"asked"'),
 (9,
  '0.006*"money" + 0.005*"floor" + 0.005*"terrible" + 0.005*"manchester" + '
  '0.005*"vancouver" + 0.005*"eventually" + 0.005*"hotel" + 0.004*"dirty" + '
  '0.004*"seemed" + 0.004*"joke"')]
```

图 7-57 LDA 的主题

```
import gensim
from gensim.models.ldamodel import LdaModel
from pprint import pprint#


#Train model using bag of word reprentation
lda_model = gensim.models.ldamodel.LdaModel (corpus=Corpus,
                                             id2word=id2word,
                                             num_topics=10,
                                             random_state=100)

#Print the Keyword in the 10 topics
pprint(lda_model.print_topics(num_words=10))
doc_lda = lda_model[Corpus]
```

下面对该模型进行评价，评价 LDA 模型是否适当的一个指标是 Coherence Score，计算得到的结果 Coherence Score 是 0.4208775345625487。

```
from gensim.models import CoherenceModel

# Compute Coherence Score.Note: that CoherenceModel require
```

```
# text input format (Cleaned_doc_new) instead of bag of word
coherence_model_lda = CoherenceModel(model=lda_model,
                                     texts=Cleaned_doc_new,
                                     dictionary=id2word,
                                     coherence='c_v')



coherence_lda = coherence_model_lda.get_coherence()
print('\nCoherence Score: ', coherence_lda)
```

这里读者需要思考一个问题，不同 LDA 模型的 Coherence Score 不同，怎么样的 LDA 模型才是最优的呢？我们尝试构建具有不同主题数量的多个 LDA 模型，并评估它们的一致性得分。下面遍历主题数从 1 到 10 的评估模型。

```
Topics = list(range(2,11,1))
coherence_scores = []
Trained_Models = []
for top in Topics:
    lda_model = gensim.models.ldamodel.LdaModel(corpus=Corpus,
                                                id2word=id2word,
                                                num_topics=top,
                                                random_state=100)

    #Keep the trained models
    Trained_Models.append(lda_model)
    #Compute coherence score for each model
    coherence_model_lda = CoherenceModel(model=lda_model,
                                         texts=Cleaned_doc_new,
                                         dictionary=id2word,
                                         coherence='c_v')
    coherence = coherence_model_lda.get_coherence()
    #Save and print the coherence scores
    coherence_scores.append(coherence)
print('Topic Number: {0} -- Coherence: {1}'.format(top, coherence))
```

打印 Coherence Score 以便于解释。图 7-58 所示为每一个主题编号下产生的 Coherence Score。将这个 Coherence Score 序列绘制为线形图，如图 7-59 所示。

```
Topic Number: 1 -- Coherence: 0.14754338300884703
Topic Number: 2 -- Coherence: 0.3741419064067406
Topic Number: 3 -- Coherence: 0.4298020782722712
Topic Number: 4 -- Coherence: 0.4238990207332364
Topic Number: 5 -- Coherence: 0.4140408855769044
Topic Number: 6 -- Coherence: 0.4286434182985199
Topic Number: 7 -- Coherence: 0.42674581565083297
Topic Number: 8 -- Coherence: 0.409969252044672
Topic Number: 9 -- Coherence: 0.4410147232263618
Topic Number: 10 -- Coherence: 0.4208775345625487
```

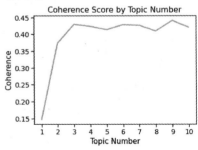

图 7-58　遍历 1 到 10 个主题的 LDA 模型的 Coherence Score

图 7-59　Coherence Score 的线形图

根据 Coherence Score 数值的高低，就可以提取并分析最佳 LDA 模型了。结果显示 Coherence Score 为 0.441 是最优的 LDA 模型，此时最优主题数是 9 个主题，如图 7-60 所示。

```
[(0,
  '0.009*"station" + 0.006*"connection" + 0.006*"usually" + 0.006*"downtown" + 0.006*"transport" + 0.006*"options" +
0.006*"minute" + 0.005*"express" + 0.005*"centre" + 0.005*"ride"'),
 (1,
  '0.009*"toronto" + 0.008*"connection" + 0.007*"luton" + 0.007*"narita" + 0.006*"pearson" + 0.006*"signs" + 0.006*"signage" +
0.005*"process" + 0.005*"airside" + 0.005*"help"'),
 (2,
  '0.008*"smoking" + 0.008*"english" + 0.007*"room" + 0.006*"country" + 0.006*"officers" + 0.005*"belt" + 0.005*"citizens" +
0.005*"looking" + 0.005*"whole" + 0.004*"waited"'),
 (3,
  '0.007*"missed" + 0.006*"customer" + 0.005*"asked" + 0.005*"passenger" + 0.004*"employees" + 0.004*"officials" +
0.004*"assistance" + 0.004*"care" + 0.004*"said" + 0.004*"point"'),
 (4,
  '0.010*"star" + 0.007*"access" + 0.007*"japanese" + 0.006*"dirty" + 0.006*"class" + 0.005*"space" + 0.005*"alliance" +
0.005*"floor" + 0.005*"hong" + 0.005*"kong"'),
 (5,
  '0.009*"aircraft" + 0.007*"canada" + 0.007*"information" + 0.005*"expect" + 0.005*"buses" + 0.005*"inside" + 0.004*"seem" +
0.004*"claim" + 0.004*"sydney" + 0.004*"vienna"'),
 (6,
  '0.010*"excellent" + 0.009*"prices" + 0.008*"spacious" + 0.008*"water" + 0.007*"coffee" + 0.007*"lots" + 0.006*"quickly" +
0.006*"airside" + 0.006*"cafe" + 0.006*"pretty"'),
 (7,
  '0.007*"park" + 0.006*"stansted" + 0.005*"pick" + 0.005*"easyjet" + 0.005*"ryanair" + 0.004*"late" + 0.004*"half" +
0.004*"said" + 0.004*"shuttle" + 0.004*"finally"'),
 (8,
  '0.005*"ticket" + 0.005*"english" + 0.005*"asked" + 0.005*"hand" + 0.005*"traffic" + 0.005*"counters" + 0.004*"airline" +
0.004*"side" + 0.004*"departing" + 0.004*"right"')]
```

图 7-60　9 个主题的最优 LDA 模型

```
import numpy
lda_model = Trained_Models[numpy.argmax(coherence_scores)]


#Show top 10 words in each topic
lda_model.show_topics(num_words=10)
```

扫码看视频

7.4　新闻的内容分析与 LDA 主题模型的相关性分析

本节案例将传统内容分析方法与主流的自然语言处理算法 LDA 相结合，以大数据相关的财经新闻为内容分析的研究对象，进而提取不同类别的大数据相关财经新闻所关注的主题与词汇，并判断不同类别的财经新闻在主题上的相关性。

7.4.1　基于内容分析法分析新闻数据

传统的内容分析方法将非定量的文献材料转化为定量的数据，并依据这些数据对文献内容做出定量分析以及关于事实的判断和推论。而且，它对组成文献的因素与结构的分析更为细致和程序化。内容分析法的一般过程包括：建立研究目标、确定研究总体和选择分析单位、设计分析维度体系、抽样分析过程和量化分析材料、进行评判记录和分析推论。这几部分已经有了一定的程序化和量化分析，但是其量化的程序主要在维度层面和样本层面，还没有深入到文本的构成基本单位——语词层面。本节案例基于内容分析法的一般步骤，首先在大数据相关新闻类别的维度设计上参考内容分析法，进而对每一篇新闻的内容进行分词，然后运用 LDA 算法在语词层面进行主题建模，并得出相关结论。这种深入海量文本语词层面的研究是传统内容分析法所不及的，也是本案例的创新点所在。

首先引入本节案例需要的包，其中 jieba 是常用的中文自然语言分析库。

```
import jieba
import pandas as pd
```

本节案例摘取了通过百度、360、头条等门户网站的大数据相关财经新闻 1025 篇，针对每一篇新闻，分别记录了新闻标题、新闻来源（或作者）、新闻内容三个字段，储存在 datascience.csv 中。其中，新闻内容是本次研究的主要对象，如图 7-61 所示。

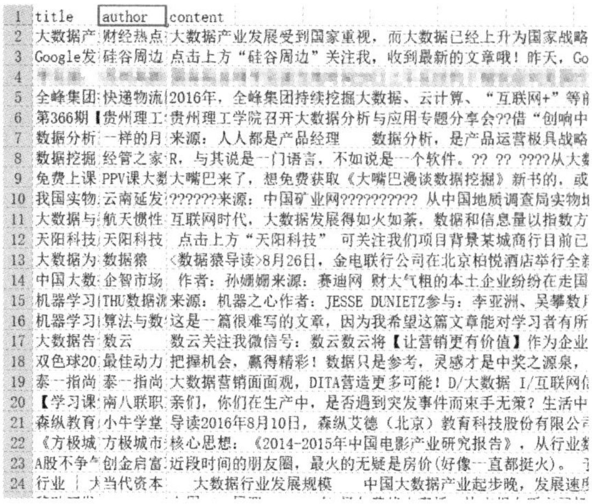

图 7-61   数据展示

```
df = pd.read_csv("datascience.csv", encoding='gb18030')
```

取出这 1025 篇新闻，对每一篇新闻的内容做分词处理，得到了如图 7-62 所示的内容。这些新闻的语词是后续研究的基本对象。其中一些关键重点名词需要单独注释。定义 chinese_word_cut() 函数用于后续的程序调用。

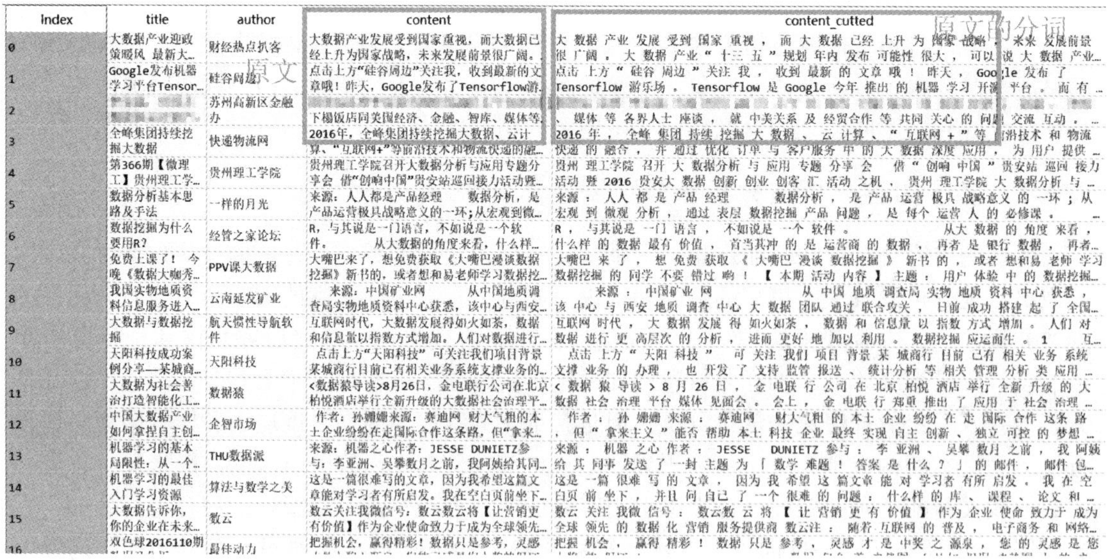

图 7-62   新闻内容与其分词

```
#将重点名词注释
jieba.suggest_freq('机器学习', True)
jieba.suggest_freq('大数据', True)
#使用 jieba 进行中文分词
def chinese_word_cut(mytext):
    return " ".join(jieba.cut(mytext))
```

调用 chinese_word_cut( )函数对 df 的 content 做分词处理。

```
#apply 函数可以更为高效的批量处理文档
df["content_cutted"] = df.content.apply(chinese_word_cut)

#获得分词后的文档
cdf=df.content_cutted
```

引入中文停用词表，以备后续使用。

```
"停用词处理"
#从文件导入停用词表,此表中含 1208 个停用词
stpwrdpath = "stop_words.txt"
stpwrd_dic = open(stpwrdpath, 'rb')
stpwrd_content = stpwrd_dic.read()
#解码
stpwrd_decode = stpwrd_content.decode('GBK')
#将停用词表转换为 list
stpwrdlst = stpwrd_decode.splitlines()
stpwrd_dic.close()
```

接下来对本次的中文文本数据做内容分析。内容分析法是一种主要以各种文献为研究对象的研究方法。早期的内容分析法源于社会科学借用自然科学研究的方法，进行历史文献内容的量化分析。

本次研究基于传统的内容分析法对 1025 篇新闻进行分类，分为科技、商业、社会三大类。具体方法是随机选择新闻标题，基于对标题的理解将该篇新闻归入三类，如表 7-2 所示。

表 7-2　内容分析法的新闻类别分类占比

新闻类别	随机抽样篇数	新闻占比
科技	1. 大数据产业迎政策暖风 最新大数据概念股一览 2. Google 发布机器学习平台 Tensorflow 游乐场~带你一起玩神经网络! 3. 大数据和云计算产业是开放的 4. 人工智能被忽视的三个点：颠覆性、自进化和去节点化 5. 如何在阿里云数加平台实践 Serverless 架构? 6. 大数据助推土地工程学科建设 7. 人工智能与大数据的创新研究——清华大数据"应用·创新"系列讲座 | CWCISA 推荐 8. SAP 推出下一代数据仓库应用 SAP BW/4HANA 9. 王川：深度学习有多深? (二十四) 乔布斯和 Deepmind 的突围 10. 大数据与小数据：什么样的方法能解决什么样的问题 | 目前为止小编看到的最专业文章	37%

（续）

新闻类别	随机抽样篇数	新闻占比
商业	1. 百度营销研究院：如何参考全网消费者检索数据制定机构营销策略 2. CIO：大数据用于商业决策的难点 3. 一体传媒（OneMob）广告平台最新产品推广数据分析 4. "大数据"助推世界经济转型发展 5. 云智慧独立子公司天机数据获千万天使轮融资 红杉资本和戈壁创投联合投资 6. 互联网广告：大数据变现的颜值担当	22%
社会	1. 不考试，青少年机器人的教育意义何在？ 2. 天润华邦 | 新法速递 最高法、最高检、公安部《关于电子数据收集提取判断的规定》（2016 年 10 月 1 日施行） 3. 跨越数据临界点，以实时洞察成就认知医疗 4. 名师谈教学 | 教会学生深度学习语文 5. 一分钟读懂深度学习赶超人类智能面临的困境 6. 中国大学生近视发病率 90% 成都将采集分析"眼镜"大数据 7. 泰安中秋旅游大数据新鲜出炉，速来围观 8. 台风"侵袭"中秋，近 16000 条数据分析告诉你舆情在哪儿 9.《2015 年杭州离婚诉讼大数据报告》| 柯直家事律师团队 10. 大家来检索 10 | 从经验到数据——"法律科学家"养成计划 11. 住建部：全面提高建筑业信息化水平 增强大数据等五项技术	40.7%

通过对上表进行分析可以发现，虽然在大数据关键字下搜集了相关的财经新闻，但是社会舆情的主要关注点并非单纯在技术方面（占比只有 37%），更多的是在思考大数据、人工智能等新兴技术对人们社会生活的影响（社会类别占比最高，高达 40.7%），而虽然搜集的是财经板块的新闻，但是事实上大数据相关的商业新闻占比却是最少的（只有 22%），说明大数据和人工智能技术的商业化落地还有一些距离。

7.4.2 新闻数据的 LDA 模型分析

基于上面的内容分析法主要针对新闻的标题进行分类，虽然能够大致分辨新闻的数量占比，但是无法考察三个类别之间的相关度，并且新闻标题与新闻内容之间更为细致的关系也无法得出。所以，接下来，本节案例通过 LDA 算法深入新闻的语词层面进行研究。

将图 7-62 中新闻内容共计 1025 篇的分词全部汇总，得到了一个词汇列表，该列表总计有 1562313 个词，如图 7-63 所示。

我们对这个词汇总表进行主题提取，提取频率最高的 20 个主题，每一个主题用与该主题最相关的频率最高的 20 个词语来描述，同时根据 20 词语所描述的意义，将其分类到表 7-2 内容分析法所确立的科技、社会和商业三个类别中。以上操作需要先引入关键库。

Index	Type	Size	
0	str	1	大
1	str	1	数据
2	str	1	产业
3	str	1	发展
4	str	1	受到
5	str	1	国家
6	str	1	重视
7	str	1	。
8	str	1	而
9	str	1	大
10	str	1	数据
11	str	1	已经
12	str	1	上升
13	str	1	为
14	str	1	国家
15	str	1	战略
16	str	1	，
17	str	1	未来
18	str	1	发展前景

图 7-63 1025 篇新闻的语词汇总

```
#导入 SKlearn 的词袋模型和 LDA 模型
from sklearn.feature_extraction.text import TfidfVectorizer, CountVectorizer
from sklearn.decomposition import LatentDirichletAllocation
```

然后加入分完词的 df.content_cutted，前面已经引入备用的停用词库 stpwrdlst，以及设定特征数量 n_features = 1000，这样就可以运用下面的代码训练 LDA 模型了。

```
"大量文本实例,接 cvs 数据"
#自己设定,从文本中提取 1000 个最重要的特征关键词
n_features = 1000


#使用 CountVectorizer 转换为词频矩阵
#strip——accents:编码类型
#max_features: 特征词数
#stop_words: 停词处理,英语为 english,中文为之前处理好的 stpwrdlst
# max_df \min_df: 最大 \最小词频数或词频率
tf_vectorizer = CountVectorizer(strip_accents = 'unicode',
                                max_features=n_features,
                                stop_words=stpwrdlst,
                                max_df = 0.5,
                                min_df = 10)
#数据拟合+标准化归一化,生成词频矩阵
tf = tf_vectorizer.fit_transform(df.content_cutted)


#设定主题数
n_topics = 10
#运行 LDA 模型
#n_topics: 主题数
#max_iter: EM 算法的最大迭代次数
#learning_method: LDA 的求解算法。有 batch 和 online 两种选择
#                        batch 即变分推断 EM 算法,适合小样本量
#                        online 即在线变分推断 EM 算法,适合大样本量
#doc_topic_prior:先验狄利克雷超参数 a(默认 1/K)
#topic_word_prior:先验狄利克雷超参数 b(默认 1/K)
#其余参数可用默认设置,都是根据算法不同可调节的
#learning_offset: 仅仅在算法使用 online 时有意义,取值要大于 1。用来减小前面训练样本批
次对最终模型的影响
lda = LatentDirichletAllocation(n_components=n_topics, max_iter=100,
                                learning_method='online',
                                learning_offset=50.,
                                random_state=0)
#开始训练
docres = lda.fit_transform(tf)
```

接下来打印训练好的模型。

```
#打印主题函数、主题数和主题所含的词
def print_top_words(model, feature_names, n_top_words):
    for topic_idx, topic in enumerate(model.components_):
        print("Topic #%d:" % topic_idx)
        print(" ".join([feature_names[i]
                        for i in topic.argsort()[:-n_top_words - 1:-1]]))
        print()
#设定主题所含词的个数
n_top_words = 20
#获取主题
tf_feature_names = tf_vectorizer.get_feature_names()
#打印主题
print_top_words(lda, tf_feature_names, n_top_words)
```

现在将打印出来的 20 个主题根据内容分析法汇总，如表 7-3 所示。

表 7-3　LDA 提取的主题汇总

主题序号	主题类别	主题描述（20 个词汇）
Topic #0	商业	用户 数据分析 产品 价值 广告 客户 营销 行为 不同 如何 预测 商品 推荐 数据挖掘 购买 顾客 精准 业务 需求 互联网
Topic #1	商业	市场 大众 投资 投资者 汽车 销售 销量 2016 品牌 目前 资金 来看 选择 增长 用户 增加 未来 机会 认为 加速
Topic #2	科技	data 变量 距离 样本 检验 分布 方法 Python 之间 相关 基于 一种 计算 序列 工程师 经验 差异 两个 对象 地点
Topic #3	社会	投资 网站 设计 所有 2015 大众 电影 中国 城市 信用卡 分别 增长 全国 旅游 公司 用户 产业 成为 市场 内容
Topic #4	科技	存储 数据库 系统 hadoop 处理 数据仓库 计算 查询 支持 sql 架构 平台 实现 交通 使用 实时 结构化 用户 基于 分布式
Topic #5	科技	可视化 使用 学习 深度 神经网络 图表 工具 设计 图片 不同 机器 一种 图像 计算机 语言 训练 用于 视觉 网络 简单
Topic #6	科技	学习 算法 机器 模型 方法 分类 预测 神经网络 深度 介绍 回归 监督 基于 训练 learning 网络 数据挖掘 聚类 规则 包括
Topic #7	社会	金融 政府 服务 医疗 互联网 社会 安全 开放 资源 国家 银行 创新 经济 信用 管理 提高 共享 利用 推动 健康
Topic #8	社会	这个 就是 可能 很多 人类 现在 没有 什么 但是 已经 未来 他们 不是 如果 时候 自己 所以 这样 因为 人工智能
Topic #9	社会	城市 人口 旅游 地区 App 出行 北京 上海 区域 用户 手机 报告 全国 主要 排名 成为 选择 关注 其中 人群
Topic #10	科技	人工智能 机器人 领域 智能 学习 公司 机器 识别 深度 工业 语音 人类 目前 研究 未来 系统 AI 已经 研发 百度

（续）

主题序号	主题类别	主题描述（20个词汇）
Topic #11	社会	增长 中国 2015 2016 同比 行业 美国 亿元 数量 月份 达到 平均 规模 下降 2014 分别 显示 比例 其中 超过
Topic #12	社会	com 阅读 http 点击 新闻 微信 关注 www 2016 公众 回复 媒体 原文 文章 内容 统计 时间 关于 下载 分享
Topic #13	社会	10 00 30 游戏 12 20 16 15 14 11 13 18 研究 中国 主题 25 17 19 50 40
Topic #14	社会	孩子 教育 学习 学生 老师 课程 学校 自己 家长 成绩 知识 家庭 培养 他们 能力 大学 时间 希望 如果 帮助
Topic #15	商业	企业 公司 中国 行业 互联网 服务 产业 平台 市场 创新 科技 用户 客户 领域 网络 创业 移动 未来 营销 产品
Topic #16	科技	他们 公司 研究 使用 可能 如果 工作 一些 系统 不是 能够 没有 如何 发现 这个 已经 方法 这种 例如 一种
Topic #17	社会	电子 检索 应当 或者 案件 规定 信用卡 专利 保护 提取 法院 法律 是否 申请 收集 审 查 相关 文件 无法 原始
Topic #18	社会	企业 管理 工作 采集 项目 平台 业务 能力 相关 系统 建设 工程 经验 数据分析 实现 智慧 信息化 建立 设计 研究
Topic #19	科技	这个 就是 模型 特征 如果 函数 参数 计算 但是 然后 所以 这样 时候 维度 一些 或者 结果 这里 没有 非常

最后，再来观察这 20 个主题之间的相关关系，如图 7-64 所示。

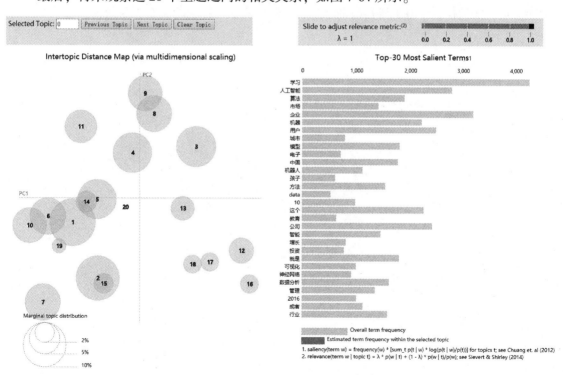

图 7-64　LDA 提取的主题相关性展示

```
#pyLDAvis 可视化库
#打开 web 浏览器
#输入:http://127.0.0.1:8888/
#运行下面代码,即可生成网页
import pyLDAvis
import pyLDAvis.sklearn
pyLDAvis.enable_notebook()
data = pyLDAvis.sklearn.prepare(lda, tf, tf_vectorizer)
pyLDAvis.show(data,open_browser=True)
```

通过 LDA 主题提取，我们对 20 个主题进行了科技、商业和社会三个类别的归类，发现科技占比 35%，商业占比 15%，社会占比 50%，与内容分析法的科技 37%、商业 22%，社会 40.7% 相比，三个类别的排序依然是一致的，不过社会类别的占比更高，商业类别的占比更低，科技类别占比基本一致。这一结果强化了之前内容分析的结论：大数据和人工智能这些新技术的影响更多的是社会层面的思考，商业层面的落地讨论依然不多。

LDA 比之前内容分析更加优越的地方在于，还可以进一步分析主题之间的相关性。从图 7-64 中看到，第三象限中主题 1、5、6、10、14、19 这 6 个主题关系是最紧密的，它们分别隶属于 1 商业、5 科技、6 科技、10 科技、14 社会、19 科技。6 个主题中占比最少的商业类别高达 2 个（20 个主题中总共只有 3 个主题是隶属于商业的），而占比最多的社会类别却只有 1 个，其他全部都是科技类别，这说明科技类别与商业类别的关系更为紧密，与社会类别的关系相对疏远。

综上所述，目前人们对大数据与人工智能技术的关注更多在社会层面的思考和讨论上，商业落地的案例较少，但是科技与商业的关系却比科技与社会的关系更为紧密。

第 8 章　社　会　网　络

社会网络（Social Network）是一种用于分析多节点构成的网络结构数据类型的算法，可以用于不同类型的网络结构数据分析，比如专利网络、路由器网络和社交网站的好友关系等。由于该算法最常见的应用场景是社交网站的好友分析，因此在这些应用社交数据的情景下，也称为"社交网络"。

本章主要介绍社会网络分析的主要技巧和 Python 编程实现。社会网络有许多种类，如无向网络、有向网络和加权网络等。基于一个网络，可以分析其网络的关键节点、中心度和节点距离等多种关键指标。本章会以在线社交网络的朋友关系、贵格会的成员关系等实际案例数据展开讲解社会网络的相关知识。

8.1　社会网络的介绍和统计

在本章中主要使用 NetworkX 包，它是一个 Python 包，用于创建、操作和研究复杂网络的结构、动力学和功能。首次使用 NetworkX 包需要先在本地环境中对其进行安装。

```
! pip install NetworkX
```

安装完成以后，加载本次研究需要用到的库。

```
import networkx as nx
import matplotlib.pyplot as plt
import warnings; warnings.simplefilter('ignore')
```

8.1.1　社会网络的基础概念及可视化

通常，一个网络至少包含两个关键概念，一个是"节点（Node）"，另一个是"边（Edge）"。我们创建的第一个网络是一群一起工作的人，这被称为对称网络，因为"一起工作"的关系是对称关系，即如果 A 与 B 相关，则 B 也与 A 相关。此处创建如下一个网络。

```
import networkx as nx
import matplotlib.pyplot as plt

G_symmetric = nx.Graph()
G_symmetric.add_edge('Laura',  'Steven')
G_symmetric.add_edge('Steven', 'John')
G_symmetric.add_edge('Steven', 'Michelle')
G_symmetric.add_edge('Laura',  'Michelle')
G_symmetric.add_edge('Michelle', 'Marc')
G_symmetric.add_edge('George',  'John')
```

```
G_symmetric.add_edge('George', 'Steven')
G_symmetric.add_edge('Quan', 'John')
print(nx.info(G_symmetric))
```

nx.Graph( )是调用构建网络的命令，.add_ edge( )用于增加网络的边，.info( )用于打印网络基本信息。图 8-1 所示为刚刚建立的一个社会网络的基本信息，我们在这个社会网络中建立了 7 个节点、8 条边、平均度为 2.2857。

```
Name:
Type: Graph
Number of nodes: 7
Number of edges: 8
Average degree:   2.2857
```

图 8-1　一个社会网络的基本信息

现在，使用 draw_networkx( )函数可视化网络，如图 8-2 所示。

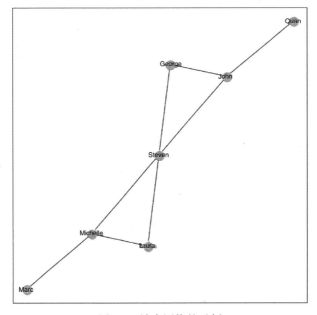

图 8-2　社会网络的示例

```
plt.figure(figsize=(10,10))
nx.draw_networkx(G_symmetric);
```

如果节点之间的关系是"某个节点的子节点"，则该关系不再是对称的，即如果 A 是 B 的孩子，那么 B 不是 A 的孩子。这种关系不对称的网络（A 与 B 相关，不一定意味着 B 与 A 相关）称为不对称网络。比如有人在微博上关注了另一个大 V，就是属于这种情况，再比如网页的超链接跳转也属于这种关系。我们可以使用有向图方法在 NetworkX 中构建不对称网络，从而弥补无向图的不足。

```
G_asymmetric = nx.DiGraph()
G_asymmetric.add_edge('A','B')
G_asymmetric.add_edge('B','A')

G_asymmetric.add_edge('A','D')
```

```
G_asymmetric.add_edge('C','A')
G_asymmetric.add_edge('D','E')

G_asymmetric.add_edge('F','K')
G_asymmetric.add_edge('B','F')

nx.spring_layout(G_asymmetric)
nx.draw_networkx(G_asymmetric)
```

nx. DiGraph( )是构建有向网络的命令。要确保所有节点在网络中都清晰可见，可以使用. spring_ layout( )函数和. draw_ networkx( )函数。

图 8-3 所示中的"边"带有"箭头"这就是有向图的表示方式。对于有向网络，调用. add_edge（节点 1，节点 2）中节点 1 和节点 2 的顺序是不对称的，方向是节点 1 指向节点 2。

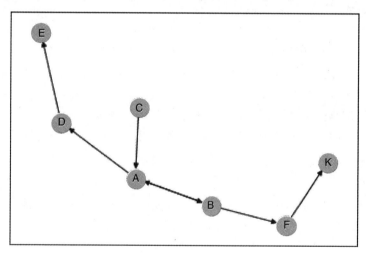

图 8-3　有向网络的示例

另一种网络更为复杂，网络的边可能带有权重。例如，如果在最初构造的无向网络中将一起完成的项目数量视为权重，就可以得到一个加权网络。

```
G_weighted = nx.Graph()

#Weights are provided to edges
G_weighted.add_edge('Steven', 'Laura',    weight=2)
G_weighted.add_edge('Steven', 'Marc',     weight=8)
G_weighted.add_edge('Steven', 'John',     weight=11)
G_weighted.add_edge('Steven', 'Michelle', weight=1)
G_weighted.add_edge('Laura', 'Michelle',  weight=1)
G_weighted.add_edge('Michelle', 'Marc',   weight=1)
G_weighted.add_edge('George', 'John',     weight=8)
G_weighted.add_edge('George', 'Steven',   weight=4)
```

与最初构造无向网络不同之处在于，此次添加"边"时附加了 weight 参数。然后，计算"大权重边"和"小权重边"。此处定义 weight <= 8 为小权重边，weight > 8 为大权重边。打印输出"大权重边"和"小权重边"，如图 8-4 所示。

```
Large Edges: [('Steven', 'John')]
Small Edges: [('Steven', 'Laura'), ('Steven', 'Marc'), ('Steven', 'Michelle'), ('Steven',
'George'), ('Laura', 'Michelle'), ('Marc', 'Michelle'), ('John', 'George')]
```

图 8-4　大权重边和小权重边

```
#Get lists of edges with weights larger or smaller than 8
elarge = [(u, v) for (u, v, d) in G_weighted.edges(data=True) if d['weight'] > 8]
esmall = [(u, v) for (u, v, d) in G_weighted.edges(data=True) if d['weight'] <= 8]
print('Large Edges: ', elarge)
print('Small Edges: ', esmall)
```

下面将这个权重网络可视化展示。circular_layout( ) 用于设置网络布局，将这个网络设定为环状分布。nx.draw_networkx_nodes（G_weighted，pos，node_size=700）用于绘制网络节点，并设置节点大小为 700。nx.draw_networkx_edges（G_weighted，pos，edgelist = elarge，width=6）是在对网络的边做设置，将"大权重边"的粗细设置为 6。同理，alpha 用于设置边的透明度，edge_color 用于设置边的颜色，b 代表蓝色，style 用于设置边的样式，dashed 为虚线。.draw_networkx_labels( ) 用于设置每个节点的文字标签，font_size 用于设置文字大小，font_family 用于设置字体。

```
pos = nx.circular_layout(G_weighted)  # positions for all nodes

# nodes
nx.draw_networkx_nodes(G_weighted, pos, node_size=700)

# edges - Draw large and small edges
nx.draw_networkx_edges(G_weighted, pos, edgelist=elarge,width=6)
nx.draw_networkx_edges(G_weighted, pos, edgelist=esmall,width=2, alpha=0.5,
edge_color='b', style='dashed')

# labels
nx.draw_networkx_labels(G_weighted, pos, font_size=20, font_family='sans-serif')

plt.axis('off')
plt.show()
```

图 8-5 所示为权重网络的示例，其中（'Steven'，'John'）是之前计算得到的"大权重边"，所以加粗表示。其余"小权重边"就用虚线表示。

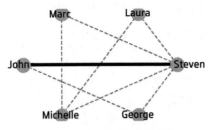

图 8-5　权重网络的示例

8.1.2　社会网络的多种统计指标

一个社会网络可以用多种指标和参数来刻画其网络特征，比如刻画网络的集群趋势、节点间的距离或中心度等。据观察，在社交网络中共享联系的人倾向于形成联系。换句话说，社交网络中存在形成集群的趋势。我们可以确定节点的聚类及局部聚类系数，它是节点的朋友对（即连接）彼此连接的分数。使用 nx.clustering（Graph，Node）函数可以计算局部聚类系数。

运行以下代码，可以看到 Michelle 的聚类系数为 0.333，Laura 的聚类系数为 1.0。

```
#Michelle has a local clustering coefficient of 0.333
print('Michelle: ', round(nx.clustering(G_symmetric,'Michelle'),3))

#Laura has a local clustering coefficient of 1
print(' Laura: ', round(nx.clustering(G_symmetric,'Laura'),3))
```

如果不指定节点标签，那么可以计算无向网络的平均聚类系数（所有局部聚类系数之和除以节点数）为 0.429。

```
round(nx.average_clustering(G_symmetric),3)
```

"节点的度"定义了节点具有的连接数。NetworkX 中的函数.degree()可用于确定网络中节点的度。运行以下代码，可以得到 Michelle 的"度"为 3，这意味着连接到 Michelle 有 3条边。

```
nx.degree(G_symmetric, 'Michelle')
```

我们还可以计算一个网络中，节点 1 到节点 2 的路径和距离。.shortest_path()和.shortest_path_length()用于计算两个节点的路径和距离。

```
nx.shortest_path(G_symmetric, 'Michelle', 'John')
nx.shortest_path_length(G_symmetric, 'Michelle', 'John')
```

运行以上代码后，可以看到从 Michelle 到 John 的最短路径是［' Michelle '，' Steven '，' John '］，也就是说两人之间隔了一个 Steven，最短路径长度为 2，也就意味着从 Michelle 到 John 需要经过 2 个节点。

我们可以使用广度优先搜索算法找到一个节点与网络中每个其他节点的距离。NetworkX 中使用 M = nx.bfs_tree（G_symmetric，' Michelle '），将会绘制以 Michelle 为出发节点的一棵树，该树是一个网络结构，它告诉我们如何从 Michelle 开始到达网络的其他节点。

```
S = nx.bfs_tree(G_symmetric, 'Michelle')
nx.draw_networkx(S)
```

运行上述代码后，可以得到以 Michelle 为中心（出发点）到达其他节点的网络。图 8-6 所示的 Michelle 到 Steven、Marc、Laura，均可一步到达，而到 John、George、Quan，则需要经过 Steven。

节点 a 的偏心率定义为 a 和所有其他节点之间的最大距离。可以使用 nx.eccentricity( ) 函数计算目标节点的偏心率。在无向网络中，Michelle 的偏心率为 2，Steven 的偏心率是 1，这意味着 Steve 与其他节点直接相连。

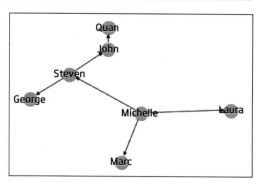

图 8-6 以 Michelle 为出发点到其他节点的网络

上面我们学习了一些网络距离度量，这些内容有助于读者了解信息将如何通过社会网络传播。在接下来，我们将学习如何找到社会网络中最重要的节点（个体）。这些参数称为 centrality 度量。centrality 指标可以帮助我们确定社会网络中人气高、受欢迎和具影响力的人。

最受欢迎或更受欢迎的人通常是那些有更多朋友的人。度中心度（Degree Centrality）是特定节点在网络中的连接数的度量。它基于重要节点具有许多连接的事实。NetworkX 中的函数 degree_centrality( ) 用于计算网络中所有节点的度中心，如图 8-7 所示。

```
Degree_Centrality = nx.degree_centrality(G_symmetric)
for key in Degree_Centrality:
    print(key,":", round(Degree_Centrality[key],3))
```

运行上述代码以后，可计算网络中各个节点的 degree_centrality，degree_centrality 最高的是 Steven，其次是 John 和 Michelle。

一个节点的重要性不能仅仅考虑一个人连接了多少个人，而是要进一步考虑一个人连接到其他重要节点的类型。Eigenvector Centrality（特征向量中心度）是通过考虑节点与其他重要节点的连接情况来衡量该节点的连接状态。使用 NetworkX 的 eigenvector_centrality( ) 函数可以计算网络中所有节点的特征向量中心度，如图 8-8 所示。

Laura : 0.333
Steven : 0.667
John : 0.5
Michelle : 0.5
Marc : 0.167
George : 0.333
Quan : 0.167

Laura : 0.37
Steven : 0.583
John : 0.412
Michelle : 0.412
Marc : 0.153
George : 0.37
Quan : 0.153

图 8-7 网络节点的 Degree Centrality

图 8-8 网络节点的 Eigenvector Centrality

```
Eigen_cent = nx.eigenvector_centrality(G_symmetric)
for key in Eigen_cent:
    print(key,":", round(Eigen_cent[key],3))
```

图 8-8 展示了网络中各个节点的 Eigenvector Centrality。与 Degree Centrality 不同，Eigenvector Centrality 的值之间差距没有那么大，Eigenvector centrality 更能反映节点的 "重要性"。

```
Laura : 0.545
Steven : 0.75
John : 0.6
Michelle : 0.6
Marc : 0.4
George : 0.545
Quan : 0.4
```

图 8-9　网络节点的
Closeness Centrality

Closeness Centrality（接近中心度）是一种度量，即网络中每个节点的重要性由与其他所有节点的 "接近" 度确定，如图 8-9 所示。

```
Close_cent = nx.closeness_centrality(G_symmetric)
for key in Close_cent :
    print(key,":", round(Close_cent [key],3))
```

图 8-9 展示了网络中各个节点的 Closeness Centrality，由于作为示例的社会网络不是很大，所以节点间的 Closeness Centrality 都比较高。

Betweenness Centrality（介数中心度）是控制的中心度，表示一个点出现在连接一对点的最短路径上的频率。它量化了特定节点在其他两个节点之间的最短选择路径中出现的次数。

具有 Betweenness Centrality 的节点在网络内的通信/信息流中起着重要作用，可以对其他节点进行战略控制和影响。处于这种战略地位的个人可以通过隐藏或渲染传输中的信息来影响整个群体。

Networkx 中的函数 betweenness_centrality（）可以用于测量网络的 Betweenness Centrality。它可以选择是否要归一化中间值，是否要在中心度计算中包含权重，以及是否要在最短路径计数中包含端点。

```
nx.betweenness_centrality(G_symmetric)
```

运行以上代码，计算各个节点的 Betweenness Centrality，输出结果如图 8-10 所示。从图 8-10 可知，Betweenness Centrality 与其他中心度计算方式不同，只有具有中心地位，存在战略影响力的节点才会有值，所以 Laura、Marc、George、Quan 都是 0。

```
{'Laura': 0.0,
 'Steven': 0.6,
 'John': 0.3333333333333333,
 'Michelle': 0.3333333333333333,
 'Marc': 0.0,
 'George': 0.0,
 'Quan': 0.0}
```

图 8-10　网络节点的 Betweenness Centrality

将上述各个节点的 Betweenness Centrality 可视化展示，Betweenness Centrality 越大的点，用越大的节点来表征。

```
pos = nx.spring_layout(G_symmetric)
betCent = nx.betweenness_centrality(G_symmetric, normalized=True, endpoints=
True)
node_color = [2000 * G_symmetric.degree(v) for v in G_symmetric]
node_size  = [v * 1000 for v in betCent.values()]
plt.figure(figsize=(7,6))
nx.draw_networkx(G_symmetric, pos=pos, with_labels=True,
                node_color=node_color,
```

```
                    node_size=node_size)
plt.axis('off');
```

Steven 是在这个网络中最重要的中心任务，具有对整个网络的战略影响力，其次是 Michelle 和 John，剩余的几个人处于被影响的地位，如图 8-11 所示。

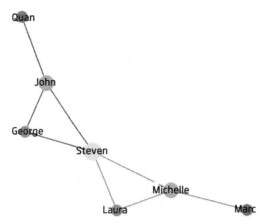

图 8-11　各个节点的 Betweenness Centrality 表征

8.2　社交网络的数据分析

本节基于两个不同的社交网络数据集，将上一节中关于 NetworkX 包中的功能进行相应的实例分析。其中一个是来自于某在线社交网络，另一个是 17 世纪中叶在英国成立被称为"贵格会"的朋友协会。我们会考察两个社交网络的形态、基本信息和各类中心度特征等关键指标。注意，在 8.1 节介绍算法模型时是不指定数据的，因此用"社会网络"表达，而本节所用的是社交数据，因此用"社交网络"表达。

8.2.1　某在线社交网络分析

我们使用的数据集由某在线社交网络上的"朋友圈"（或"朋友列表"）组成。该数据集由斯坦福大学使用相关应用程序 API 从调查参与者中收集的。数据集包括节点特征（轮廓）、朋友圈和唯一中心节点网络。

通过用新值替换每个用户的某在线社交网络内部 ID，数据集已被匿名化。此外，虽然提供了来自该数据集的特征向量，但这些特征的解释已被模糊化处理。例如，如果原始数据集可能包含特征"政治＝民主党"，则新数据将仅包含"政治＝匿名特征 1"。因此，使用匿名数据可以确定两个用户是否具有相同的政治派别，但不确定他们各自的政治派别代表什么。

为了便于分析，我们将使用某在线社交网络合并的唯一中心节点网络数据集，它包含 10 个人的某在线社交网络好友列表的聚合网络。读者可以下载所需的 network_combined.txt，该文件来自斯坦福大学网站或 Cloud Deakin 的 .txt 文件。

```
import pandas as pd
df = pd.read_csv('network_combined.txt')
```

```
df.info()
df.head()
```

.info( )函数显示数据集有 88233 个样本,.head( )函数展示了数据的前五行。从图 8-12 中可以看到只有两列，分别是两个节点的编号，每一行代表一个边的连接。

```
G_fb = nx.read_edgelist("network_combined.txt", create_using = nx.Graph(),
nodetype=int)
   print(nx.info(G_fb))
```

.read_edgelist( )函数可以直接从 txt 文件中读取节点编号数据，并自动生成一个网络对象。nx.info( )返回了该网络的基本信息，该网络有 4039 个节点，88234 条边，平均度为 43.691，如图 8-13 所示。

```
编号
     0  1
0    0  2
1    0  3
2    0  4
3    0  5
4    0  6
```

```
Name:
Type: Graph
Number of nodes: 4039
Number of edges: 88234
Average degree:  43.6910
```

图 8-12 某在线社交网络数据集　　　　图 8-13 某在线社交网络的基本信息

将网络可视化可以使节点颜色随程度和节点大小而变化，并具有中间度中心度。执行此操作的代码如下。

```
pos = nx.spring_layout(G_fb)
betCent = nx.betweenness_centrality(G_fb, normalized=True, endpoints=True)
node_color = [20000.0 * G_fb.degree(v) for v in G_fb]
node_size = [v * 10000 for v in betCent.values()]
plt.figure(figsize=(20,20))
nx.draw_networkx(G_fb, pos=pos, with_labels=False,
                node_color=node_color,
                node_size=node_size )
plt.axis('off');
```

上述代码实现了将一个网络中每个节点的"度"和 Betweenness Centrality 以节点的色彩和大小为基础来进行绘图。如果节点的"度"越大，节点的颜色就会越亮，如果节点的 Betweenness Centrality 越大，那么绘制该节点时就会设定更大的节点大小，最后调用.draw_networkx( )绘制该网络，如图 8-14 所示。

读者还可以使用以下方法了解 Betweenness Centrality 最高节点的标签。

图 8-14 某在线社交网络的可视化

```
sorted(betCent, key=betCent.get, reverse=True)[:5]
```

结果输出排名前五的 Betweenness Centrality 节点是 107、1684、3437、1912、1085。我们可以看到，一些节点在 Degree Centrality 和 Betweenness Centrality 之间是共同的。自然，连接更多的节点也位于其他节点之间的最短路径上。

用不同的 Centrality 度量方法来观察一下排名前五的节点，如表 8-1 所示。

```
sorted(betCent, key=betCent.get, reverse=True)[:5]
sorted(Close_cent, key=Close_cent.get, reverse=True)[:5]
sorted(Eigen_cent, key=Eigen_cent.get, reverse=True)[:5]
sorted(Degree_Centrality, key=Degree_Centrality.get, reverse=True)[:5]
```

表 8-1　四种不同的 Centrality 度量方法下某在线社交网络的重要节点

度量方法	重要节点
betweenness_centrality	[107, 1684, 3437, 1912, 1085]
closeness_centrality	[107, 58, 428, 563, 1684]
eigenvector_centrality	[1912, 2266, 2206, 2233, 2464]
degree_centrality	[107, 1684, 1912, 3437, 0]

从表 8-1 中可以看到，节点 107、1684、1912 是相对重要的节点，因为根据我们所考虑的所有四个 Centrality 度量，这几个节点分别在三个 Centrality 度量中排名前五。

8.2.2　贵格会的社交网络分析

扫码看视频

在线社交网络流行之前，社会网络通常是基于真实环境中实际的人际关系。本节研究中使用的数据是 17 世纪早期贵格会教徒的姓名和关系列表，主要基于两个数据集，它们共同构成了本例的网络数据集：quakers_nodelist.csv 记录了 Quakers（网络中的节点），quakers_edgelist.csv 则记录了这些贵格会教徒之间关系的列表。

首先，加载这两个数据集：读取 quakers_nodelist.csv 并保存到变量 nodes，记录节点的相关信息；读取 quakers_edgelist.csv 并保存到变量 edges，记录边的相关信息；node_names 保存了 nodes 中的人名信息。

```
import csv
from operator import itemgetter

# Read in the nodelist file
with open('quakers_nodelist.csv', 'r') as nodecsv:
    nodereader = csv.reader(nodecsv)
    nodes = [n for n in nodereader][1:]

# Get a list of just the node names (the first item in each row)
node_names = [n[0] for n in nodes]

# Read in the edgelist file
```

```
with open('quakers_edgelist.csv', 'r') as edgecsv:
    edgereader = csv.reader(edgecsv)
    edges = [tuple(e) for e in edgereader][1:]
```

接下来，建立一个名为 Quakers Social Network 的社会网络，运用.add_nodes_from( )增加节点名称，.add_edges_from( )增加边的信息。

```
# Initialize a Graph object
G = nx.Graph(name="Quakers Social Network")
# Add nodes to the Graph
G.add_nodes_from(node_names)
# Add edges to the Graph
G.add_edges_from(edges)
# Print information about the Graph
print(nx.info(G))
```

然后，打印贵格会网络的基本信息。图 8-15 所示为该网络有 119 个节点和 174 个边，平均度为 2.9244。

调用以下代码，将贵格会网络以可视化方式绘制出来，如图 8-16 所示。

```
Name: Quakers Social Network
Type: Graph
Number of nodes: 119
Number of edges: 174
Average degree:   2.9244
```

图 8-15　贵格会网络的基本信息

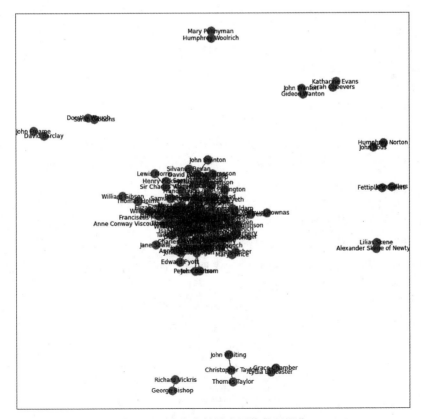

图 8-16　贵格会的社交网络的可视化

```
plt.figure(figsize=(15,15))
nx.draw_networkx(G);
```

从图 8-16 中可见，贵格会的社交网络有着一个明显的中心聚集，然后周边有一些零散的小团体，这反映了真实环境下社交网络和在线社交网络的不同，真实环境下社交网络的连接性低于在线社交网络，这可能是由于地理隔离、信息流通不畅和社会阶层等多种原因造成的。

NetworkX 允许向节点和边添加属性，从而提供关于每个节点和边的更多信息。此处介绍两个实用的函数 nx.set_node_attributes( ) 和 nx.set_edge_attributes( )，有助于将属性一次性地添加到网络的所有节点或边。

运行下面的代码，我们对每个节点增加"历史贡献""性别""出生日期""死亡日期""编号"五个属性信息。

```
# Create an empty dictionary for each attribute
hist_sig_dict = {}
gender_dict = {}
birth_dict = {}
death_dict = {}
id_dict = {}

for node in nodes: # Loop through the list of nodes, one row at a time
    hist_sig_dict[node[0]] = node[1] # Access the correct item, add it to the
corresponding dictionary
    gender_dict[node[0]] = node[2]
    birth_dict[node[0]] = node[3]
    death_dict[node[0]] = node[4]
    id_dict[node[0]] = node[5]

# Add each dictionary as a node attribute to the Graph object
nx.set_node_attributes(G, hist_sig_dict, 'historical_significance')
nx.set_node_attributes(G, gender_dict, 'gender')
nx.set_node_attributes(G, birth_dict, 'birth_year')
nx.set_node_attributes(G, death_dict, 'death_year')
nx.set_node_attributes(G, id_dict, 'sdfb_id')
```

打印"出生日期"并观察属性信息的加入情况，如图 8-17 所示。

```
Joseph Wyeth 1663
Alexander Skene of Newtyle 1621
James Logan 1674
Dorcas Erbery 1656
Lilias Skene 1626
William Mucklow 1630
Thomas Salthouse 1630
William Dewsbury 1621
John Audland 1630
Richard Claridge 1649
William Bradford 1663
Fettiplace Bellers 1687
John Bellers 1654
```

图 8-17 观察出生日期属性

```
# Loop through each node, to access and print all the "birth_year" attributes
for n in G.nodes():
    print(n, G.nodes[n]['birth_year'])
```

我们可以通过运行 nx 计算网络密度，调用函数是 nx.density（G）。密度的输出是一个数字，所以当打印值时会看到这个数字。在贵格会网络中的网络密度约为 0.025，在 0 到 1 的范围内，这不是一个非常密集的网络

```
density = nx.density(G)
print("Network density:", round(density,3))
```

再计算"度"并将其作为属性添加到网络。

```
degree_dict = dict(G.degree(G.nodes()))
nx.set_node_attributes(G, degree_dict, 'degree')
#Access all attribute for one node
#Note the "degree" attribute is available
print(G.nodes['William Penn'],'\n')
```

图 8-18 所示为 William Penn 节点的所有属性，包括以上计算的"度"。

```
{'historical_significance': 'Quaker leader and founder of Pennsylvania', 'gender': 'male',
'birth_year': '1644', 'death_year': '1718', 'sdfb_id': '10009531', 'degree': 18}
```

图 8-18　William Penn 的节点属性

然后，按"度"排序和显示前 20 个节点。

```
sorted_degree = sorted(degree_dict.items(), key=itemgetter(1), reverse=True)
print("Top 20 nodes by degree:")
for d in sorted_degree[:20]:
    print(d)
```

图 8-19 所示为排名前 20 的节点名称和其相应的"度"。最高的是 George Fox，有 22 个连接，Willian Penn 次之，"度"为 18，其他以此类推。

计算所有节点的 Betweenness Centrality 和 Eigenvector Centrality。

```
# Calculate betweenness centrality
betweenness_dict = nx.betweenness_centrality(G)
# Calculate eigenvector centrality
eigenvector_dict = nx.eigenvector_centrality(G)

# Assign to attributes in your network
nx.set_node_attributes(G, betweenness_dict, 'betweenness')
nx.set_node_attributes(G, eigenvector_dict, 'eigenvector')

#You can sort betweenness (or eigenvector) centrality
sorted_betweenness = sorted(betweenness_dict.items(),
```

```
                                        key=itemgetter(1), reverse=True)

print("Top 20 nodes by betweenness centrality:")
for b in sorted_betweenness[:20]:
    print(b[0],":",round(b[1],3))
```

图 8-20 所示为 Betweenness Centrality 排名前 20 的节点，可以对比图 8-19 "度" 排名 top20 的节点，会发现两者许多节点是重合的，虽然排名略有不同，但高 Betweenness Centrality 点也基本出现在了高 "度" 的排名中。

```
Top 20 nodes by degree:          Top 20 nodes by betweenness centrality:
('George Fox', 22)               William Penn : 0.24
('William Penn', 18)             George Fox : 0.237
('James Nayler', 16)             George Whitehead : 0.126
('George Whitehead', 13)         Margaret Fell : 0.121
('Margaret Fell', 13)            James Nayler : 0.104
('Benjamin Furly', 10)           Benjamin Furly : 0.064
('Edward Burrough', 9)           Thomas Ellwood : 0.046
('George Keith', 8)              George Keith : 0.045
('Thomas Ellwood', 8)            John Audland : 0.042
('Francis Howgill', 7)           Alexander Parker : 0.039
('John Perrot', 7)               John Story : 0.029
('John Audland', 6)              John Burnyeat : 0.029
('Richard Farnworth', 6)         John Perrot : 0.028
('Alexander Parker', 6)          James Logan : 0.027
('John Story', 6)                Richard Claridge : 0.027
('John Stubbs', 5)               Robert Barclay : 0.027
('Thomas Curtis', 5)             Elizabeth Leavens : 0.027
('John Wilkinson', 5)            Thomas Curtis : 0.027
('William Caton', 5)             John Stubbs : 0.024
('Anthony Pearson', 5)           Mary Penington : 0.024
```

图 8-19 度排名前 20 的节点   图 8-20 Betweenness Centrality top 20 的节点

此处请注意，许多（但不是所有）具有高 "度" 的节点也具有高 "度" 的 Betweenness Centrality。事实上，中间度中心度表现在两位女性身上，Elizabeth Leavens 和 Mary Penington，她们的重要性被 Degree Centrality 度量所掩盖。在 Python 中进行这些计算的一个优点是，用户可以快速比较两组。如果想知道哪些高 Betweenness Centrality 节点的 "度" 较低，该怎么办？也就是说：哪些高 Betweenness Centrality 节点是出乎意料之外的？可以利用上述排序列表的组合来寻找答案。

```
#First get the top 20 nodes by betweenness as a list
top_betweenness = sorted_betweenness[:20]


#Then find and print their degree
for tb in top_betweenness: # Loop through top_betweenness
    degree = degree_dict[tb[0]] # Use degree_dict to access a node's degree,
see footnote 2
    print("Name:", tb[0], "|Betweenness Centrality:", round(tb[1],2), "|De-
gree:", degree)
```

图 8-21 所示为各个节点的 Betweenness Centrality 与度的数据对比。

现在我们来总结一下贵格会的社会网络特征。在逐一计算和考察了贵格会网络中的一系

```
Name: William Penn | Betweenness Centrality: 0.24 | Degree: 18
Name: George Fox | Betweenness Centrality: 0.24 | Degree: 22
Name: George Whitehead | Betweenness Centrality: 0.13 | Degree: 13
Name: Margaret Fell | Betweenness Centrality: 0.12 | Degree: 13
Name: James Nayler | Betweenness Centrality: 0.1 | Degree: 16
Name: Benjamin Furly | Betweenness Centrality: 0.06 | Degree: 10
Name: Thomas Ellwood | Betweenness Centrality: 0.05 | Degree: 8
Name: George Keith | Betweenness Centrality: 0.05 | Degree: 8
Name: John Audland | Betweenness Centrality: 0.04 | Degree: 6
Name: Alexander Parker | Betweenness Centrality: 0.04 | Degree: 6
Name: John Story | Betweenness Centrality: 0.03 | Degree: 6
Name: John Burnyeat | Betweenness Centrality: 0.03 | Degree: 4
Name: John Perrot | Betweenness Centrality: 0.03 | Degree: 7
Name: James Logan | Betweenness Centrality: 0.03 | Degree: 4
Name: Richard Claridge | Betweenness Centrality: 0.03 | Degree: 2
Name: Robert Barclay | Betweenness Centrality: 0.03 | Degree: 3
Name: Elizabeth Leavens | Betweenness Centrality: 0.03 | Degree: 2
Name: Thomas Curtis | Betweenness Centrality: 0.03 | Degree: 5
Name: John Stubbs | Betweenness Centrality: 0.02 | Degree: 5
Name: Mary Penington | Betweenness Centrality: 0.02 | Degree: 4
```

图 8-21　Betweenness Centrality 与度的数据对比

列网络指标之后，现在有了一些依据，可以从中得出某些结论。

第一，网络密度相对较低，表明关联松散，也可能是原始数据不完整。该社会网络围绕几个不成比例的大型中心组织，其中包括 Margaret Fell 和 George Fox 等教派创始人，以及 William Penn 等重要的政治和宗教领袖。

第二，Betweenness Centrality 居中但"度"相对较低的女性，如 Elizabeth Leavens 和 Mary Penington，她们（Betweenness Centrality 值较高）可能充当了经纪人角色来连接多个群体。

第三，网络由一个大集群和许多非常小的零散集群构成。在这个最大的集群部分中有几个不同的社区，其中一些似乎是按时间或地点组织的。

以上这些发现都是为了抛砖引玉，而不是研究的结束。网络分析通常需要的是一组工具，用于针对数据集中的关系结构提出有针对性的问题，NetworkX 为许多常用技术和指标提供了相对简单的接口。通过提供有关社会网络结构的信息来建立网络模型，社会网络的研究将帮助用户从个别节点的研究拓展到群体的研究。

第 9 章　遗 传 算 法

本章将会为大家讲解经典的群例子优化算法——遗传算法（Genetic Algorithm，GA），其中以解决经典的旅行商问题（TSP 问题）作为切入口，将遗传算法的各个步骤一一分解并进行深入讲解。然后介绍 Geatpy 库调用遗传算法的技巧和格式，并以波士顿房价预测特征优化和房间优化布局设计作为案例问题，调用 Geatpy 库的遗传算法模板来解决相应问题。

9.1　遗传算法与旅行商问题

本节以经典路径寻优问题"旅行商问题（TSP）"作为契机，分步骤介绍遗传算法的主要内容，并最终以该算法作为优化方法解决 TSP 问题。

9.1.1　旅行商问题在遗传算法中的定义

首先提出"旅行商问题（TSP）"：给定城市列表和每对城市之间的距离，要求旅行商遍历访问每个城市并返回原城市的最短路线。

基于上述问题，有两条重要规则需要牢记：第一，每个城市只需要参观一次；第二，必须返回出发城市，因此总距离需要包括来与回线路。

为了解决上述问题，需要对问题和遗传算法中的相关关键概念做如下一些定义。

- **基因**：城市［表示为（x,y）］坐标。
- **个体（染色体）**：满足 TSP 问题条件的单一路线。
- **种群**：可能路线的集合（即个体集合）。
- **父母**：合并创建新的子路线的两条路线。
- **交配池**：用于创建下一个种群（从而创建下一代路线）的父母集合。
- **适应度**：一个函数，告诉我们每条路线有多好（在 TSP 问题中，指总距离的长度）。
- **突变**：一种通过在一条路线上随机交换两个城市来引入个体变异的方法。
- **精英主义**：将最优秀的个人带入下一代的方式。

本例的遗传算法将按照以下步骤进行：创造种群、确定适应度、选择交配池、交叉和突变，然后再一次重复这个循环。

下面运用一些常用库，将这个问题的表述以代码化表达出来。

```
import numpy as np
import random
import operator
import pandas as pd
import matplotlib.pyplot as plt
```

创建两个类：城市和适应度。首先创建一个 City 类，允许创建和处理的城市。以（x,y）坐标来表示一个城市。在 City 类中添加了一个距离计算（利用勾股定理）和一种简单的输出方法将城市输出为坐标。

```
class City:
    def __init__(self, x, y):
        self.x = x
        self.y = y


    #calculate distance betwen two cities
    def distance(self, city):
        xDis = abs(self.x - city.x)
        yDis = abs(self.y - city.y)
        distance = np.sqrt((xDis ** 2) + (yDis ** 2))
        return distance


    #output the cities as coordinates
    def __repr__(self):
        return "(" + str(self.x) + "," + str(self.y) + ")"
```

此处还将创建一个 Fitness 类（用于刻画解的适应度）。在本例中将把适应度视为路线距离的倒数。希望最小化路线距离，因此更大的适应度得分更好。根据 TSP 的规则要求，需要在同一个位置开始和结束，因此在距离计算中考虑了额外的来回路线计算。

```
class Fitness:
    def __init__(self, route):
        self.route = route #An array of city IDs
        self.distance = 0
        self.fitness = 0.0


    #Calculate total distance of a route
    def routeDistance(self):
        if self.distance ==0:
            pathDistance = 0
            for i in range(0, len(self.route)):
                fromCity = self.route[i]
                toCity = None
                #Find the index of the next city
                if i + 1 < len(self.route):
                    toCity = self.route[i + 1]
                else: #In case the next city is the starting city
                    toCity = self.route[0]
                pathDistance += fromCity.distance(toCity)
            self.distance = pathDistance
        return self.distance
```

```
#fitness as the inverse of the route distance
def routeFitness(self):
    if self.fitness == 0:
        self.fitness = 1 / float(self.routeDistance())
    return self.fitness
```

现在可以初始化初始种群（第一代）。为此，需要一种方法来创建一个函数，以生成满足条件的路径。为了创建具体访问城市的路径，此处随机选择访问每个城市的顺序。

```
#Create an initial individual (route)
def createRoute(cityList):
    route = random.sample(cityList, len(cityList))
    return route
```

运行以上代码会产生一个个体，但我们需要一个完整的种群，所以可以利用 createRoute 函数生成一个新的个体，通过循环调用该函数，产生一个满足用户需求数量的种群。

```
#Create a population (multiple routes)
def initialPopulation(popSize, cityList):
    population = []

    for i in range(0, popSize):
        population.append(createRoute(cityList))
    return population
```

需要注意的是，只需要使用这些函数来创建初始种群。后代将通过交叉和突变产生。

为了模拟"适者生存"，可以利用适应度对群体中的每个个体进行排序。我们的输出将是一个带有路线 ID 和每个关联的适应度得分的有序列表。

```
#Compute fitness for each route in population and sorted by fitness scores.
def rankRoutes(population):
    fitnessResults = {}
    for i in range(0,len(population)):
        fitnessResults[i] = Fitness(population[i]).routeFitness()
    return sorted(fitnessResults.items(), key = operator.itemgetter(1), re-
verse = True)
```

9.1.2　遗传算法的选择、交叉和变异

选择优势个体的交配池。对于如何选择将用于创建下一代的父代，最常见的方法如下。

- 轮盘赌轮选择：每个个体相对于总体的适应度用于分配选择概率。将其视为被选择的适应度加权概率。
- 锦标赛选择：从人群中随机选择一定数量的个体，并选择群体中具有最高适应度的个体作为第一父代。重复此操作以选择第二个父项。

- 另一个需要考虑的设计特征是精英主义的应用。有了精英主义，人口中表现最好的人将自动传给下一代，确保最成功的个体能够将优势基因传递下去。

为了清晰地阐述交配池建立过程，将分两步创建交配池。首先，使用 rankRoutes 的输出来确定在路线选择函数中选择哪些路线。通过计算每个个体的相对适应度权重来设置轮盘赌轮。然后，将随机抽取的个体序号与这些权重进行比较，以选择交配池。此处还想维持最佳路线个体的基因遗传，所以引入精英主义来保留优势个体。最后，选择函数返回一个优势个体列表，以此组成交配池。

```python
#popRanke: list of ranked routes
#eliteSize: how many best routes to keep in elitism
def selection(popRanked, eliteSize):
    selectionResults = []
    #set up the roulette wheel
    df = pd.DataFrame(np.array(popRanked), columns=["Index","Fitness"])
    df['cum_sum'] = df.Fitness.cumsum()
    df['cum_perc'] = 100* df.cum_sum/df.Fitness.sum()

    #elitism to keep the best routes
    for i in range(0, eliteSize):
        selectionResults.append(popRanked[i][0])

    #compare a randomly drawn number to the weights to select mating pool
    for i in range(0, len(popRanked) - eliteSize):
        pick = 100* random.random()
        for i in range(0, len(popRanked)):
            if pick <= df.iat[i,3]:
                selectionResults.append(popRanked[i][0])
                break
    return selectionResults
```

现在已经从选择函数中获得了组成交配池的路线个体，从而可以创建交配池了，只需要从我们的种群中提取选定的个体即可。

```python
def matingPool(population, selectionResults):
    matingpool = []
    for i in range(0, len(selectionResults)):
        index = selectionResults[i]
        matingpool.append(population[index])
    return matingpool
```

随着交配池的建立，可以通过一个叫做“交叉”的过程来创造下一代。如果个体是由 0 和 1 组成的字符串，并且没有之前提到的两条规则的约束（例如，假设我们正在决定是否在投资组合中包含股票，有股票编号为 1，没有股票编号为 2），可以简单地选择一个交叉点，并将这两个字符串拼接在一起从而产生后代。

然而，TSP 是有两条特殊规则的约束的，因为需要一次包含所有位置并回到初始出发点城市，所以为了遵守这两条规则，可以使用一种称为有序交叉的特殊交叉函数。在有序交叉中，随机选择第一个父字符串的子集，然后用第二个父字符串中的基因按照它们出现的顺序填充路线的剩余部分，而不复制第一个父串中所选子集中的任何基因。

```python
def crossover(parent1, parent2):
    child = []
    childP1 = []
    childP2 = []

    geneA = int(random.random() * len(parent1))
    geneB = int(random.random() * len(parent1))

    startGene = min(geneA, geneB)
    endGene = max(geneA, geneB)

    #randomly select a subset of the first parent string
    for i in range(startGene, endGene):
        childP1.append(parent1[i])

    #not duplicating any genes in the selected subset from the first parent
    childP2 = [item for item in parent2 if item not in childP1]

    child = childP1 + childP2
    return child
```

接下来，对 crossover( ) 函数进一步推广，以创建后代种群。

```python
def crossoverPopulation(matingpool, eliteSize):
    children = []
    length = len(matingpool) - eliteSize
    pool = random.sample(matingpool, len(matingpool))

    #use elitism to retain the best routes from the current population
    for i in range(0,eliteSize):
        children.append(matingpool[i])

    #use the crossover function to fill out the rest of the next generation
    for i in range(0, length):
        child = crossover(pool[i], pool[len(matingpool)-i-1])
        children.append(child)
    return children
```

变异在遗传算法中起着重要作用，因为它通过引入新的路径来避免局部收敛，从而允许探索解空间的其他部分。与交叉相似，需要特殊考虑 TSP 的问题限制，比如要求路径最终回到出发点。同样，如果有一个 0 和 1 的染色体，突变只意味着基因从 0 变为 1 的概率很低，反之亦然（类似继续之前的例子，现在后代投资组合中的股票现在需要被排除在外）。

然而，由于需要遵守制定的规则，即不能放弃到达全部城市这个条件限制。相反，我们将使用交换突变。交换突变意味着，在特定的低概率下，两个城市将在我们的路线上交换位置。此处将对 mutate 函数中之前用 cerateRoute 生成的种群中的一个个体执行此操作。

```python
#individual: Each Route
#mutationRate: specify how likely a gene is mutated
def mutate(individual, mutationRate):
    for swapped in range(len(individual)):
        if(random.random() < mutationRate):
            swapWith = int(random.random() * len(individual))

            city1 = individual[swapped]
            city2 = individual[swapWith]

            individual[swapped] = city2
            individual[swapWith] = city1
    return individual
```

接下来，可以扩展 mutate 函数用以在新的种群中运行。

```python
def mutatePopulation(population, mutationRate):
    mutatedPop = []

    for ind in range(0, len(population)):
        mutatedInd = mutate(population[ind], mutationRate)
        mutatedPop.append(mutatedInd)
    return mutatedPop
```

把上述这些过程函数组合在一起，从而创建一个产生新一代的完整流程函数。首先，使用 rankRoutes( ) 对当前一代中的路线进行排序。然后，通过运行选择函数（selection）来确定潜在的父母，该函数允许使用交配池函数（matingpool）创建交配池。最后，使用交叉过种群函数（crossoverPopulation）创建新一代，然后使用突变种群函数（mutatePopulation）对部分个体施加突变。

```python
def nextGeneration(currentGen, eliteSize, mutationRate):
    popRanked = rankRoutes(currentGen)
    selectionResults = selection(popRanked, eliteSize)
    matingpool = matingPool(currentGen, selectionResults)
    children = crossoverPopulation(matingpool, eliteSize)
    nextGeneration = mutatePopulation(children, mutationRate)
    return nextGeneration
```

当前终于有了创建通用算法的所有部分。现在所需要做的就是创建一个初始种群，调用初始化种群函数（initialPopulation），然后按我们的意愿循环经过多代种群。每一代种群中的个体都是一个解决 TSP 问题的路径解决方案，随着迭代过程直到结束，用户也希望了解每次迭代路径改进程度和最终的最优路径解决方案。因此记录了初始距离（距离是适应度的倒数）、最终距离和最佳路线。

```python
def geneticAlgorithm(population, popSize, eliteSize, mutationRate, generations):
    pop = initialPopulation(popSize, population)
    print("Initial distance: " + str(1 / rankRoutes(pop)[0][1]))

    for i in range(0, generations):
        pop = nextGeneration(pop, eliteSize, mutationRate)
        print("Best distance so far: " + str(1 / rankRoutes(pop)[0][1]))

    print("Final distance: " + str(1 / rankRoutes(pop)[0][1]))
    bestRouteIndex = rankRoutes(pop)[0][0]
    bestRoute = pop[bestRouteIndex]
    return bestRoute
```

一切就绪后，解决 TSP 问题只需以下两个步骤。

第一步，需要一份旅行城市的列表。对于本案例，将创建一个 20 个随机城市的列表。

```python
cityList = []

for i in range(0,20):
    cityList.append(City(x=int(random.random() * 200),
                         y=int(random.random() * 200)))
```

第二步，运行遗传算法只需一行简单的代码。具体的算法参数设置需要根据实际情况进行调整，从而看到哪些假设最适合我们。在本例中，每代有 50 个个体，保留 5 个精英个体，对给定基因使用 1% 的突变率，并运行 500 代。

```python
geneticAlgorithm(population=cityList,
                 popSize=50,
                 eliteSize=5,
                 mutationRate=0.01,
                 generations=500)
```

通过对 geneticAlgorithm( ) 函数进行简单调整，可以在进度列表中存储每一代的最短距离，然后绘制结果。

```python
def geneticAlgorithmPlot(population, popSize, eliteSize, mutationRate, genera-
tions):
    pop = initialPopulation(popSize, population)
    progress = []
    progress.append(1 / rankRoutes(pop)[0][1])
```

```
for i in range(0, generations):
    pop = nextGeneration(pop, eliteSize, mutationRate)
    progress.append(1 / rankRoutes(pop)[0][1])

plt.plot(progress)
plt.ylabel('Distance')
plt.xlabel('Generation')
plt.show()
```

用以与之前相同的方式运行遗传算法，但这次不运行 geneticAlgorithm( )函数，而是运行新创建的 geneticAlgorithmPlot( )函数。

```
geneticAlgorithmPlot(population=cityList,
                     popSize=50,
                     eliteSize=5,
                     mutationRate=0.01,
                     generations=100)
```

程序最终的运行结果为 750.35329（该结果为 TSP 问题的最优路径对应的距离衡量，在此处是 rankRoutes 的倒数），距离随进化代数逐步下降的优化过程如图 9-1 所示。从图中可以看到，大约在 60 代以后，路线的距离就相对稳定了，这意味着进化逐步进入了稳定期。

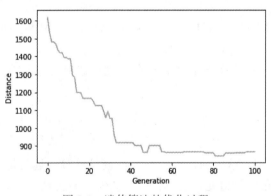

图 9-1　遗传算法的优化过程

9.2　遗传算法与波士顿房价预测

在本节将尝试使用遗传算法进行特征选择。首先将基于线性回归模型用经典的波士顿房价数据集进行房价预测，然后采用遗传算法对波士顿房价数据集进行特征选择，再用筛选后的特征集再次预测波士顿房价，最后将看到通过遗传算法筛选的特征集，其房价预测能力变得更强了。

9.2.1　利用经典回归模型预测波士顿房价

首先，加载常用的 Python 库。

```
import random
import numpy as np
import matplotlib.pyplot as plt
```

在预测房价的回归问题中将使用经典的波士顿住房数据集。数据集由 13 个数值和分类变量所构成，可以从 sklearn 库加载。为了使得试验具有可重复性，此处固定随机种子。

```
from sklearn.datasets import load_boston
from sklearn.model_selection import cross_val_score
from sklearn.linear_model import LinearRegression


SEED = 2022
random.seed(SEED)
np.random.seed(SEED)


dataset = load_boston()
X, y = dataset.data, dataset.target
features = dataset.feature_names
print(X)
print(y)
print(features)
```

打印显示共有 CRIM、ZN、INDUS、CHAS、NOX、RM、AGE、DIS、RAD、TAX、PTRA-TIO、B、LSTAT 十三个特征变量。

计算线性回归模型的交叉验证（CV）得分，此处选择均方误差（MSE）作为度量。

```
est = LinearRegression()
score = -1.0 * cross_val_score(est, X, y, cv=5, scoring="neg_mean_squared_error")
print("CV MSE before feature selection: {:.2f}".format(np.mean(score)))
```

CV 的 MSE 约为 37.13。这里加入了所有特征进行计算。通过适当的特征选择算法，即选择对模型最重要的变量并跳过冗余变量，可以减少预测误差。

通过尝试 13 个特征的所有可能组合来进行特征选择（这种方式会消耗太多的计算资源），而如果使用遗传算法来执行特征选择，则将会提高计算效率。

9.2.2　利用遗传算法进行特征选择

遗传算法由多个操作步骤和参数组成，因此将其过程代码封装为 Python 类是可以提高复用率和便利性的。下面定义一个 GeneticSelector 函数，该函数的功能是初始化一个包含了遗传算法常用参数的对象。

```
class GeneticSelector():
    def __init__(self, estimator, n_gen, size, n_best, n_rand,
                 n_children, mutation_rate):
        # Estimator
```

```
            self.estimator = estimator
            # Number of generations
            self.n_gen = n_gen
            # Number of chromosomes in population
            self.size = size
            # Number of best chromosomes to select (Elitism)
            self.n_best = n_best
            # Number of random chromosomes to select
            self.n_rand = n_rand
            # Number of children created during crossover
            self.n_children = n_children
            # Probablity of chromosome mutation
            self.mutation_rate = mutation_rate

            if int((self.n_best + self.n_rand) / 2) * self.n_children != self.size:
                raise ValueError("The population size is not stable.")
```

为了将波士顿房价预测问题应用于遗传算法，需要对遗传算法的概念进行围绕着问题的定义。以下几个概念需要针对问题做阐释。

- 基因：波士顿住房数据集中有 13 个特征。在这个问题中，特征被称为基因。在特征选择过程中，可以包括该特征（1）或排除该特征（0）。
- 染色体：13 个基因的列表称为染色体。染色体包含哪些特征被包括和哪些特征被排除的信息。
- 群体：群体包含不同染色体的若干实例，它是不同特征子集的集合。

通过随机排除特征来创建染色体的第一群体。在类中添加了 initilize 函数。

```
def initilize(self):
    population = []
    #For each chromosome/individual, randomly select some features.
    for i in range(self.size):
        chromosome = np.ones(self.n_features, dtype=np.bool)
        mask = np.random.rand(len(chromosome)) < 0.3
        chromosome[mask] = False
        population.append(chromosome)

    return population
```

将 initilize 函数分配给类 GeneticSelector。

```
GeneticSelector.initilize = initilize
```

在 initilize 函数中排除特征的概率 0.3 是可任意选择的参数，但建议避免使用太大的概率参数。因为不希望创建排除所有变量的染色体。

然后来定义适应度：我们的目标是选择这样一个特征子集，以最小化 CV 的 MSE。计算群体中每个染色体适应度得分的函数如下。

```python
def fitness(self, population):
    X, y = self.dataset
    scores = []
    for chromosome in population:
        #Score is the MSE
        score = -1.0 * np.mean(cross_val_score(self.estimator, X[:,chromo-
some], y, cv=5, scoring="neg_mean_squared_error"))
        scores.append(score)

    scores, population = np.array(scores), np.array(population)
    inds = np.argsort(scores)

    #Return a list of fitness values and chromosomes
    return list(scores[inds]), list(population[inds,:])
```

将 fitness 函数加入到 GeneticSelector 中。

```python
GeneticSelector.fitness = fitness
```

适应度函数返回排序的 CV 的 MSE 列表和基于分数排序的染色体列表。这两个列表将用于选择过程。

选择过程为：根据 CV 分数选择 n_best 个染色体，这样群体就朝着最佳解移动，随机选择 n_ rand 个染色体，这样优化算法就不会陷入局部最优。

```python
def select(self, population_sorted):
    population_next = []

    for i in range(self.n_best):
        population_next.append(population_sorted[i])

    for i in range(self.n_rand):
        population_next.append(random.choice(population_sorted))

    random.shuffle(population_next)

    return population_next
```

将 select 函数加入到 GeneticSelector 中。

```python
GeneticSelector.select = select
```

再进行交叉过程：混合两个个体的 DNA，这个操作称为交叉，并为每对染色体创建 n_ children 个子代。

```python
def crossover(self, population):
    population_next = []
```

```
        for i in range(int(len(population)/2)):
            for j in range(self.n_children):
                chromosome1, chromosome2 = population[i], population[len(popula-
tion)-1-i]
                child = chromosome1
                mask = np.random.rand(len(child)) > 0.5
                child[mask] = chromosome2[mask]
                population_next.append(child)

        return population_next
```

将交叉方法添加到当前的类中，该方法混合了先前选择步骤时的 n_best+n_rand 双亲的基因。

```
GeneticSelector.crossover = crossover
```

执行突变步骤：最后一个操作是对染色体进行突变操作。为了不太快地收敛到局部最优值，染色体会稍微改变一点，该改变涉及以小概率随机排除特征。

```
def mutate(self, population):
    population_next = []
    for i in range(len(population)):
        chromosome = population[i]
        if random.random() < self.mutation_rate:
            mask = np.random.rand(len(chromosome)) < 0.05
            chromosome[mask] = False
        population_next.append(chromosome)

    return population_next
```

将 mutate 方法添加到当前的类中。

```
GeneticSelector.mutate = mutate
```

上述 mutate 代码中有几个点要注意，首先，要突变的染色体是随机选择的。mutation_rate 是突变率，即每个基因以概率 0.05 进行改变。这些概率不应太大，以便遗传算法可以收敛。

现在定义一个迭代函数，它可以重复遗传操作选择、交叉和变异，使每个群体在 CV 分数方面变得越来越好。方法 generate 用于调用遗传操作并保存每一代的最佳结果。

```
def generate(self, population):
    # Selection, crossover and mutation
    scores_sorted, population_sorted = self.fitness(population)
    population = self.select(population_sorted)
    population = self.crossover(population)
```

```
    population = self.mutate(population)
    # History
    self.chromosomes_best.append(population_sorted[0])
    self.scores_best.append(scores_sorted[0])
    self.scores_avg.append(np.mean(scores_sorted))

    return population
```

将 generate 方法添加到类中。

```
GeneticSelector.generate = generate
```

最后一步是代入本次案例数据并执行遗传算法进行模型训练，由 fit( ) 函数定义。此处还定义了一种可以返回具有最佳特征染色体（上一代的最佳染色体）的函数和绘图函数。

```
def fit(self, X, y):

    self.chromosomes_best = []
    self.scores_best, self.scores_avg  = [], []

    self.dataset = X, y
    self.n_features = X.shape[1]

    population = self.initilize()
    for i in range(self.n_gen):
        population = self.generate(population)

    return self

@property
def support_(self):
    return self.chromosomes_best[-1]

def plot_scores(self):
    plt.plot(self.scores_best, label='Best')
    plt.plot(self.scores_avg, label='Average')
    plt.legend()
    plt.ylabel('Scores')
    plt.xlabel('Generation')
    plt.show()
```

将 fit、support_ 和 plot_scores 方法添加到类中。

```
GeneticSelector.fit = fit
GeneticSelector.support_ = support_
GeneticSelector.plot_scores = plot_scores
```

现在拥有了执行特征选择所需的 GeneticSelector 类的所有部分了。将遗传算法应用于波士顿住房数据集，并在特征选择后计算 CV 的 MSE 分数。

```
sel = GeneticSelector(estimator=LinearRegression(),
                      n_gen=100, size=200, n_best=40, n_rand=40,
                      n_children=5, mutation_rate=0.05)
sel.fit(X, y)
sel.plot_scores()
score = -1.0 * cross_val_score(est, X[:,sel.support_], y, cv=5, scoring="neg_
mean_squared_error")
print("CV MSE after feature selection: {:.2f}".format(np.mean(score)))
```

现在，CV 的 MSE 约为 30.36。这是一个显著的改进（在特征选择之前约为 37）。从图 9-2 中可以看到，约 4 代之后优化器就大致收敛了。

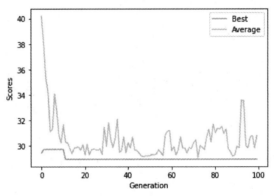

图 9-2　遗传算法特征选择的迭代过程

```
print('Select features are: ', features[sel.chromosomes_best[4]])
print('Score:', round(sel.scores_best[4],3))
```

在运行选择算法后可以提取最佳特征集：CRIM、ZN、INDUS、NOX、AGE、DIS、RAD、TAX、PTRATIO、B、LSTAT。此时得分为 29.695。

9.3　Geatpy 库的应用实例

目前国内比较权威、高性能的遗传算法工具箱是华南农业大学、暨南大学、华南工业大学等硕博学生联合团队发布的开源的 Python 遗传和进化算法工具箱 Geatpy。Geatpy 是一个高性能实用型进化算法工具箱，提供了许多已实现的进化算法中各项重要操作的库函数，并提供了一个高度模块化、耦合度低的面向对象的进化算法框架，利用"定义问题类 + 调用算法模板"的模式来进化优化，可用于求解单目标优化、多目标优化、复杂约束优化、组合优化、混合编码进化优化等研究目标。本节将运用进化算法工具箱 Geatpy 解决"啤酒混合策略"和"房间优化布局"两个问题，从而介绍 Geatpy 库的使用方法。

9.3.1 啤酒混合策略

一家酿酒厂收到了 100 加仑（一种容积单位）4% ABV（酒精含量）啤酒的订单。啤酒厂现有啤酒 A 为 4.5% ABV，每加仑成本为 0.32 美元，啤酒 B 为 3.7% ABV，每加仑成本为 0.25 美元。水也可用作混合剂，每加仑成本为 0.05 美元。现在要找到满足客户需求的最低成本组合。

这个问题是多元线性组合的单目标优化问题，该问题可以通过遗传算法来寻优获得。我们先定义上述参数条件。

字典数据结构 data 是啤酒 A、B 和水三种液体的酒精度和成本参数，vol = 100 是目标订单中的产量要求，abv = 0.040 是目标订单中的酒精含量要求。

```
data = {
  'A': {'abv': 0.045, 'cost': 0.32},
  'B': {'abv': 0.037, 'cost': 0.25},
  'W': {'abv': 0.000, 'cost': 0.05},
}
vol = 100
abv = 0.040
C = data.keys()
```

引入需要的库。

```
import numpy as np
import geatpy as ea
import os
os.environ['KMP_DUPLICATE_LIB_OK'] = 'TRUE'
```

此时可以开始定义问题类，将本次案例需要解决的优化问题的约束条件、优化目标等参数写入问题类（MyProblem 类）中。MyProblem 类主要由两个核心方法构成，这两个方法都是运行优化步骤所要求的。一个是 __init__ 方法，该方法强制要求初始化寻优问题的目标寻优变量维数、决策变量维数、变量的寻优上下限以及寻优方向等。另一个是 aimFunc 方法，该方法定义了决策变量矩阵、优化目标的计算方式以及变量的约束条件等。

```
class MyProblm(ea.Problem): # 继承 Problem 父类
  def __init__(self):
        name = 'Bear mix' # 初始化 name(函数名称,可以随意设置)
        M = 1 # 初始化 M(目标维数)
        maxormins = [1] # 初始化 maxormins(目标最小、最大化标记列表,1 为最小化该目标,-1 为最大化该目标)
        Dim = 3 # 初始化 Dim(决策变量维数)
        varTypes = [0] * Dim # 初始化 varTypes(决策变量的类型,元素为 0 表示对应的变量是连续的,1 表示是离散的)
        lb = [0,0,0] # 决策变量下界
```

```
            ub = [100,100,100] #决策变量上界,由于这个问题并没有规定上界,因此我们可以自
己给一个很大的值,比如100或者10000
            lbin = [1,1,1]
            #决策变量下边界(0表示不包含该变量的下边界,1表示包含),或者写作[1]* 3
            ubin = [1,1,1] #决策变量上边界(0表示不包含该变量的上边界,1表示包含)
        #调用父类构造方法完成实例化
            ea.Problem.__init__(self, name, M, maxormins, Dim, varTypes, lb, ub,
lbin, ubin)

    def aimFunc(self, pop): #目标函数
            Vars = pop.Phen #得到决策变量矩阵

            x = {}    #用一个字典存储决策变量
            for i,c in zip(range(len(C)),C):
                x[c] =  Vars[:,[i]] #Vars中存储了决策变量,赋值给字典格式的X

            pop.ObjV = sum(x[c]* data[c]['cost'] for c in C)
        #计算目标函数值,赋值给pop种群对象的ObjV属性
            print(pop.ObjV)
        #采用可行性法则处理约束
            pop.CV = np.hstack([
                            - sum(x[c] for c in C) + 100 ,
        #体积约束,即x1+x2+x3>=100
                            - sum(x[c]* (data[c]['abv'] - abv) for c in C)
        #组成成分约束,即0.005* x1 - 0.003* x2 - 0.04* x3 >= 0.04
                            ])
```

将问题类定义好之后，就可以开始实例化了。在进行优化之前，定义好遗传算法所需要的基本参数，如种群参数、进化迭代的代数等，最后就可以调用.run( )方法启动优化了。

```
"""==实例化问题对象=="""
problem = MyProblem() #生成问题对象
"""==种群设置=="""
Encoding = 'RI' #编码方式
NIND = 100 #种群规模
Field = ea.crtfld(Encoding, problem.varTypes, problem.ranges, problem.borders)
#创建区域描述器
population = ea.Population(Encoding, Field, NIND)
#实例化种群对象(此时种群还没被初始化,仅仅是完成种群对象的实例化)
"""===算法参数设置==="""
myAlgorithm = ea.soea_DE_rand_1_L_templet(problem, population)
#实例化一个算法模板对象
myAlgorithm.MAXGEN = 500 #最大进化代数
myAlgorithm.mutOper.F = 0.5 #差分进化中的参数F
```

```
myAlgorithm.recOper.XOVR = 0.7 # 重组概率
"""==调用算法模板进行种群进化=="""
[BestIndi, population] = myAlgorithm.run() # 执行算法模板
BestIndi.save() # 把最后一代种群的信息保存到文件中
```

优化完成后，输出优化结果和优化过程的历史参数。

```
# 输出结果
print('评价次数:%s' % myAlgorithm.evalsNum)
print('时间已过 %s 秒' % myAlgorithm.passTime)
if BestIndi.sizes ! = 0:
    print('最优的目标函数值为:%s' % BestIndi.ObjV[0][0])
    print('最优的控制变量值为:')
    for i in range(BestIndi.Phen.shape[1]):
        print(BestIndi.Phen[0, i])
    for num in BestIndi.Phen[0, :]:
        print(chr(int(num)), end=")
else:
    print('没找到可行解。')
```

图 9-3 所示为遗产算法经过 500 次迭代，100 加仑的混合啤酒成本（本案例的优化目标）的下降过程，经过了 100 左右的迭代，成本大约下降到了 28 美元左右。

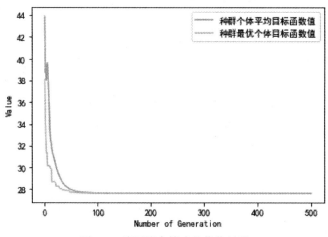

图 9-3　啤酒混合策略的优化过程

进一步的结果显示，耗时总计 0.8317067623138428 秒，评价次数为 50000（NIND×MAXGEN，即种群规模×迭代次数），啤酒 A、啤酒 B、水的比例约为 37.50000000000004%：62.49999999999995%：0.0%（存在误差），最终混合啤酒的最低成为每加仑 0.27625 美元。

9.3.2　房间布局优化问题

房间布局优化问题是指：在给定的房间大小中，按照一定的约束条件和优化目标，设计功能区域的布局。约束条件和优化目标可能是多样化的，功能区域也有一定的要求，比如一

个房间需要卧室、厨房、过道和卫生间等，这些功能区域需要满足一定的形状和大小，不同功能区域还需要满足一定的邻接关系，比如过道必须隔开厨房和卧室。优化目标为尽可能最小化过道面积或最大化功能区域面积等。

首先定义房间的功能区域。

```
ROOM_NAMES_VAR = [
    'path1', 'room_main', 'living', 'kitchen', 'toilet_main'
]
```

然后定义房间的模数（最小变化单位），功能区域的面积大小及长宽限制。

```
#模数
STEP = 300

#####定义房间尺寸区间、房间面积最大值
SIZE_BOUND = [
    [900,  900,  6000, 6000], # 过道1  w_min, h_min, w_max, h_max
    [2700, 4200, 4500, 6000], # 主卧
    [3600, 4200, 5100, 6000], # 客厅
    [1500, 1500, 4200, 4200], # 厨
    [1500, 1500, 3000, 3000], # 卫
]

AREA_BOUND = [
    [6],    # 过道
    [1000], # 卧室
    [1000], # 客厅
    [10],   # 厨
    [6],    # 卫
]
```

再读取房间功能区域之间的邻接矩阵关系矩阵 relation，功能区域和非功能区域（过道、墙体等）的长宽限制、中心坐标点限制 room_info。

```
relation=pd.read_excel('layout_info.xlsx','relation')
room_info=pd.read_excel('layout_info.xlsx','room_info')
```

表 9-1 所示为本示例的邻接矩阵关系矩阵 relation，其中−1 代表自身，1 代表两者相离，2 代表外切，3 代表相交，4 代表内切，5 代表包含。表 9-2 所示为功能区域和非功能区域条件信息，center_x 和 center_y 是房间的坐标位置，width 和 depth 分别是长宽限制。

表 9-1　邻接矩阵关系矩阵 relation

	boundary	path1	path2	room_main	living	dinner	kitchen	toilet_main	black1	white_m	white_south	white_north	entrance
boundary_	−1	4	5	4	4	4	4	4	4	4	2	2	2
path1_	4	−1	2	1	2	2	2	2	1	1	1	1	2
path2_	5	2	−1	2	1	2	1	2	1	1	1	1	1

（续）

	boundary	path1	path2	room_main	living	dinner	kitchen	toilet_main	black1	white_m	white_south	white_north	entrance
room_main_	4	1	2	−1	1	1	1	2	2	1	1	2	1
living_	4	2	1	1	−1	1	2	1	1	2	2	1	1
dinner_	4	2	2	1	1	−1	1	1	2	1	1	1	1
kitchen_	4	2	1	1	2	1	−1	2	1	2	1	1	1
toilet_main_	4	2	2	2	1	1	2	−1	1	1	1	1	1
black1_	4	1	1	2	1	2	1	1	−1	1	1	1	1
white_m_	4	1	1	1	2	1	2	1	1	−1	2	1	1
white_south_	2	1	1	1	2	1	1	1	1	2	−1	1	1
white_north_	2	1	2	2	1	1	1	1	1	1	1	−1	1
entrance_	2	2	1	1	1	1	1	1	1	1	1	1	−1

表 9-2　功能区域和非功能区域条件

	boundary	entrance	white_south	white_north	black1	path1	path2	room_main	living	dinner	kitchen	toilet_main	white_m
center_x	2550	−600	2550	3600	1050	1650	2550	3600	1650	1050	4200	4050	4200
center_y	5100	3900	−600	10800	8550	3900	5700	8550	1650	5700	2850	5700	600
width	5100	1200	5100	3000	2100	3300	900	3000	3300	2100	1800	2100	1800
depth	10200	1200	1200	1200	3300	1200	2400	3300	3300	2400	3300	2400	1200

　　此时可以设置 13 个功能和非功能区域的寻优上下限，此处寻优的决策变量是房间的长宽。Path 文件夹中存储的是多种类似表 9-1 和表 9-2 的房间优化条件及邻接矩阵。本案例选择其中一个房间布局条件进行优化，但实际使用该优化程序时，需要训练出满足不同条件约束的优化程序，所以我们将 Path 文件夹中存储的房间优化条件和邻接矩阵统一读取，并存储在 lis_relation 和 lis_room_info_input 两个列表中。以下代码是读取并调整数据结构的代码。

```
lb = [0,0,0,0,0,0,0,0,0,0,900,2400,2400,1200,1500,900,2400,2400,1200,1200]
# 决策变量下界
ub= [4200,4200,4200,4200,4200,8400,8400,8400,8400,8400,6000,6000,6000,
3900,3900,6000,6000,6000,3900,3900] #决策变量上界,由于这个问题并没有规定上界,因此我
们可以自己给一个很大的值,比如 100 或者 10000

path =  ".\\excel 数据_5cubes \\"
room_names_input = ['boundary','entrance','white_south']
room_names_output = ['path1','room_main','living','kitchen','toilet_main']
room_names_all = ['boundary','entrance','white_south','path1','room_main','
living','kitchen','toilet_main']

room_names_index = []
for i in room_names_all:
    dex = i +'_'
    room_names_index.append(dex)
```

```
room_info_index = ['center_x','center_y','width','depth']


lis_room_input = []
lis_room_output = []
lis_room_info_input = []
lis_relation = []

for root,dirs,files in os.walk(path):
    for item in files:
        path_sub = root + item

        #数据读取
        sheet_info = 'room_info'
        relation = pd.read_excel(io = path_sub, sheet_name = 'relation',
header = 0, index_col = 0, engine='openpyxl')
        room_info = pd.read_excel(io = path_sub, sheet_name = sheet_info,
header = 0, index_col = 0, engine='openpyxl')
        room_info.iloc[0,:] = room_info.iloc[0,:] - room_info.iloc[2,:]/2
        room_info.iloc[1,:] = room_info.iloc[1,:] - room_info.iloc[3,:]/2

        room_info_input = room_info[room_names_input].values.reshape(1,
len(room_names_input)* 4)[0]
        room_relation_input = relation.values.reshape(1,len(relation)*
len(relation))[0]
        room_input = np.hstack((room_info_input, room_relation_input))
        #输入数据(关系+边界条件)

        room_output = room_info[room_names_output].copy().values.reshape
(1, len(room_names_output)* 4)[0]   #输出真实数据

        lis_room_input.append(room_input)              #1* n 矩阵
        lis_room_output.append(room_output)            #1* n 矩阵
        lis_room_info_input.append(room_info[room_names_input].copy())
                                                       #4* n 矩阵
        lis_relation.append(relation)                  #n* n 矩阵

lis_room_input = np.array(lis_room_input)
lis_room_output = np.array(lis_room_output)
lis_room_info_input = np.array(lis_room_info_input)
lis_relation = np.array(lis_relation)
```

本案例以第一个文件的约束条件为优化条件。

```
index=1
X_relation = lis_relation[index] #输入房间关系
X_info = lis_room_info_input[index] #输入的边界条件
```

引入本次案例所需要的库。其中，environment 是判断功能和非功能区域关系并比对邻接关系矩阵所需相关函数的库，reward_function 是基于当前功能和非功能区域的布局计算优化目标分数所需相关函数的库。

```
import pandas as pd
from reward_function import *
from environment import *
import numpy as np
import torch
import torch.nn as nn
import torch.nn.functional as F
from torch.nn import init
from torch.autograd import Variable
import time
import datetime
import matplotlib
import matplotlib.pyplot as plt
import os
import openpyxl
import sys
import shapely
from shapely import geometry
import shapely.ops
import numpy as np
import geatpy as ea
```

此处定义问题类，__init__ 方法中定义了寻优的上下限范围。aimFunc 方法定义了优化目标值的计算方法，它对当前优化步骤下的功能区域和非功能区域进行评价，主要包括空间关系评价、临界矩阵的判断、空白面积的计算等步骤，然后基于这些信息，给出对此时布局的得分评价。

```
class MyProblem(ea.Problem): # 继承 Problem 父类
  def __init__(self):
          name = 'MyProblem' # 初始化 name(函数名称,可以随意设置)
          M = 1 # 初始化 M(目标维数)
          maxormins = [1] # 初始化 maxormins(目标最小、最大化标记列表,1 为最小化该目标,-1 为最大化该目标)
          Dim = 20 # 初始化 Dim(决策变量维数)
          varTypes = [0] * Dim # 初始化 varTypes(决策变量的类型,元素为 0 表示对应的变量是连续的,1 表示是离散的)
```

```
            lb = [0,0,0,0,0,0,0,0,0,0,900,2400,2400,1200,1500,900,2400,2400,1200,1200]
            # 决策变量下界
             ub = [4200,4200,4200,4200,4200,8400,8400,8400,8400,8400,6000,
6000,6000,6000,3900,3900,6000,6000,6000,3900,3900]
```

决策变量上界,由于这个问题并没有规定上界,因此我们可以自己给一个很大的值,比如 100 或者 10000

```
            lbin = [1,1,1,1,1,1,1,1,1,1,1,1,1,1,1,1,1,1,1,1]
            # 决策变量下边界(0 表示不包含该变量的下边界,1 表示包含),或者写作[1]* 30
            ubin = [1,1,1,1,1,1,1,1,1,1,1,1,1,1,1,1,1,1,1,1]
            # 决策变量上边界(0 表示不包含该变量的上边界,1 表示包含)
    # 调用父类构造方法完成实例化
            ea.Problem.__init__(self, name, M, maxormins, Dim, varTypes, lb,
ub, lbin, ubin)


    def aimFunc(self, pop): # 目标函数
            Vars = pop.Phen # 得到决策变量矩阵
            obj = []
            for i in range(len(Vars)):
                fake_rooms_out = Vars[i].reshape(4, len(room_names_output))
                fake_rooms_all = pd.DataFrame(np.hstack((X_info, fake_rooms_
out)), columns = room_names_all, index = room_info_index)  #当前房间信息
                fake_rooms_all = round(fake_rooms_all/300, 0)* 300
                relation_fake = adjacent_marix(room_parm = fake_rooms_all)[1]
                #计算当前空间关系
                relation_real = pd.DataFrame(X_relation, columns = room_names_
all, index = room_names_index)    #目标空间关系
                #print(relation_real)
                blank_area_now = blank_area(room_parm = fake_rooms_all, room_
names_inside = room_names_output)    #空白填充面积

                score = reward_calculation(
                    room_info = fake_rooms_all,
                    relation_now = relation_fake,
                    relation_target = relation_real,
                    blank_area = blank_area_now
                )
                obj.append(score)

            pop.ObjV = np.array(obj).reshape(-1,1)
```

调用遗传算法的主程序模板,设置遗传算法所需要的进化代数、种群规模、交叉变异等参数,之后进行优化。

```
"""==实例化问题对象=="""
problem = MyProblem()  # 生成问题对象
"""==种群设置=="""
Encoding = 'RI'  # 编码方式
NIND = 100  # 种群规模
Field = ea.crtfld(Encoding, problem.varTypes, problem.ranges, problem.borders)
# 创建区域描述器
population = ea.Population(Encoding, Field, NIND)
# 实例化种群对象(此时种群还没初始化,仅仅是完成种群对象的实例化)
"""==算法参数设置=="""
myAlgorithm = ea.soea_DE_rand_1_L_templet(problem, population)
# 实例化一个算法模板对象
myAlgorithm.MAXGEN = 500  # 最大进化代数
myAlgorithm.mutOper.F = 0.5  # 差分进化中的参数 F
myAlgorithm.recOper.XOVR = 0.7  # 重组概率
"""===调用算法模板进行种群进化=="""
[BestIndi, population] = myAlgorithm.run()  # 执行算法模板
BestIndi.save()  # 把最后一代种群的信息保存到文件中
# 输出结果
print('评价次数:%s' % myAlgorithm.evalsNum)
print('时间已过 %s 秒' % myAlgorithm.passTime)
if BestIndi.sizes != 0:
    print('最优的目标函数值为:%s' % BestIndi.ObjV[0][0])
    print('最优的控制变量值为:')
    for i in range(BestIndi.Phen.shape[1]):
        print(BestIndi.Phen[0, i])
    for num in BestIndi.Phen[0, :]:
        print(chr(int(num)), end="")
else:
    print('没找到可行解。')
```

图 9-4 所示为上述代码在迭代过程中随着设定的 500 代进化, 房间布局优化的目标函数

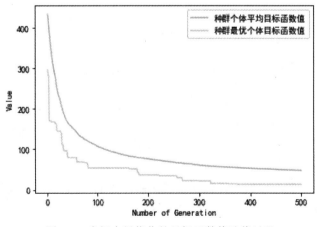

图 9-4　房间布局优化的目标函数值迭代过程

第9章
遗传算法

值的下降过程。

现在,提取目标函数值中的房间布局信息,将 13 个功能和非功能区域可视化展现。

```
score=BestIndi.ObjV[0][0]
fake_rooms_out =BestIndi.Phen.reshape(4, len(room_names_output))
fake_rooms_all = pd.DataFrame(np.hstack((X_info, fake_rooms_out)), columns =
room_names_all, index = room_info_index)    #当前房间信息
fake_rooms_all = round(fake_rooms_all/300, 0)* 300


N_TOTAL_ROOMS =8
# 平面布置图
color_list = [
     #'black', 'black', 'black', 'black', 'black', 'black', 'black',
     'steelblue', 'steelblue', 'orange', 'Burlywood', 'yellow', 'y', 'purple', '
violet', 'grey', 'grey'
     ]

plt.figure('layout', figsize=(15, 15))
ax2 = plt.subplot(1, 1, 1)
plt.cla()
for item in range(N_TOTAL_ROOMS):
     tmp = fake_rooms_all.iloc[:, item]
     X, Y, W, H = tmp.values
     rect = plt.Rectangle((X, Y), W, H, fill=False, edgecolor=color_list[i-
tem], lw=2)
     rect.set_label(fake_rooms_all.columns[item])
     ax2.add_patch(rect)
plt.xlim([-3000, 15000])
plt.ylim([-3000, 15000])
plt.title('score: '+str(int(score)), fontdict={'fontsize': 22})
plt.legend(loc='upper right', fontsize='x-large')
plt.xticks(fontproperties='Times New Roman', size=22)
plt.yticks(fontproperties='Times New Roman', size=22)
plt.pause(0.05)
plt.show()
```

图 9-5 所示为 boundary、entrance、white_south、path1、room_main、living、kitchen、toilet_main 这 8 个功能和非功能区域的布局用不同的颜色绘制在了给定的房间中,直观上可以看到,房间的布局基本符合人们的日常使用习惯。

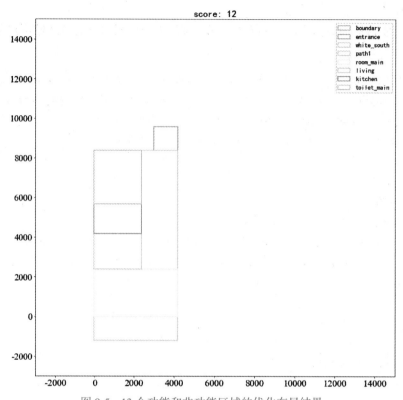

图 9-5　13 个功能和非功能区域的优化布局结果

第10章 推 荐 算 法

推荐系统是一种在现代商业行为中普遍用于定向营销的算法，其目的是通过发现数据集中的模式向用户提供最相关的信息。该算法对项目进行评级，并向用户显示其给予高度评级的项目。推荐算法的典型例子是，当访问电商网站时，网站的广告会随机向用户推荐某些正想找寻商品，或者一些在线视频网站向用户推荐了某些可能会引起他兴趣的电影，再比如地图 App 给用户推荐熟悉的新车路线等应用场景，这些都是推荐算法的功能成果运用。本章内容会讲解常见的推荐算法，并结合经典应用案例以 Python 程序来实现。

10.1 电影数据集的协同过滤推荐

协同过滤推荐系统：以一组用户的行为数据进行挖掘，从而向其他用户提出推荐建议。推荐往往基于其他用户的偏好。一个简单的例子是根据某位用户的朋友喜欢这部电影的事实向该用户推荐一部电影。有以下几种类型的协同模型。

1）Memory-based 的方法：该方法易于实现，产生的建议通常易于解释。它们分为两种类型，基于用户的协同过滤，基于其他类似用户喜欢产品的事实，向用户推荐产品；基于项目的协同过滤，根据用户以前的评分识别相似的项目。

2）基于模型的方法：该方法基于矩阵分解，更擅长处理稀疏性。它们使用数据挖掘、机器学习算法来预测用户对未评级项目的评级。

3）基于内容的推荐系统：使用元数据（如流派、制作人、演员、音乐家）来推荐项目，如电影或音乐。这个想法是，如果您喜欢某样东西，则很可能会喜欢与之相似的东西。例如，您可以从某些关注的音乐家那里获得音乐推荐，因为您喜欢他们的音乐，而他们推荐的音乐则与他们的音乐风格相似。

4）社交和人口推荐系统：建议朋友、朋友的朋友或人口学意义上具有统计相似性的人喜欢的项目。这样的推荐系统不需要接受推荐用户的任何偏好，因此功能非常强大。

5）上下文推荐系统：推荐与用户当前上下文匹配的项目。这使得它们比一般没有考虑上下文意义的推荐算法更加灵活，更能适应当前用户的需求（基于历史数据的方法本质上对用户的所有历史赋予相同的权重）。因此，与仅基于历史数据的方法相比，上下文算法更有可能引发响应。

本节以经典的电影推荐为例子，介绍基于 Python 实现的推荐算法。

10.1.1 电影数据集的介绍和可视化

本例将使用 MovieLes 数据集，该数据集由明尼苏达大学的 Grouplens 研究小组整理而成。它包含 100 万、1000 万和 2000 万个电影评分数据。为了便于演示，本例使用这个数据集的一个小版本，其中包含 1700 部电影的 1000 名用户的 100000 个电影评分数据。

为了分析这些数据，首先引入本次研究所需要的库。

```
import pandas as pd
import numpy as np
import warnings
warnings.filterwarnings('ignore')
```

运用 pandas 包的 .read_csv( ) 方法读取数据，因为数据是 tab 分隔符，所以用 \ t 作为读取的 sep 参数，然后对每一列赋值相应的列名。用 .head( ) 观察前五行数据的结果，图 10-1 所示为用户对电影的评分数据。

	user_id	item_id	rating	titmestamp
0	196	242	3	881250949
1	186	302	3	891717742
2	22	377	1	878887116
3	244	51	2	880606923
4	166	346	1	886397596

图 10-1　用户对电影的评分数据

```
df = pd.read_csv ('ml-100k/ml-100k/u.data',
                  sep='\t',
                  names =['user_id','item_id','rating','titmestamp'])
df.head()
```

在图 10-1 的数据集中，用户和电影名称都做了匿名化处理，然而电影名称可以找到其准确的标题和其他信息。这些信息在 u.item 的数据文件中，分隔符为 |，这个数据集包含了关于电影的诸多信息，本例只需要 item_id 和 title 两列，encoding 参数控制读取时的字符串格式，这里选择 ISO-8859-1。

```
movie_titles = pd.read_csv('ml-100k/ml-100k/u.item',
                           sep='|',
                           usecols =[0,1],
                           encoding = "ISO-8859-1",
                           names =['item_id','title'])
movie_titles.head()
```

图 10-2 所示为每一个 item_id 所对应的电影名称。

由于 item_id 列是相同的，因此可以在此列上合并这些数据集。.merge( ) 函数可以将上述两个数据集基于 item_id 列合并。图 10-3 所示为合并后的数据集。

	item_id	title
0	1	Toy Story (1995)
1	2	GoldenEye (1995)
2	3	Four Rooms (1995)
3	4	Get Shorty (1995)
4	5	Copycat (1995)

图 10-2　电影名称

	user_id	item_id	rating	titmestamp	title
0	196	242	3	881250949	Kolya (1996)
1	63	242	3	875747190	Kolya (1996)
2	226	242	5	883888671	Kolya (1996)
3	154	242	3	879138235	Kolya (1996)
4	306	242	5	876503793	Kolya (1996)

图 10-3　合并电影名称

```
df = pd.merge(df, movie_titles, on ='item_id')
df.head()
```

下面介绍每列含义。

user_id：电影评分的用户 id。

item_id：电影的 id。

rating（评级）：用户对电影的评级，介于 1~5。

titmestamp （时间戳）：电影评级的时间。

title （标题）：电影的标题。

可以使用.describe( )或.info( )命令，从而获得数据集的简要描述。这将帮助我们能够理解正在使用的数据集。

```
df.describe()
```

图 10-4 所示为合并后数据集的数据统计，包括常见的均值、标准差和计数等。

现在创建一个 dataframe 变量，其中包含每部电影的平均收视率和收视率数量（即收视计数）。稍后将使用这些评级参数来计算电影之间的相关性。相关性是一种统计度量，表明两个或多个变量一起的协变动程度。具有高相关系数的电影是线性意义上彼此最相似的电影。

```
              user_id         item_id        rating   titmestamp
count  100000.00000   100000.000000   100000.000000  1.000000e+05
mean      462.48475      425.530130        3.529860  8.835289e+08
std       266.61442      330.798356        1.125674  5.343856e+06
min         1.00000        1.000000        1.000000  8.747247e+08
25%       254.00000      175.000000        3.000000  8.794487e+08
50%       447.00000      322.000000        4.000000  8.828269e+08
75%       682.00000      631.000000        4.000000  8.882600e+08
max       943.00000     1682.000000        5.000000  8.932866e+08
```

图 10-4 合并后数据集的数据统计

在本例中，将使用皮尔逊相关系数。这个数字将介于 −1 （负相关）和 1 （正相关）之间表示没有线性相关性。我们认为零相关性的电影一点也不相似。为了创建这个 DataFrame 变量，需要使用.groupby( )功能。根据标题列对数据集进行分组，并计算其平均值以获得每部电影的平均评分。

```
ratings = pd.DataFrame(df.groupby('title')['rating'].mean())
ratings.head()
```

图 10-5 所示为前 5 部电影在所有用户中的平均评分。

接下来，如果想看看每部电影的收视率，就可以通过创建 number_ of_ratings 列来实现这一点。这一点很重要，这样我们就可以看到一部电影的平均收视率（该电影的 rating 的加总除以 number_of_ratings） 与该电影获得的收视率数量（number_of_ratings） 之间的关系。一部五星级电影有可能只

```
                                     rating
title
'Til There Was You (1997)          2.333333
1-900 (1994)                       2.600000
101 Dalmatians (1996)              2.908257
12 Angry Men (1957)                4.344000
187 (1997)                         3.024390
```

图 10-5 电影的平均评分

由一个人评级，因此，从统计学上讲，将这部电影归类为五星级电影是不恰当的。在构建推荐系统时，需要设置最低评级数的阈值。

为了创建这个新列，使用 pandas 的.groupby( )功能。按标题列分组，然后使用计数函数.count( )计算每部电影的收视率（即收视计数）。

```
ratings['number_of_ratings'] = df.groupby('title')['rating'].count()
ratings.head()
```

图 10-6 所示为前 5 部电影的收视率。

```
                             rating   number_of_ratings
title
'Til There Was You (1997)  2.333333                   9
1-900 (1994)               2.600000                   5
101 Dalmatians (1996)      2.908257                 109
12 Angry Men (1957)        4.344000                 125
187 (1997)                 3.024390                  41
```

图 10-6 电影的收视率

现在，使用 pandas 绘图功能绘制直方图，以可视化评级的分布状态。

```python
import matplotlib.pyplot as plt
#matplotlib inline
ratings['rating'].hist(bins=50)
```

图 10-7 所示为所有电影评分数据的频率分布图，从图中可以看到大多数电影的评分数据都在 2.5~4，总体呈现了一个钟形分布。

接下来，以类似的方式将 number_of_ratings 列可视化。与电影评分数据的频率分布图不同，收视计数的分布呈现典型的幂率分布，也就是少数电影吸引了大多数的观众，有着极高的收视率，而大部分的电影则表现平平。图 10-8 所示的电影收视计数数据整体分布呈现一个左尾有极值，右尾拖尾的态势。

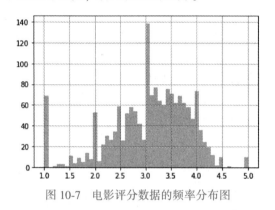

图 10-7　电影评分数据的频率分布图

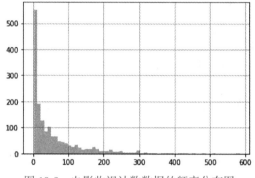

图 10-8　电影收视计数数据的频率分布图

从上面的直方图可以清楚地看出，大多数电影的收视率都很低。收视率最高的电影还是那些著名的电影。

现在检查电影的收视率与收视评分数据之间的关系。通过使用 seaborn 包的.jointplot( ) 函数绘制散点图来实现这一点，如图 10-9 所示。

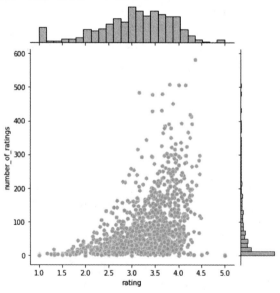

图 10-9　电影评分数据和收视率的散点图关系

```
import seaborn as sns
sns.jointplot(x='rating', y='number_of_ratings', data=ratings)
```

图 10-9 展示了电影的评分数据和收视率之间的散点图关系，同时图的右侧和上侧结合了各自的频率分布图。通过 .jointplot( ) 函数进行的展示有着较好的综合性。

10.1.2 基于电影评分数据的协同过滤推荐算法

现在继续创建一个简单的协同过滤推荐系统，它使用以前的用户评分来衡量电影之间的相似性。

为了做到这一点，需要将数据集转换为一个矩阵，其中电影标题（title）作为列，用户 ID（user_id）作为索引，评分（rating）作为值。我们将得到一个 dataframe 变量，其中电影标题作为列，用户 ID 作为行。每列代表所有用户对电影的所有评分。评分如果显示为 NaN，意味着用户未对某部电影进行评分。我们将利用该矩阵计算单个电影的评分与矩阵中其他电影的评分之间的相关性。此处使用 .pivot_table( ) 创建该电影数据的矩阵，如图 10-10 所示。

```
title    'Til There Was You (1997) ... Á köldum klaka (Cold Fever) (1994)
user_id                              ...
1                              NaN   ...                              NaN
2                              NaN   ...                              NaN
3                              NaN   ...                              NaN
4                              NaN   ...                              NaN
5                              NaN   ...                              NaN

[5 rows x 1664 columns]
```

图 10-10　用户对电影的评分矩阵

```
movie_matrix = df.pivot_table(index='user_id',
                              columns='title',
                              values='rating')
movie_matrix.head()
```

接下来，看看收视率最高的电影，并选择其中两部在这个推荐系统中使用。使用 .sort_values( ) 实用程序并将升序设置为 false，以便从最高的收视率排列电影。然后，使用 .head (10) 函数查看前 10 名，如图 10-11 所示。

```
                              rating   number_of_ratings
title
Star Wars (1977)              4.358491                583
Contact (1997)                3.803536                509
Fargo (1996)                  4.155512                508
Return of the Jedi (1983)     4.007890                507
Liar Liar (1997)              3.156701                485
English Patient, The (1996)   3.656965                481
Scream (1996)                 3.441423                478
Toy Story (1995)              3.878319                452
Air Force One (1997)          3.631090                431
Independence Day (ID4) (1996) 3.438228                429
```

图 10-11　收视计数排名前 10 的电影

```
ratings.sort_values('number_of_ratings', ascending=False).head(10)
```

假设某用户观看了 Air Force One（1997）和 Contact（1997），我们希望根据该观看历史记录向该用户推荐类似的一些电影。通过计算这两部电影的评分与数据集中其他电影的评分之间的相关性来实现这一点。第一步是创建一个 dataframe 变量，其中包含来自 movie_ matrix 中这些电影的评分。

```
AFO_user_rating = movie_matrix['Air Force One (1997)']
Contact_user_rating = movie_matrix['Contact (1997)']
```

现在有了显示用户 ID 和他们给两部电影评分的 dataframe 变量，如图 10-12 所示。

```
AFO_user_rating.head()
Contact_user_rating.head()
```

为了计算两个 dataframe 变量之间的相关性，我们使用 dataframe 自带的功能函数 Corrwith 来计算两个 dataframe 变量对象的行或列的成对相关性。

让我们使用此功能获取每部电影的评分与 Air Force One（1997）电影评分之间的相关性，如图 10-13 所示。

```
user_id
1    NaN
2    4.0
3    2.0
4    5.0
5    NaN
Name: Air Force One (1997), dtype: float64

user_id
1    5.0
2    3.0
3    2.0
4    5.0
5    NaN
Name: Contact (1997), dtype: float64
```

图 10-12　Air Force One（1997）和 Contact（1997）的用户评分

```
title
'Til There Was You (1997)              0.867722
1-900 (1994)                                NaN
101 Dalmatians (1996)                  0.221943
12 Angry Men (1957)                    0.228031
187 (1997)                             0.294232
                                         ...
Young Guns II (1990)                  -0.070705
Young Poisoner's Handbook, The (1995)  0.139464
Zeus and Roxanne (1997)                     NaN
unknown                                0.500000
Á köldum klaka (Cold Fever) (1994)          NaN
Length: 1664, dtype: float64
```

图 10-13　Air Force One（1997）与 其他电影的评分相关性

```
similar_to_air_force_one=movie_matrix.corrwith(AFO_user_rating)
similar_to_air_force_one
```

图 10-13 所示为数据集内的其他电影的评分与 Air Force One（1997）的评分之间的相关性。其中 NaN 意味着数据缺失。

可以看到，Air Force One（1997）电影和 Til There Was You（1997）之间的评分相关性为 0.867，表明这两部电影之间有很强的相似性。

继续计算 Contact（1997）的评分与其他电影评分之间的相关性，与上面使用的程序相同，如图 10-14 所示。

```
title
'Til There Was You (1997)              0.904534
1-900 (1994)                                NaN
101 Dalmatians (1996)                 -0.108441
12 Angry Men (1957)                    0.022265
187 (1997)                             0.135512
                                         ...
Young Guns II (1990)                   0.326304
Young Poisoner's Handbook, The (1995) -0.006864
Zeus and Roxanne (1997)               -0.866025
unknown                                0.243975
Á köldum klaka (Cold Fever) (1994)          NaN
Length: 1664, dtype: float64
```

图 10-14　Contact（1997）与 其他电影的评分相关性

```
similar_to_contact = movie_matrix.corrwith(Contact_user_rating)
similar_to_contact
```

从计算结果中可见，Contact（1997）和 Til There You（1997）之间存在非常强的相关性

（0.904）。

正如前面提到的，当前的矩阵有很多缺失值，因为并非所有的电影都由所有的用户评分。因此，删除这些空值，并将相关结果转换为数据帧，以使结果更具可计算性，如图 10-15 所示。

```
                              correlation
title
'Til There Was You (1997)      0.867722
101 Dalmatians (1996)          0.221943
12 Angry Men (1957)            0.228031
187 (1997)                     0.294232
2 Days in the Valley (1996)    0.043847


                              correlation
title
'Til There Was You (1997)      0.904534
101 Dalmatians (1996)         -0.108441
12 Angry Men (1957)            0.022265
187 (1997)                     0.135512
2 Days in the Valley (1996)    0.248031
```

图 10-15　Air Force One（1997）和 Contact（1997）对其他电影评分的相关性向量（删除 NaN）

```
corr_AFO = pd.DataFrame(similar_to_air_force_one, columns=['correlation'])
corr_AFO.dropna(inplace=True)
corr_AFO.head()

corr_contact = pd.DataFrame(similar_to_contact, columns=['correlation'])
corr_contact.dropna(inplace=True)
corr_contact.head()
```

图 10-15 中的两个数据框分别展示了与 Air Force One（1997）电影和 Contact（1997）最相似的电影。然而，此处面临的问题是，有些电影的收视计数很低，可能仅仅因为一两个人给了 5 星的评级就被推荐。

通过设置收视计数的阈值可以解决以上问题。从之前的直方图中可以看到收视计数从100 急剧下降。因此，设置 100 为收视计数的阈值，不过，在确定合适的最终阈值之前，这是一个可以尝试试验的参数。为了实现这一点，需要将两个 dataframe 变量连接起来，也就是将相关性向量与 ratings 数据中的 number_of_ratings 列连接起来。

```
corr_AFO = corr_AFO.join(ratings['number_of_ratings'])
corr_contact = corr_contact.join(ratings['number_of_ratings'])
```

图 10-16 所示为将每一部电影的评分计数和每一部电影对用户关注的两部电影的相关性连接的情况，可以看到，评分相关性高并不一定意味着评分计数也高。

title	correlation	number_of_ratings	title	correlation	number_of_ratings
'Til There Was You (1997)	0.867722	9	'Til There Was You (1997)	0.904534	9
101 Dalmatians (1996)	0.221943	109	101 Dalmatians (1996)	-0.108441	109
12 Angry Men (1957)	0.228031	125	12 Angry Men (1957)	0.022265	125
187 (1997)	0.294232	41	187 (1997)	0.135512	41
2 Days in the Valley (1996)	0.043847	93	2 Days in the Valley (1996)	0.248031	93

图 10-16　Air Force One（1997）和 Contact（1997）的相关性向量和评分计数

现在将获得与 Air Force One（1997）最相似的电影，将它们限制在至少有 100 以上收视计数的电影中。然后，按照相关列对它们进行排序，并查看前十位，如图 10-17 所示。

```
                                correlation  number_of_ratings
title
Air Force One (1997)               1.000000                431
Hunt for Red October, The (1990)   0.554383                227
Firm, The (1993)                   0.526743                151
Murder at 1600 (1997)              0.514906                218
Eraser (1996)                      0.500606                206
Absolute Power (1997)              0.497411                127
Rock, The (1996)                   0.493542                378
Long Kiss Goodnight, The (1996)    0.490233                185
Crimson Tide (1995)                0.481205                154
My Fair Lady (1964)                0.474003                125
```

图 10-17　收视计数高于 100 的与 Air Force One（1997）最相似的前十位电影

```
corr_AFO[corr_AFO['number_of_ratings'] >100].sort_values(by='correlation',
ascending=False).head(10)
```

此处可见，Air Force One（1997）与其自身具有完美的相关性，这并不奇怪。下一部最相似的电影是 Hunt for Red October, The（1990），相关系数为 0.554。显然，通过改变评论数量的阈值，得到的结果与之前所用方法的结果不同。限制收视计数的数量会带来更好的结果，可以自信地向看过 Air Force One（1997）的人推荐上述电影。

现在，为 Contact（1997）电影做同样的操作，看看与之最相关的电影，如图 10-18 所示。

```
                                correlation  number_of_ratings
title
Contact (1997)                     1.000000                509
Philadelphia (1993)                0.446509                137
Mask, The (1994)                   0.418328                129
Young Guns (1988)                  0.388839                101
Sling Blade (1996)                 0.384840                136
Sneakers (1992)                    0.377275                150
Firm, The (1993)                   0.376987                151
Arsenic and Old Lace (1944)        0.373759                115
Outbreak (1995)                    0.358015                104
Little Women (1994)                0.352081                102
```

图 10-18　收视计数高于 100 的与 Contact（1997）最相似的前十位电影

```
corr_contact[corr_contact['number_of_ratings'] >100].sort_values(by='corre-
lation',ascending=False).head(10)
```

此处可见，与 Contact（1997）最相似的电影除其本身外是 Philadelphia（1993），相关系数为 0.446，收视计数为 137。因此，如果有人喜欢 Contact（1997），则可以向他们推荐上述电影。

10.1.3　基于内容数据的协同过滤推荐算法

在本节中将构建一个基于内容的过滤推荐系统，根据鞋子、衬衫等物品的文本描述来推荐它们。本例使用的数据集包含 500 个条目，可以从 github.com 下载，或从 Cloud Deakin 数据库获取。

一如既往，先引入相应的库，并观察 items.csv 的前 5 行。

```
import pandas as pd
from sklearn.feature_extraction.text import TfidfVectorizer
```

```
from sklearn.metrics.pairwise import linear_kernel
ds = pd.read_csv("items.csv")
ds.head()
```

图 10-19 所示为 items.csv 的前 5 行，其中 de-
scription 是对商品的文字描述，这是本次研究计
算推荐依据的重要研究对象。

接下来，运用文本处理算法将每种商品的文
字描述转换为 TF-IDF 格式。

```
         id                                      description
0   1  Active classic boxers - There's a reason why o...
1   2  Active sport boxer briefs - Skinning up Glory ...
2   3  Active sport briefs - These superbreathable no...
3   4  Alpine guide pants - Skin in, climb ice, switc...
4   5  Alpine wind jkt - On high ridges, steep ice an...
```

图 10-19　items.csv 数据观察

```
tf = TfidfVectorizer(analyzer='word',
                     ngram_range=(1, 3),
                     min_df=0,
                     stop_words='english')


tfidf_matrix = tf.fit_transform(ds['description'])
tfidf_matrix
```

图 10-20 所示为将 items.csv 中 description 字段下的所有文字信息转换为矩阵数据的格
式，items.csv 包含了 500 个条目，所以 tfidf_matrix 是 500 行，文字转化为了稀疏矩阵，转化
后有 52262 列。

```
<500x52262 sparse matrix of type '<class 'numpy.float64'>'
    with 148989 stored elements in Compressed Sparse Row format>
```

图 10-20　TF-IDF 格式的文本矩阵

tfidf_ 是包含每个单词及其关于每个文档或项目的 TF-IDF 分数的矩阵。此外，停用词只
是对当前系统没有显著价值的词，如 an、is、the，因此被系统忽略。

现在，有了每个项目的描述表示。接下来，需要计算一个文档与另一个文档的相关性或
相似性。

```
cosine_similarities = linear_kernel(tfidf_matrix, tfidf_matrix)
print("Similarity Matrix Between Items:\n")
print(cosine_similarities)
results = {}
```

图 10-21 所示为 tfidf_matrix 各个项目之间的相似性矩阵。

```
Similarity Matrix Between Items:

[[1.         0.10110642 0.06487353 ... 0.06097409 0.06546914 0.06955608]
 [0.10110642 1.         0.4181664  ... 0.03550042 0.06936414 0.06480538]
 [0.06487353 0.4181664  1.         ... 0.03402428 0.0455137  0.05038512]
 ...
 [0.06097409 0.03550042 0.03402428 ... 1.         0.04187121 0.04958298]
 [0.06546914 0.06936414 0.0455137  ... 0.04187121 1.         0.36281626]
 [0.06955608 0.06480538 0.05038512 ... 0.04958298 0.36281626 1.        ]]
```

图 10-21　文本内容相似性矩阵

然后对各个项目的相似度排序，并输出第一个项目的数据进行观察。

```
#Sort distance values from each item to others.
for idx, row in ds.iterrows():
    similar_indices = cosine_similarities[idx].argsort()[:-100:-1]
    similar_items = [(cosine_similarities[idx][i],
                        ds['id'][i]) for i in similar_indices]
    results[row['id']] = similar_items[1:]

print("\n")
print("Distance from the first item to others items:")
results[1]
```

图 10-22 所示为第一个项目关于其他项目的相似度得分排序，元组的第一个数值代表了相似度得分，第二个数字是相似的项目编号。

```
Distance from the first item to others items:
Out[32]:
[(0.22037921472617467, 19),
 (0.16938950913002365, 494),
 (0.16769458065321555, 18),
 (0.1648552774562297, 172),
 (0.1481261546058637, 442),
 (0.14577863284367548, 171),
 (0.14137642365361247, 21),
 (0.13884463426216961, 495),
 (0.1387953333136303, 25),
 (0.13813550299091382, 496),
 (0.13481110970996824, 487),
 (0.13225329613833617, 20),
 (0.13028260329762037, 341),
 (0.1276874354010326, 176),
```

图 10-22　第一个项目关于其他项目的相似度得分排序

下面定义的两个函数实现了只需输入一个 item_id 和想要的推荐数量，则会收集对应该 item_id 的 results[ ]，并在屏幕上获得对用户的建议的相关功能。

```
# Define some functions to display recommended items
# for a given query item
def item(id):
  return ds.loc[ds['id'] == id]['description'].tolist()[0].split(' - ')[0]

# Just reads the results out of the dictionary.def
def recommend(item_id, num):
    print("Recommending " + str(num) + " products similar to " + item(item_id) + "...")
    print("-------")
    recs = results[item_id][:num]
    for rec in recs:
        print("Recommended: " + item(rec[1]) + " (score:" +str(round(rec[0],3)) + ")")
```

下面尝试对 item_id = 11 的商品做相似度推荐，推荐 10 个商品。

```
recommend(item_id=11, num=10)
```

图 10-23 所示的结果可以解释为，如果客户购买了婴儿遮阳上衣，也可以向该客户推荐其他具有类似特征的物品，如遮阳帽、婴儿袋围裙等。

```
Recommending 10 products similar to Baby sunshade top...
-------
Recommended: Sunshade hoody (score:0.213)
Recommended: Baby baggies apron dress (score:0.11)
Recommended: Runshade t-shirt (score:0.1)
Recommended: Runshade t-shirt (score:0.095)
Recommended: Runshade top (score:0.085)
Recommended: Sunshade shirt (score:0.084)
Recommended: Lw sun hoody (score:0.082)
Recommended: Cap 3 crew (score:0.082)
Recommended: Active sport briefs (score:0.081)
Recommended: L/s runshade top (score:0.08)
```

图 10-23　推荐结果展示

10.2　基于巡航数据的模糊控制系统

模糊逻辑是一种方法论，其前提是事物的"真实性"可以在连续统上表达。这就是说有些东西不是真的或假的，而是部分真的或部分假的。

模糊变量具有一个清晰的值，该值在预定义的域上具有一些数字。精确值是人们使用普通数学时对变量的看法。例如，如果某人的模糊变量是给某人多少小费，那么将这个范围定为 0 到 25%，并且它可能在这个范围内具有一个清晰的值（例如 15%）。

模糊变量也有几个术语用于描述变量。这些术语合在一起是模糊集，可用于描述模糊变量的"模糊值"。这些术语通常是"差""一般"和"好"等形容词。每个术语都有一个隶属函数，用于定义一个清晰的值如何以 0 到 1 的比例映射到该术语。本质上，它描述了某个事物的"好"程度。

模糊控制系统使用一组规则连接模糊变量，规则用于描述一个或多个模糊变量与另一个模糊变量之间关系的映射。这些规则用 IF-THEN 语句表示：IF 部分称为先行词，THEN 部分称为结果词。

在本节中将用 Python 为"巡航速度问题"和"小费问题"构建一个简单的模糊控制系统，该系统通常用于说明模糊逻辑原理从一组紧凑、直观的专家规则中生成复杂行为的能力。

10.2.1　智能巡航控制系统

扫码看视频

使用 scikit 模糊库创建模糊系统，该库为模糊系统设计提供高级应用程序编程接口。

首先，需要安装 scikit fuzzy。第一次安装库只需要运行一次下面的命令。

```
! pip install -U scikit-fuzzy
```

然后加载相关的库。

```
import numpy as np
import skfuzzy as fuzz
from skfuzzy import control as ctrl
```

智能巡航控制系统可用于保持与模拟人类行为的前车之间的速度和距离。

下面定义模糊变量。创建新的先行/后继对象，保存全局变量和成员函数。

```
temperature = ctrl.Antecedent(np.arange(0, 111, 1),'temperature')
cloud = ctrl.Antecedent(np.arange(0, 101, 1),'cloud')


speed = ctrl.Consequent(np.arange(0, 101, 1),'speed')


print('Temperature: ', temperature.universe)
print('Cloud: ', cloud.universe)
print('Speed: ', speed.universe)
```

此处定义了两个先行变量 Temperature 和 Cloud，一个后继变量 Speed。打印看一下三个变量的范围，如图 10-24 所示。

```
Temperature: [  0   1   2   3   4   5   6   7   8   9  10  11  12  13  14  15  16  17
  18  19  20  21  22  23  24  25  26  27  28  29  30  31  32  33  34  35
  36  37  38  39  40  41  42  43  44  45  46  47  48  49  50  51  52  53
  54  55  56  57  58  59  60  61  62  63  64  65  66  67  68  69  70  71
  72  73  74  75  76  77  78  79  80  81  82  83  84  85  86  87  88  89
  90  91  92  93  94  95  96  97  98  99 100 101 102 103 104 105 106 107
 108 109 110]
Cloud: [  0   1   2   3   4   5   6   7   8   9  10  11  12  13  14  15  16  17
  18  19  20  21  22  23  24  25  26  27  28  29  30  31  32  33  34  35
  36  37  38  39  40  41  42  43  44  45  46  47  48  49  50  51  52  53
  54  55  56  57  58  59  60  61  62  63  64  65  66  67  68  69  70  71
  72  73  74  75  76  77  78  79  80  81  82  83  84  85  86  87  88  89
  90  91  92  93  94  95  96  97  98  99 100]
Speed: [  0   1   2   3   4   5   6   7   8   9  10  11  12  13  14  15  16  17
  18  19  20  21  22  23  24  25  26  27  28  29  30  31  32  33  34  35
  36  37  38  39  40  41  42  43  44  45  46  47  48  49  50  51  52  53
  54  55  56  57  58  59  60  61  62  63  64  65  66  67  68  69  70  71
  72  73  74  75  76  77  78  79  80  81  82  83  84  85  86  87  88  89
  90  91  92  93  94  95  96  97  98  99 100]
```

图 10-24　Temperature、Cloud 和 Speed 的变量范围

接下来对 Temperature 变量定义其成员模糊函数。在温度方面定义了 Freezing、Cool、Warm 和 Hot 四个成员函数。其中将 Freezing 和 Hot 定义为阶梯形状的函数，Cool 和 Warm 定义为三角形状的函数。

```
temperature['Freezing'] = fuzz.trapmf(temperature.universe, [0,0,30,50])
temperature['Cool'] = fuzz.trimf(temperature.universe, [30, 50, 70])
temperature['Warm'] = fuzz.trimf(temperature.universe, [50, 70, 90])
temperature['Hot'] = fuzz.trapmf(temperature.universe, [70,90,110,110])
temperature.view()
```

图 10-25 所示为 temperature 变量的四个成员变量，Freezing 和 Hot 在 temperature 取值范围的两侧，所以是阶梯形状的，Cool 和 Warm 在 temperature 取值范围的中间，所以是三角形状的。

继续给 cloud 变量定义模糊成员函数。Sunny 和 Overcast 采用阶梯形状的函数，Cloudy 采用三角形状的函数。

```
cloud['Sunny'] = fuzz.trapmf(cloud.universe, [0,0,20,40])
cloud['Cloudy'] = fuzz.trimf(cloud.universe, [20, 50, 80])
```

```
cloud['Overcast'] = fuzz.trapmf(cloud.universe, [60,80,100,100])
cloud.view()
```

图 10-26 所示为 cloud 变量的成员模糊函数情况。

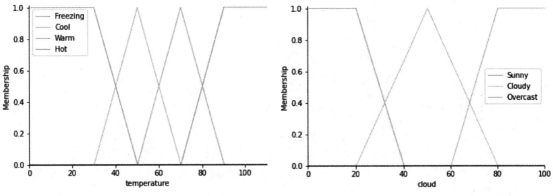

图 10-25   temperature 变量的模糊成员函数   图 10-26   cloud 变量的成员模糊函数

再为 speed 定义模糊成员函数。Speed 的模糊成员只有 Slow 和 Fast，将这两个模糊成员都定义为阶梯形状的函数，如图 10-27 所示。

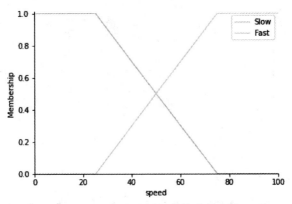

图 10-27   speed 变量的模糊成员函数

```
speed['Slow'] = fuzz.trapmf(speed.universe, [0, 0, 25,75])
speed['Fast'] = fuzz.trapmf(speed.universe, [25, 75, 100,100])
speed.view()
```

现在，为了使这些成员函数发挥作用，需要定义输入和输出变量之间的模糊关系。在本示例中，考虑两个简单的规则：如果温度是温暖的，云层是晴朗的，那么速度会很快；如果温度较低，云层多云，则速度将较慢。应用程序实现的代码如下。

```
rule1 = ctrl.Rule(temperature['Warm'] & cloud['Sunny'], speed['Fast'] )
rule2 = ctrl.Rule(temperature['Cool'] & cloud['Cloudy'], speed['Slow'])
```

由于已经定义了规则，因此可以创建一个控制系统。

```
Cruise_ctrl = ctrl.ControlSystem([rule1, rule2])
```

通过指定输入并调用计算方法来模拟当前的控制系统。此处假设 temperature 输入值为 64，cloud 输入值为 22。

```
Cruise.input['temperature'] = 64
Cruise.input['cloud'] = 22
```

计算速度的输出数。

```
Cruise.compute()
```

计算完成后可以查看结果并将其可视化。

```
print('Recommended Speed: ', round(Cruise.output['speed'],3), "miles/hour")
speed.view(sim=Cruise)
```

图 10-28 所示为在 temperature 输入值为 65，cloud 输入值为 25 下的模拟推荐速度为 67.949 m/h，粗黑色线的位置是推荐速度的值。图中的两块面积代表着该速度在两个模糊成员函数的隶属度。

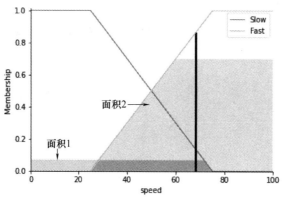

图 10-28　模拟控制系统的推荐速度

10.2.2　小费决策的模糊控制系统

本节的案例利用创建的模糊控制系统模拟人们在餐厅选择小费的方式。当给小费时，人们会考虑服务和食物质量，评分在 0~10。通常用这些条件作为标准来留下 0~25% 的小费。此处将这个问题表述为：service 和 quality 作为模糊控制变量，tip 作为输出后继变量，并建立相应的模糊控制规则用于后续的模拟。

```
quality = ctrl.Antecedent(np.arange(0, 11, 1), 'quality')
service = ctrl.Antecedent(np.arange(0, 11, 1), 'service')
tip = ctrl.Consequent(np.arange(0, 26, 1), 'tip')
print('Quality: ', quality.universe)
print('Service: ', service.universe)
print('Tip: ', tip.universe)
```

图 10-29 所示为 Service、Quality 和 Tip 三个模糊变量的取值范围。

下面开始为 quality 设置模糊成员函数，调用 .automf( ) 即可自动进行相应设置，通常可以设置 3、5、7 个模糊成员函数。

```
Quality: [ 0  1  2  3  4  5  6  7  8  9 10]
Service: [ 0  1  2  3  4  5  6  7  8  9 10]
Tip: [ 0  1  2  3  4  5  6  7  8  9 10 11 12 13 14 15 16 17 18 19 20 21 22 23
 24 25]
```

图 10-29　service、quality 和 tip 的取值范围

```
quality.automf(3)
print(quality.terms)
quality.view()
```

此处设置 3 个模糊成员函数，返回 poor、average 和 good。可视化以上三个成员函数的形状，如图 10-30 所示。

同理，也自动设置 service 的模糊成员函数，也设置为 3 个。

```
service.automf(3)
print(service.terms)
service.view()
```

同样，也将其设置为 poor、average 和 good 三个模糊成员函数，然后将结果可视化如图 10-31 所示。

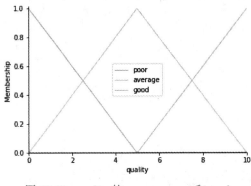

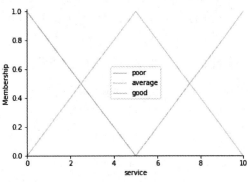

图 10-30　quality 的 poor、average 和 good
　　　　　模糊成员函数的可视化

图 10-31　service 的 poor、average 和 good
　　　　　模糊成员函数的可视化

最后，对模糊应变量 tip 设置模糊成员函数，将其设定为：low、medium 和 high 三种，如图 10-32 所示。

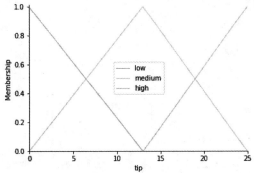

图 10-32　tip 的 low、medium 和 high 模糊成员函数的可视化

```
tip['low'] = fuzz.trimf(tip.universe, [0, 0, 13])
tip['medium'] = fuzz.trimf(tip.universe, [0, 13, 25])
tip['high'] = fuzz.trimf(tip.universe, [13, 25, 25])
print(tip.terms)
tip.view()
```

如果服务好或食物质量好，那么小费就会很高。如果服务一般，那么小费将是中等的。如果服务差或食品质量差，那么小费就会很低。现在，按照这个逻辑建立模糊决策规则。

```
rule1 = ctrl.Rule(quality['poor'] | service['poor'], tip['low'])
rule2 = ctrl.Rule(service['average'], tip['medium'])
rule3 = ctrl.Rule(service['good'] | quality['good'], tip['high'])
```

根据上述三条规则建立模糊控制系统。

```
#Control System
tipping_ctrl = ctrl.ControlSystem([rule1, rule2, rule3])
tipping = ctrl.ControlSystemSimulation(tipping_ctrl)
```

然后，输入仿真数据，将 service 设定为 9.8 分，quality 设定为 6.5 分。

```
#Suppose we rated the quality 6.5 out of 10 and the service 9.8 of 10.
tipping.input['service'] = 9.8
tipping.input['quality'] = 6.5
```

按照上述输入的数据计算模拟结果。

```
#Compute output number of tipping
tipping.compute()
```

最后得到的模拟结果是小费的比例为 19.8%。

```
#view and visualize the result
print('Recommended Tip: ', round(tipping.output['tip'],1))
tip.view(sim=tipping)
```

图 10-33 所示为模拟结果的可视化表达，在 service 设定为 9.8 分、quality 设定为 6.5 分的条件下，推荐的模拟消费支付比例位于粗黑色线所示的位置，即 19.8%。图中的两块面积代表着 medium 和 high 的隶属度。

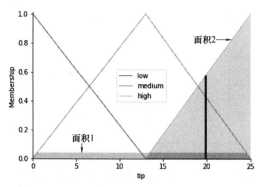

图 10-33　tip 的建议支付率